GRUNDLAGEN DER KÜNSTLICHEN INTELLIGENZ

EINE NICHTTECHNISCHE EINFÜHRUNG

Tom Taulli

 Springer

Grundlagen der Künstlichen Intelligenz: Eine nichttechnische Einführung

Tom Taulli
Monrovia, USA

ISBN-13 (pbk): 978-3-662-66282-3   ISBN-13 (electronic): 978-3-662-66283-0
https://doi.org/10.1007/978-3-662-66283-0

Geschäftsführender Direktor, Apress Media LLC: Welmoed Spahr
Editor für Akquisitionen: Shiva Ramachandran
Entwicklungsredaktion: Rita Fernando
Koordinierender Redakteur: Rita Fernando

Umschlag gestaltet von eStudioCalamar

Titelbild entworfen von Pixabay

Weltweit an den Buchhandel vertrieben von Springer Science+Business Media New York, 233 Spring Street, 6th Floor, New York, NY 10013. Telefon 1-800-SPRINGER, Fax (201) 348-4505, E-Mail orders-ny@springer-sbm.com oder www.springeronline.com. Apress Media, LLC ist eine kalifornische LLC und das einzige Mitglied (Eigentümer) ist Springer Science + Business Media Finance Inc (SSBM Finance Inc). SSBM Finance Inc ist eine Gesellschaft nach **Delaware**.

Informationen zu Übersetzungen erhalten Sie per E-Mail an rights@apress.com oder unter http://www.apress.com/rights-permissions.

Apress-Titel können in großen Mengen für akademische Zwecke, Unternehmen oder Werbezwecke erworben werden. Für die meisten Titel sind auch eBook-Versionen und -Lizenzen erhältlich. Weitere Informationen finden Sie auf unserer Webseite für Print- und eBook-Massenverkäufe unter http://www.apress.com/bulk-sales.

Jeglicher Quellcode oder anderes ergänzendes Material, auf das der Autor in diesem Buch verweist, steht den Lesern auf GitHub über die Produktseite des Buches zur Verfügung, die sich unter www.apress.com/978-3-662-66282-3 befindet. Ausführlichere Informationen finden Sie unter http://www.apress.com/source-code.

Gedruckt auf säurefreiem Papier

Vorwort

Wie dieses Buch zeigt, wird die Einführung der künstlichen Intelligenz (KI) ein wichtiger Wendepunkt in der Geschichte der Menschheit sein. Wie bei anderen ähnlich bahnbrechenden Technologien wird die Art und Weise, wie sie verwaltet wird und wer Zugang zu ihr hat, die Gesellschaft für die kommenden Generationen prägen. KI unterscheidet sich jedoch von den anderen transformativen Technologien des 19. und 20. Jahrhunderts – man denke nur an die Dampfmaschine, das Stromnetz, die Genomik, den Computer und das Internet –, weil sie nicht ausschließlich auf eine sehr teure physische Infrastruktur angewiesen ist, um eingesetzt werden zu können. Schließlich kann auf viele ihrer Vorteile über die bereits vorhandene Hardware zugegriffen werden, die wir alle in unseren Taschen mit uns herumtragen. Stattdessen ist der grundlegende limitierende Faktor für die Masseneinführung der KI-Technologie unsere gemeinsame intellektuelle Infrastruktur: Bildung, Verständnis und Vorstellungsvermögen.

Dies ist ein entscheidender Unterschied, denn wenn richtig gehandhabt, kann die KI eine durchschlagende demokratisierende Wirkung haben. Sie hat und wird die Plackerei der Vergangenheit aus unserem Leben verbannen und eine enorme Menge an menschlicher Energie und Kapital freisetzen. Aber dieses „wenn" ist alles andere als sicher. Unverantwortlich eingesetzte KI hat das Potenzial, große Teile der Weltwirtschaft zu destabilisieren, indem sie, wie von vielen befürchtet, eine schrumpfende Erwerbsbevölkerung, eine geringere Kaufkraft der Mittelschicht und eine Wirtschaft ohne breite und stabile Basis verursacht, die durch eine endlose Schuldenspirale angetrieben wird.

Bevor wir jedoch dem Pessimismus in Bezug auf KI erliegen, sollten wir einen Blick zurück werfen. So historisch die transformative Fähigkeit der KI auch sein mag – und sie ist historisch –, so sind doch dieselben Probleme in der wirtschaftlichen Landschaft seit Jahrzehnten, ja, sogar seit Jahrhunderten vorhanden. KI ist schließlich eine Fortsetzung eines Trends zur Automatisierung, der seit Henry Ford seinen Lauf nimmt. Zoho selbst wurde im Spannungsfeld zwischen Automatisierung und egalitären Wirtschaftsprinzipien geboren. In den frühen 2000er-Jahren kamen wir zu einer Erkenntnis, die unseren Ansatz in Bezug auf Technologie geprägt hat: Normale Menschen – im Besitz von kleinen Unternehmen, hier und im Ausland – sollten Zugang zu denselben fortschrittlichen Geschäftsautomatisierungen haben wie die Fortune-500-Unternehmen; andernfalls würde ein großer Teil der Bevölkerung von der Wirtschaft ausgeschlossen werden.

Zu dieser Zeit war leistungsstarke digitale Software fast ausnahmslos durch starre Verträge, exorbitante Gebührenstrukturen und komplizierte Vor-Ort-Implementierungen abgeschottet. Große Unternehmen konnten die Kosten und den Aufwand solcher Systeme schultern, während kleinere Betriebe davon ausgeschlossen waren, was für sie einen enormen Nachteil darstellte. Wir wollten diese Situation ändern, indem wir das Versprechen der Technologie einem immer breiteren Publikum zugänglich machten. In den letzten zwei Jahrzehnten haben wir uns bemüht, den Wert unserer Produkte zu steigern, ohne den Preis zu erhöhen, indem wir uns die Skalierbarkeit der Cloud-Technologie zunutze gemacht haben. Unser Ziel ist es, Menschen auf allen Ebenen der Gesellschaft zu unterstützen, indem wir die Preise für Unternehmenssoftware senken und gleichzeitig die Leistungsfähigkeit der Tools erhöhen. Der Zugang zu Kapital sollte den Erfolg nicht einschränken; Unternehmen sollten auf der Grundlage ihrer starken Zukunftsvisionen an Wert gewinnen oder verlieren.

So gesehen ist die KI die Erfüllung des Versprechens der Technologie. Sie befreit den Menschen von zeitlichen Zwängen, indem sie ihn von mühsamen oder unangenehmen Routinearbeiten entlastet. Sie hilft ihnen, Muster auf mikroskopischer und makroskopischer Ebene zu erkennen, für die der Mensch von Natur aus nicht gut geeignet ist. Sie kann Probleme vorhersagen und Fehler korrigieren. Sie kann Geld und Zeit sparen und sogar Leben retten.

In dem Bestreben, diese Vorteile zu demokratisieren, wie wir es bei der allgemeinen Unternehmenssoftware getan haben, hat Zoho KI in unser gesamtes Anwendungspaket integriert. Wir haben die letzten sechs Jahre damit verbracht, im Stillen unsere eigene interne KI-Technologie zu entwickeln, die auf dem Fundament unserer eigenen Prinzipien aufbaut. Das Ergebnis ist Zia, ein KI-Assistent, der „smart", also intelligent, ist, aber nicht schlau. Dies ist ein entscheidender Unterschied. Ein intelligentes System verfügt über die Informationen und Funktionen, um die einzigartige Vision und Intuition eines aktiven Bedienenden zu unterstützen. Ein schlaues System verschleiert die internen Abläufe des Prozesses und reduziert den Menschen auf einen passiven Nutzenden, der die von der Maschine gelieferten Erkenntnisse einfach konsumiert. Die künstliche Intelligenz sollte ein Werkzeug sein, das wir nutzen können, und nicht eine Brille, durch die wir die Welt betrachten. Um ein so mächtiges Werkzeug zu steuern, müssen wir mit dem Wissen ausgestattet sein, es zu verstehen und zu bedienen, ohne die menschlichen Eigenschaften unserer menschlichen Systeme zu untergraben.

Die Notwendigkeit, in dieser Technologie auf dem Laufenden zu bleiben, ist genau der Grund, warum ein Buch wie *Grundlagen der Künstlichen Intelligenz* in der heutigen Welt so wichtig ist. Es ist die intellektuelle Infrastruktur, die es den Menschen – normalen Menschen – ermöglicht, die Möglichkeiten der KI zu nutzen. Ohne diese Art von Initiativen wird die KI das Gleichgewicht der Kräfte zugunsten von Großunternehmen mit hohen Budgets verschieben. Es ist von entscheidender Bedeutung, dass sich die Bevölkerung mit den Fähigkeiten ausstattet, KI-Systeme zu verstehen, denn diese Systeme werden zunehmend bestimmen, wie wir mit der Welt interagieren und uns in ihr bewegen. Schon bald werden die in diesem Buch enthaltenen Informationen nicht mehr nur ein interessantes Thema sein, sondern eine Voraussetzung für die Teilnahme an der modernen Wirtschaft.

So kann der Durchschnittsmensch die Früchte der KI-Revolution genießen. In den kommenden Jahren wird sich ändern, wie wir Arbeit definieren und welche Tätigkeiten einen wirtschaftlichen Wert haben. Wir müssen uns mit der Tatsache abfinden, dass die Zukunft der Arbeit für uns so fremd sein könnte wie ein Schreibtischjob für unsere entfernten Vorfahren. Aber wir müssen – und sollten – Vertrauen in die menschliche Fähigkeit haben, neue Formen der Arbeit zu entwickeln, auch wenn diese Arbeit nicht so aussieht wie die uns vertraute. Der erste Schritt ist jedoch, mehr über diese neue, aufregende und grundlegend demokratisierende Technologie zu erfahren.

– Sridhar Vembu, Mitbegründer und CEO von Zoho

Inhaltsverzeichnis

Über den Autor

 **Tom Taulli** entwickelt seit den 1980er-Jahren Software. Im College gründete er sein erstes Unternehmen, das sich auf die Entwicklung von E-Learning-Systemen konzentrierte. Er gründete auch andere Unternehmen, darunter Hypermart. net, das 1996 an InfoSpace verkauft wurde. Im Laufe seiner Karriere hat Tom Kolumnen für Online-Publikationen wie businessweek.com, techweb.com und Bloomberg.com geschrieben. Er schreibt auch Beiträge über künstliche Intelligenz für Forbes.com und ist Berater für verschiedene Unternehmen im Bereich der künstlichen Intelligenz. Sie können Tom auf Twitter (@ttaulli) oder über seine Website (www.taulli.com) erreichen.

Einführung

Auf den ersten Blick ist die Uber-App einfach. Mit nur ein paar Klicks können Sie innerhalb weniger Minuten einen Fahrer oder eine Fahrerin anrufen.

Doch hinter den Kulissen verbirgt sich eine fortschrittliche Technologieplattform, die sich stark auf künstliche Intelligenz (KI) stützt. Hier sind nur einige der Möglichkeiten:

- Ein System zur Verarbeitung natürlicher Sprache (NLP), das Unterhaltungen verstehen kann und so für ein optimiertes Erlebnis sorgt.

- Bildverarbeitungssoftware zur Überprüfung von Millionen von Bildern und Dokumenten wie Führerscheinen und Speisekarten.

- Sensorverarbeitungsalgorithmen, die zur Verbesserung der Genauigkeit in dicht besiedelten städtischen Gebieten beitragen, einschließlich der automatischen Erkennung von Unfällen durch die Wahrnehmung unerwarteter Bewegungen auf dem Telefon von Fahrenden oder Beifahrenden.

- Ausgefeilte Algorithmen für maschinelles Lernen, die Fahrtenangebot, Fahrtennachfrage und Ankunftszeiten vorhersagen.

Solche Technologien sind definitiv erstaunlich, aber sie sind auch notwendig. Ohne KI hätte Uber sein Wachstum – das die Abwicklung von mehr als 10 Mrd. Fahrten umfasst – auf keinen Fall bewältigen können. Vor diesem Hintergrund sollte es nicht überraschen, dass das Unternehmen mehrere hundert Millionen für diese Technologie ausgibt und eine große Gruppe von KI-Fachleuten beschäftigt.[1]

Aber KI ist nicht nur etwas für schnell wachsende Start-ups. Die Technologie erweist sich auch für traditionelle Unternehmen als von entscheidender Priorität. Schauen Sie sich nur McDonald's an. Im Jahr 2019 gab das Unternehmen 300 Mio. US$ für die Übernahme des Tech-Start-ups Dynamic

---

[1] www.sec.gov/Archives/edgar/data/1543151/000119312519120759/d647752ds1a.htm#toc647752_11.

Yield aus. Es war der größte Deal des Unternehmens seit dem Kauf von Boston Market im Jahr 1999.[2]

Das 2011 gegründete Unternehmen Dynamic Yield ist ein Pionier bei der Nutzung von KI zur Erstellung personalisierter Kundeninteraktionen im Web, in Apps und per E-Mail. Zur Kundschaft gehören der Hallmark Channel, IKEA und Sephora.

McDonald's durchläuft eine digitale Transformation – und KI ist ein wichtiger Teil der Strategie. Mit Dynamic Yield plant das Unternehmen, die Technologie zu nutzen, um seinen Drive Thru, der einen Großteil der Einnahmen ausmacht, neu zu gestalten. Durch die Analyse von Daten wie Wetter, Verkehr und Tageszeit werden die digitalen Menüs dynamisch verändert, um die Umsatzmöglichkeiten zu verbessern. Es sieht auch so aus, als würde McDonald's Geofencing und sogar Bilderkennung von Nummernschildern einsetzen, um die Zielgruppenansprache zu verbessern.

Aber das wird nur der Anfang sein. McDonald's plant den Einsatz von KI für Kioske und Beschilderung in den Filialen sowie für die Lieferkette.

Das Unternehmen ist sich bewusst, dass die Zukunft sowohl vielversprechend als auch gefährlich ist. Wenn Unternehmen nicht proaktiv mit neuen Technologien umgehen, könnten sie letztendlich scheitern. Denken Sie nur daran, wie langsam sich Kodak auf Digitalkameras eingestellt hat. Oder denken Sie daran, wie das Taxigewerbe sich nicht veränderte, als es mit dem Ansturm von Uber und Lyft konfrontiert wurde.

Andererseits können neue Technologien fast wie ein Elixier auf ein Unternehmen wirken. Dazu bedarf es jedoch einer soliden Strategie, eines guten Verständnisses der Möglichkeiten und der Bereitschaft, Risiken einzugehen. In diesem Buch gebe ich Ihnen Werkzeuge an die Hand, die Ihnen bei all dem helfen.

Also gut, wie groß wird die KI werden? Laut einer Studie von PWC wird sie das globale BIP bis 2030 um schwindelerregende 15,7 Bio. US$ steigern – das ist mehr als die Wirtschaftsleistung von China und Indien zusammen. Die Autoren des Berichts stellen fest: „KI berührt fast jeden Aspekt unseres Lebens. Und sie fängt gerade erst an".[3]

Es stimmt, wenn es um die Vorhersage von Trends geht, kann es eine Menge Hype geben. Bei der KI könnte es jedoch anders sein, denn sie hat das Potenzial, sich zu einer Allzwecktechnologie zu entwickeln. Eine Parallele dazu ist das, was im 19. Jahrhundert mit dem Aufkommen der Elektrizität geschah, die die ganze Welt verändert hat.

---

[2] https://news.mcdonalds.com/news-releases/news-release-details/dynamic-yield-acquisition-release.
[3] www.pwc.com/gx/en/issues/data-and-analytics/publications/artificial-intelligence-study.html.

Ein Zeichen für die strategische Bedeutung der KI ist, dass Technologie-unternehmen wie Google, Microsoft, Amazon.com, Apple und Facebook erhebliche Investitionen in diese Branche getätigt haben. Google beispielsweise bezeichnet sich selbst als „AI-first"-Unternehmen und hat Milliarden in den Kauf von Unternehmen in diesem Bereich sowie in die Einstellung von Tausenden von Forschenden der Datenwissenschaft investiert.

Mit anderen Worten: Immer mehr Arbeitsstellen werden Kenntnisse über KI erfordern. Zugegeben, das bedeutet nicht, dass man Programmiersprachen lernen oder Statistik für Fortgeschrittene verstehen muss. Aber es wird entscheidend sein, ein solides Fundament an Grundlagenwissen zu haben.

Das Ziel dieses Buches ist es, umsetzbare Ratschläge zu geben, die einen großen Unterschied für Ihr Unternehmen und Ihre Karriere machen können. Sie werden keine tiefgehenden technischen Erklärungen, Codeschnipsel oder Gleichungen finden. Stattdessen geht es in *Grundlagen der Künstlichen Intelligenz* um die Beantwortung der wichtigsten Fragen, die sich Menschen im Management stellen: Wo ist KI sinnvoll? Was sind die Fallstricke? Wie kann man die Technologie bewerten? Wie kann man ein KI-Pilotprojekt starten?

In diesem Buch wird die Technologie auch aus der Praxis heraus betrachtet. Ein großer Vorteil, den ich als Autor für Forbes.com und als Berater in der Tech-Welt habe, ist, dass ich mit vielen talentierten Menschen im Bereich der KI sprechen kann – und das hilft mir, zu erkennen, was in der Branche wirklich wichtig ist. Außerdem erfahre ich von Fallstudien und Beispielen davon, was funktioniert.

Dieses Buch ist so aufgebaut, dass es die wichtigsten Themen der Künstlichen Intelligenz abdeckt – und Sie müssen nicht jedes Kapitel der Reihe nach lesen. *Grundlagen der Künstlichen Intelligenz* ist als Handbuch gedacht.

Hier finden Sie kurze Beschreibungen der einzelnen Kapitel:

- *Kap. 1 – KI-Grundlagen:* Dies ist ein Überblick über die ereignisreiche Geschichte der KI, die bis in die 1950er-Jahre zurückreicht. Sie werden etwas über brillante Forschende und Fachkundige der Informatik wie Alan Turing, John McCarthy, Marvin Minsky und Geoffrey Hinton erfahren. Es werden auch Schlüsselkonzepte wie der Turing-Test behandelt, mit dem sich feststellen lässt, ob eine Maschine echte KI erreicht hat.

- *Kap. 2 – Daten:* Daten sind das Lebenselixier der KI. Sie ermöglichen es Algorithmen, Muster und Korrelationen zu entdecken und Erkenntnisse zu gewinnen. Aber es gibt auch Stolpersteine bei Daten, wie Qualität und Verzerrungen. Dieses Kapitel bietet einen Rahmen für die Arbeit mit Daten in einem KI-Projekt.

- *Kap. 3 – Maschinelles Lernen:* Dies ist ein Teilbereich der KI und umfasst traditionelle statistische Verfahren wie Regressionsanalyse. In diesem Kapitel werden wir aber auch die fortgeschrittenen Algorithmen wie k-Nearest Neighbor (k-NN) und den Naiven Bayes-Klassifikator behandeln. Außerdem wird ein Blick darauf geworfen, wie man ein maschinelles Lernmodell zusammenstellt.

- *Kap. 4 – Deep Learning:* Hierbei handelt es sich um eine weitere Untergruppe der KI, die in den letzten zehn Jahren eindeutig die meisten Innovationen hervorgebracht hat. Beim Deep Learning geht es um die Verwendung neuronaler Netze, um Muster zu erkennen, die das Gehirn nachahmen. In diesem Kapitel werden wir einen Blick auf die wichtigsten Algorithmen wie rekurrente neuronale Netze (RNN), Convolutional Neural Networks (CNN) und Generative Adversarial Networks (GAN) werfen. Außerdem werden Schlüsselkonzepte wie Backpropagation erklärt.

- *Kap. 5 – Robotic Process Automation:* Hierbei werden Systeme eingesetzt, die sich wiederholende Prozesse automatisieren, z. B. die Eingabe von Daten in ein CRM-System (Customer-Relationship-Management). Die robotergestützte Prozessautomatisierung (RPA) hat in den letzten Jahren aufgrund des hohen ROI (Return on Investment) ein enormes Wachstum erfahren. Die Technologie war auch ein Einstieg für Unternehmen, KI zu implementieren.

- *Kap. 6 – Natural Language Processing (NLP):* Diese Form der KI, bei der es um das Verstehen von Gesprächen geht, ist am weitesten verbreitet, wie man an Siri, Cortana und Alexa sieht. Aber NLP-Systeme, wie Chatbots, sind auch in der Unternehmenswelt wichtig geworden. In diesem Kapitel wird aufgezeigt, wie diese Technologie effektiv genutzt werden und wie man heikle Probleme vermeiden kann.

- *Kap. 7 – Physische Roboter:* Die künstliche Intelligenz beginnt, einen großen Einfluss auf diese Branche zu haben. Mit Deep Learning wird es für Roboter immer einfacher, ihre Umgebung zu verstehen. In diesem Kapitel werfen wir einen Blick auf Haushalts- und Industrieroboter mit einer Vielzahl von Anwendungsfällen.

- *Kap. 8 – Implementierung von KI:* Wir gehen Schritt für Schritt an die Entwicklung eines KI-Projekts heran, vom ersten Konzept bis zur Implementierung. In diesem Kapitel werden auch die verschiedenen Tools wie Python, TensorFlow und PyTorch behandelt.

- *Kap. 9 – Die Zukunft der KI:* Dieses Kapitel befasst sich mit einigen der wichtigsten Trends im Bereich der KI, wie autonomes Fahren, die Nutzung der KI als Waffe, technologische Arbeitslosigkeit, Arzneimittelentwicklung und Regulierung.

Im hinteren Teil des Buches finden Sie außerdem einen Anhang mit weiterführenden Informationen und ein Glossar mit gängigen Begriffen zum Thema KI.

Begleitendes Material

Alle Aktualisierungen werden auf meiner Website unter `www.Taulli.com` veröffentlicht.

KI-Grundlagen

Unterricht in Geschichte

„Künstliche Intelligenz wäre die ultimative Version von Google. Die ultimative Suchmaschine, die alles im Web verstehen würde. Sie würde genau verstehen, was man will, und einem das Richtige liefern. Davon sind wir heute noch weit entfernt. Aber wir können uns diesem Ziel schrittweise nähern, und daran arbeiten wir."

—Larry Page, Mitbegründer von Google Inc. und CEO von Alphabet (Gründer und CEO von Google Inc. Interview mit der Academy of Achievement, www.achievement.org, 28. Oktober 2000.)

In Fredric Browns Kurzgeschichte „Answer" aus dem Jahr 1954 wurden alle Computer auf den 96 Mrd. Planeten des Universums zu einer einzigen Supermaschine verbunden. Auf die Frage: „Gibt es einen Gott?", antwortet sie: „Ja, *jetzt* gibt es einen Gott."

Zweifellos war Browns Geschichte clever – und auch ein bisschen witzig und gruselig! Science-Fiction ist eine Möglichkeit, die Auswirkungen neuer Technologien zu verstehen, und künstliche Intelligenz (KI) ist ein wichtiges Thema. Einige der denkwürdigsten Figuren in der Science-Fiction sind Androiden oder Computer, die sich ihrer selbst bewusst werden, wie in *Terminator, Blade Runner, 2001: Odyssee im Weltraum* und sogar *Frankenstein*.

© Der/die Autor(en), exklusiv lizenziert an APress Media, LLC, ein Teil von Springer Nature 2022
T. Taulli, *Grundlagen der Künstlichen Intelligenz*,
https://doi.org/10.1007/978-3-662-66283-0_1

Aber mit dem unaufhaltsamen Tempo neuer Technologien und Innovationen wird Science-Fiction allmählich zur Realität. Wir können jetzt mit unseren Smartphones sprechen und Antworten erhalten; unsere Konten in den sozialen Medien zeigen uns die Inhalte, die uns interessieren; unsere Banking-Apps senden uns Reminder und so weiter und so fort. Diese personalisierte Inhaltserstellung scheint fast magisch, wird aber schnell zur Normalität in unserem Alltag.

Um KI zu verstehen, ist es wichtig, sich mit ihrer ereignisreichen Geschichte vertraut zu machen. Sie werden sehen, wie die Entwicklung dieser Branche von Durchbrüchen und Rückschlägen geprägt war. Es gibt auch eine Reihe brillanter Menschen der Forschung und akademischen Wissenschaft, wie Alan Turing, John McCarthy, Marvin Minsky und Geoffrey Hinton, die die Grenzen der Technologie verschoben haben. Aber trotz allem gab es einen kontinuierlichen Fortschritt.

Fangen wir an.

Alan Turing und der Turing-Test

Alan Turing ist eine herausragende Persönlichkeit in der Computerwissenschaft und der KI. Er wird oft als der „Vater der KI" bezeichnet.

Im Jahr 1936 schrieb er eine Arbeit mit dem Titel „On Computable Numbers". Darin legte er die grundlegenden Konzepte für einen Computer dar, der als Turing-Maschine bekannt wurde. Beachten Sie, dass echte Computer erst mehr als ein Jahrzehnt später entwickelt werden sollten.

Dennoch war es seine Arbeit mit dem Titel „Computing Machinery and Intelligence", die für die KI von historischer Bedeutung werden sollte. Er konzentrierte sich auf das Konzept einer Maschine, die intelligent ist. Doch dazu musste es eine Möglichkeit geben, Intelligenz zu messen. Was ist Intelligenz – zumindest für eine Maschine?

An dem Punkt hat er den berühmten „Turing-Test" entwickelt. Es handelt sich im Wesentlichen um ein Spiel mit drei Teilnehmenden: zwei Menschen und ein Computer. Der bewertende Mensch stellt den beiden anderen (einem Menschen und einem Computer) offene Fragen mit dem Ziel, herauszufinden, welcher der beiden der Mensch ist. Wenn der bewertende Mensch keine Entscheidung treffen kann, wird davon ausgegangen, dass der Computer intelligent ist. Abb. 1-1 zeigt den grundlegenden Ablauf des Turing-Tests.

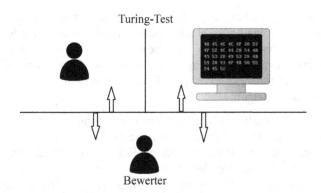

Abb. 1-1. Der grundlegende Arbeitsablauf des Turing-Tests

Das Geniale an diesem Konzept ist, dass nicht geprüft werden muss, ob die Maschine tatsächlich etwas weiß, ob sie sich ihrer selbst bewusst ist oder ob sie überhaupt korrekt ist. Vielmehr zeigt der Turing-Test, dass eine Maschine große Mengen an Informationen verarbeiten, Sprache interpretieren und mit Menschen kommunizieren kann.

Turing glaubte, dass eine Maschine seinen Test erst um die Jahrhundertwende bestehen würde. Ja, das war eine von vielen Vorhersagen zur KI, die nicht eintrafen.

Wie hat sich der Turing-Test im Laufe der Jahre bewährt? Nun, er hat sich als schwer zu knacken erwiesen. Denken Sie daran, dass es Wettbewerbe wie den Loebner-Preis und den Turing-Test-Wettbewerb gibt, um Menschen zu ermutigen, intelligente Software-Systeme zu entwickeln.

Im Jahr 2014 gab es einen Fall, bei dem es tatsächlich so aussah, als ob der Turing-Test bestanden worden wäre. Es ging um einen Computer, der sagte, er sei 13 Jahre alt.[1] Interessanterweise wurden die menschlichen Beurteilenden wahrscheinlich getäuscht, weil einige der Antworten Fehler enthielten.

Im Mai 2018 präsentierte Google-CEO Sundar Pichai auf der I/O-Konferenz den Google Assistant in einer beeindruckenden Präsentation.[2] Vor einem Live-Publikum benutzte er das Gerät, um einen Frisiersalon in der Nähe anzurufen und einen Termin zu vereinbaren. Die Person am anderen Ende der Leitung verhielt sich so, als ob sie mit einem Menschen sprechen würde!

Erstaunlich, oder? Auf jeden Fall. Und doch hat das Gerät den Turing-Test wahrscheinlich nicht bestanden. Der Grund dafür ist, dass sich das Gespräch auf ein Thema konzentrierte und kein offenes Ende hatte.

---

[1] www.theguardian.com/technology/2014/jun/08/super-computer-simulates-13-year-old-boy-passes-turing-test.
[2] www.theverge.com/2018/5/8/17332070/google-assistant-makes-phone-call-demo-duplex-io-2018.

Es dürfte nicht überraschen, dass der Turing-Test immer wieder kontrovers diskutiert wird, da einige Leute glauben, dass er manipuliert werden kann. Im Jahr 1980 schrieb der Philosoph John Searle einen berühmten Aufsatz mit dem Titel „Minds, Brains, and Programs", in dem er sein eigenes Gedankenexperiment, das sogenannte „Chinese Room Argument", aufstellte, um die Schwachstellen aufzuzeigen.

Das funktioniert folgendermaßen: Angenommen, John befindet sich in einem Raum und versteht die chinesische Sprache nicht. Er verfügt jedoch über Handbücher, die einfach zu verwendende Regeln für die Übersetzung der Sprache enthalten. Außerhalb des Raums befindet sich Jan, die die Sprache versteht und John Schriftzeichen vorlegt. Nach einiger Zeit erhält sie dann von John eine genaue Übersetzung. Daher kann man davon ausgehen, dass Jan glaubt, dass John Chinesisch sprechen kann.

Searles Schlussfolgerung:

> „Der Kern des Arguments ist folgender: Wenn der Mann im Raum kein Chinesisch versteht, obwohl er das entsprechende Programm zum Verstehen von Chinesisch implementiert hat, dann versteht auch kein anderer digitaler Computer allein basierend auf dieser Grundlage Chinesisch, weil kein Computer, qua Computer, etwas hat, was der Mann nicht hat."[3]

Das war ein ziemlich gutes Argument – und ist seitdem ein heiß diskutiertes Thema in KI-Kreisen.

Searle glaubte auch, dass es zwei Formen von KI gibt:

- *Starke KI*: Dies ist der Fall, wenn eine Maschine wirklich versteht, was vor sich geht. Sie kann sogar Emotionen und Kreativität entwickeln. Meistens handelt es sich um das, was wir in Science-Fiction-Filmen sehen. Diese Art von KI wird auch als künstliche allgemeine Intelligenz (Artificial General Intelligence, AGI) bezeichnet. Es gibt nur eine Handvoll Unternehmen, die sich auf diese Kategorie konzentrieren, wie z. B. DeepMind von Google.

- *Schwache KI*: Bei dieser Art von KI ist eine Maschine auf den Abgleich von Mustern ausgerichtet und konzentriert sich in der Regel auf bestimmte Aufgaben. Beispiele hierfür sind Siri von Apple und Alexa von Amazon.

Die Realität ist, dass sich die KI in der Anfangsphase der schwachen KI befindet. Es könnte leicht Jahrzehnte dauern, bis wir den Punkt der starken KI erreichen. Einige Forschende glauben, dass es vielleicht nie dazu kommen wird.

---

[3] https://plato.stanford.edu/entries/chinese-room/.

In Anbetracht der Einschränkungen des Turing-Tests haben sich Alternativen herauskristallisiert, zum Beispiel die folgenden:

- *Kurzweil-Kapor-Test*: Dieser Test stammt vom Zukunftsforscher Ray Kurzweil und dem Technologieunternehmer Mitch Kapor. Ihr Test verlangt, dass ein Computer zwei Stunden lang ein Gespräch führt und dass zwei von drei Beurteilenden glauben, dass es sich um einen Menschen handelt. Kapor glaubt, dass dies nicht vor 2029 erreicht werden kann.

- *Coffee Test*: Dieser Test stammt vom Apple-Mitbegründer Steve Wozniak. Gemäß dem Kaffeetest muss ein Roboter in der Lage sein, in das Haus von Fremden zu gehen, die Küche zu finden und eine Tasse Kaffee zu brühen.

Das Gehirn ist eine … Maschine?

1943 lernten sich Warren McCulloch und Walter Pitts an der Universität von Chicago kennen und wurden schnell Freunde, obwohl ihre Herkunft und ihr Alter sehr unterschiedlich waren (McCulloch war 42 und Pitts 18 Jahre alt). McCulloch wuchs in einer wohlhabenden Familie des „Eastern Establishment" auf und besuchte angesehene Schulen. Pitts hingegen wuchs in einem Viertel mit geringem Einkommen auf und war als Jugendlicher sogar obdachlos.

Trotz alledem sollte die Partnerschaft zu einer der folgenreichsten in der Entwicklung der KI werden. McCulloch und Pitts entwickelten neue Theorien zur Erklärung des Gehirns, die oft gegen die konventionelle Weisheit der Psychologie nach Freud verstießen. Beide waren jedoch der Meinung, dass die Logik die Leistung des Gehirns erklären kann, und griffen auch auf die Erkenntnisse von Alan Turing zurück. Auf dieser Grundlage verfassten sie 1943 gemeinsam eine Arbeit mit dem Titel „A Logical Calculus of the Ideas Immanent in Nervous Activity", die im *Bulletin of Mathematical Biophysics* erschien. Die These lautete, dass die Kernfunktionen des Gehirns wie Neuronen und Synapsen durch Logik und Mathematik erklärt werden könnten, beispielsweise mit logischen Operatoren wie Und, Oder und Nicht. Mit diesen könnte man ein komplexes Netzwerk aufbauen, das Informationen verarbeiten, lernen und denken kann.

Ironischerweise fand der wissenschaftliche Artikel bei akademischen Fachleuten der Neurologie keinen großen Anklang. Aber er erregte die Aufmerksamkeit derjenigen, die sich mit Computern und KI beschäftigen.

Kybernetik

Norbert Wiener entwickelte verschiedene Theorien, doch seine berühmteste war die der Kybernetik. Sie konzentrierte sich auf das Verständnis von Kontrolle und Kommunikation mit Tieren, Menschen und Maschinen und zeigte die Bedeutung von Rückkopplungsschleifen auf.

Im Jahr 1948 veröffentlichte Wiener *Cybernetics: Or Control and Communication in the Animal and the Machine*. Obwohl es sich um ein wissenschaftliches Werk mit komplexen Gleichungen handelte, wurde das Buch ein Bestseller und landete auf der entsprechenden Liste der *New York Times*.

Es war definitiv sehr umfangreich. Einige der Themen waren Newtonsche Mechanik, Meteorologie, Statistik, Astronomie und Thermodynamik. Dieses Buch sollte die Entwicklung der Chaostheorie, der digitalen Kommunikation und sogar des Computerspeichers vorwegnehmen.

Aber auch für die künstliche Intelligenz sollte das Buch einflussreich sein. Wie McCulloch und Pitts verglich auch Wiener das menschliche Gehirn mit dem Computer. Außerdem spekulierte er, dass ein Computer in der Lage sein würde, Schach zu spielen und schließlich Großmeister zu schlagen. Der Hauptgrund dafür ist, dass er glaubte, dass eine Maschine beim Spielen lernen könnte. Er glaubte sogar, dass Computer in der Lage sein würden, sich selbst zu replizieren.

Aber auch *Cybernetics* war nicht utopisch. Wiener erkannte in weiser Voraussicht auch die Schattenseiten von Computern, wie etwa das Potenzial zur Entmenschlichung. Er dachte sogar, dass Maschinen den Menschen überflüssig machen würden.

Die Botschaft war definitiv widersprüchlich. Aber die Ideen von Wiener waren wirkungsvoll und haben die Entwicklung der KI vorangetrieben.

Die Entstehungsgeschichte

John McCarthys Interesse an Computern wurde 1948 geweckt, als er an einem Seminar mit dem Titel „Cerebral Mechanisms in Behavior" teilnahm, das sich mit der Frage beschäftigte, wie Maschinen irgendwann einmal denken können würden. Zu den Teilnehmenden gehörten die führenden Wegbereitenden auf diesem Gebiet wie John von Neumann, Alan Turing und Claude Shannon.

McCarthy tauchte weiter in die aufstrebende Computerindustrie ein – er arbeitete unter anderem in den Bell Labs – und organisierte 1956 ein zehnwöchiges Forschungsprojekt an der Universität Dartmouth. Er nannte es eine „Studie über künstliche Intelligenz". Es war das erste Mal, dass dieser Begriff verwendet wurde.

Zu den Teilnehmenden gehörten akademische Gelehrte wie Marvin Minsky, Nathaniel Rochester, Allen Newell, O. G. Selfridge, Raymond Solomonoff und Claude Shannon. Sie alle sollten später zu wichtigen an der KI Beteiligten werden.

Die Ziele der Studie waren durchaus ehrgeizig:

> „Die Studie geht von der Vermutung aus, dass jeder Aspekt des Lernens oder jedes andere Merkmal der Intelligenz im Prinzip so genau beschrieben werden kann, dass eine Maschine in die Lage versetzt werden kann, sie zu simulieren. Es wird versucht, herauszufinden, wie man Maschinen dazu bringen kann, Sprache zu benutzen, Abstraktionen und Konzepte zu entwickeln, Probleme zu lösen, die bisher dem Menschen vorbehalten waren, und sich selbst zu verbessern. Wir glauben, dass ein bedeutender Fortschritt in einem oder mehreren dieser Probleme gemacht werden kann, wenn eine sorgfältig ausgewählte Gruppe von Forschenden einen Sommer lang daran arbeitet."[4]

Auf der Konferenz stellten Allen Newell, Cliff Shaw und Herbert Simon ein Computerprogramm namens Logic Theorist vor, das sie bei der Research and Development (RAND) Corporation entwickelt hatten. Die Hauptinspiration kam von Simon (der 1978 den Nobelpreis für Wirtschaftswissenschaften erhalten sollte). Als er sah, wie Computer Wörter auf einer Karte für Luftverteidigungssysteme ausdruckten, erkannte er, dass diese Maschinen mehr als nur Zahlen verarbeiten könnten. Sie könnten auch mit Bildern, Zeichen und Symbolen arbeiten – alles, was zu einer denkenden Maschine führen könnte.

Bei Logic Theorist lag der Schwerpunkt auf dem Lösen verschiedener mathematischer Theoreme aus *Principia Mathematica*. Eine der Lösungen der Software erwies sich als eleganter – und der Co-Autor des Buches, Bertrand Russell, war begeistert.

Die Entwicklung des Logic Theorist war keine leichte Aufgabe. Newell, Shaw und Simon verwendeten einen IBM 701, der mit Maschinensprache arbeitete. Also entwickelten sie eine höhere Programmiersprache namens IPL (Information Processing Language), die die Programmierung beschleunigte. Mehrere Jahre lang war dies die bevorzugte Sprache für KI.

Der IBM 701 hatte auch nicht genug Speicher für den Logic Theorist. Dies führte zu einer weiteren Innovation, der Listenverarbeitung. Sie ermöglichte die dynamische Zuweisung und Freigabe von Speicher, während das Programm lief.

Fazit: Der Logic Theorist gilt als das erste jemals entwickelte KI-Programm.

---

[4] www-formal.stanford.edu/jmc/history/dartmouth/dartmouth.html.

Trotzdem stieß es nicht auf großes Interesse! Die Konferenz in Dartmouth war größtenteils eine Enttäuschung. Selbst der Begriff „künstliche Intelligenz" wurde kritisiert.

Die Forschenden versuchten, Alternativen zu finden, z. B. „komplexe Informationsverarbeitung". Aber sie waren nicht so eingängig wie KI – und der Begriff blieb hängen.

McCarthy setzte seine Mission fort, die Innovation in der KI voranzutreiben:

- In den späten 1950er-Jahren entwickelte er die Programmiersprache Lisp, die wegen der einfachen Verwendung nicht numerischer Daten häufig für KI-Projekte verwendet wurde. Er entwickelte auch Programmierkonzepte wie Rekursion, dynamische Typisierung und Garbage Collection. Lisp wird auch heute noch verwendet, z. B. in der Robotik und bei kommerziellen Anwendungen. Während McCarthy die Sprache entwickelte, war er auch Mitbegründer des MIT Artificial Intelligence Laboratory.

- Im Jahr 1961 formulierte er das Konzept der gemeinsamen Nutzung von Computern (Time-Sharing), das die Branche nachhaltig beeinflusste. Dies führte auch zur Entwicklung des Internets und des Cloud-Computings.

- Ein paar Jahre später gründete er das Stanford Artificial Intelligence Laboratory.

- 1969 schrieb er einen Aufsatz mit dem Titel „Computer-Controlled Cars", in dem er beschrieb, wie eine Person über eine Tastatur Anweisungen eingeben konnte und eine Fernsehkamera das Fahrzeug steuerte.

- Er wurde 1971 mit dem Turing-Preis ausgezeichnet. Dieser Preis gilt als der Nobelpreis für Informatik.

In einer Rede im Jahr 2006 merkte McCarthy an, er sei zu optimistisch, was den Fortschritt der starken KI angeht. Seiner Meinung nach „sind wir Menschen nicht sehr gut darin, die Heuristiken zu erkennen, die wir selbst verwenden".[5]

Goldenes Zeitalter der KI

Von 1956 bis 1974 war das Fachgebiet der künstlichen Intelligenz eines der aktivsten in der Welt der Technik. Ein wichtiger Katalysator war die rasante

---

[5] www.technologyreview.com/s/425913/computing-pioneer-dies/.

Entwicklung der Computertechnologie. Computer entwickelten sich von massiven Systemen, die auf Vakuumröhren basierten, zu kleineren Systemen, die auf integrierten Schaltkreisen liefen, viel schneller waren und mehr Speicherkapazität hatten.

Auch die Regierung investierte in großem Umfang in neue Technologien. Dies war zum Teil auf die ehrgeizigen Ziele des Apollo-Raumfahrtprogramms und die hohen Anforderungen des Kalten Krieges zurückzuführen.

Was die KI betrifft, so war die wichtigste Finanzierungsquelle die Advanced Research Projects Agency (ARPA), die Ende der 1950er-Jahre nach dem durch die Sowjetunion verursachten Sputnik-Schock ins Leben gerufen wurde. Die Ausgaben für Projekte waren in der Regel an wenige Bedingungen geknüpft. Ziel war es, bahnbrechende Innovationen anzuregen. Einer der Leiter der ARPA, J. C. R. Licklider, hatte das Motto „Menschen finanzieren, keine Projekte". Der Großteil der Mittel kam von Stanford, dem MIT, den Lincoln Laboratories und der Carnegie Mellon University.

Abgesehen von IBM war der private Sektor kaum an der KI-Entwicklung beteiligt. Man darf nicht vergessen, dass sich IBM Mitte der 1950er-Jahre zurückzog und sich auf die Vermarktung seiner Computer konzentrierte. Die Kundschaft befürchtete nämlich, dass diese Technologie zu erheblichen Arbeitsplatzverlusten führen würde. IBM wollte sich also nicht die Schuld dafür geben lassen.

Mit anderen Worten: Ein Großteil der Innovationen im Bereich der KI ging von der Wissenschaft aus. So verschoben Newell, Shaw und Simon 1959 mit der Entwicklung eines Programms namens „General Problem Solver" die Grenzen im Bereich der KI. Wie der Name schon sagt, ging es darum, mathematische Probleme zu lösen, wie etwa die Türme von Hanoi.

Aber es gab auch viele andere Programme, die versuchten, ein gewisses Maß an starker KI zu erreichen. Beispiele hierfür sind die folgenden:

- *SAINT* oder *Symbolic Automatic INTegrator* (1961): Dieses Programm, das vom MIT-Forscher James Slagle entwickelt wurde, half bei der Lösung von Rechenaufgaben für Studierende im ersten Semester. Es wurde später zu anderen Programmen mit den Namen SIN und MACSYMA weiterentwickelt, die weitaus fortgeschrittenere mathematische Aufgaben lösen konnten. SAINT war das erste Beispiel für ein Expertensystem, eine Kategorie der KI, die wir später in diesem Kapitel behandeln werden.

- *ANALOGY (1963)*: Dieses Programm war eine Schöpfung des MIT-Professors Thomas Evans. Die Anwendung demonstrierte, dass ein Computer Analogieprobleme eines IQ-Tests lösen konnte.

- *STUDENT (1964)*: Unter der Aufsicht von Minsky am MIT entwickelte Daniel Bobrow diese KI-Anwendung für seine Doktorarbeit. Das System nutzte die Verarbeitung natürlicher Sprache (Natural Language Processing, NLP), um Algebra-Aufgaben für Jugendliche in der Highschool zu lösen.

- *ELIZA (1965)*: Der MIT-Professor Joseph Weizenbaum entwickelte dieses Programm, das sofort ein großer Erfolg wurde. Sogar die Mainstream-Presse war in Aufregung. Es wurde nach Eliza benannt (in Anlehnung an George Bernard Shaws Stück *Pygmalion*) und diente zur Psychoanalyse. Benutzende konnten Fragen eingeben und ELIZA gab Ratschläge (dies war das erste Beispiel für einen Chatbot). Einige Benutzende hielten das Programm für eine echte Person, was Weizenbaum sehr beunruhigte, da die zugrunde liegende Technologie recht einfach war. Sie können Beispiele für ELIZA im Internet finden, zum Beispiel unter `http://psych.fullerton.edu/mbirnbaum/psych101/Eliza.htm`.

- *Computer Vision (1966)*: In einer legendären Geschichte sagte Marvin Minsky vom MIT zu einem Studenten, Gerald Jay Sussman, er solle den Sommer damit verbringen, eine Kamera mit einem Computer zu verbinden und den Computer dazu bringen, zu beschreiben, was er sah. Er tat genau das und baute ein System, das grundlegende Muster erkennen konnte. Das war der erste Einsatz von Computer Vision.

- *Mac Hack (1968)*: MIT-Professor Richard D. Greenblatt schuf dieses Programm, das Schach spielte. Es war das erste, das in echten Turnieren spielte, und es erhielt eine C-Bewertung.

- *Hearsay I (Ende der 1960er-Jahre)*: Professor Raj Reddy entwickelte ein System zur kontinuierlichen Spracherkennung. Einige seiner Studierenden gründeten später Dragon Systems, das sich zu einem großen Technologieunternehmen entwickelte.

In dieser Zeit gab es eine Vielzahl von akademischen Abhandlungen und Büchern über KI. Zu den Themen gehörten Bayes-Methoden, maschinelles Lernen und Bildverarbeitung.

Im Allgemeinen gab es jedoch zwei große Theorien über KI. Die eine wurde von Minsky vertreten, der sagte, dass es symbolische Systeme geben müsse. Dies bedeutete, dass die KI auf der traditionellen Computerlogik oder

Vorprogrammierung basieren sollte, d. h. auf der Verwendung von Ansätzen wie Wenn-Dann-Sonst-Anweisungen.

Die andere war die von Frank Rosenblatt, der der Meinung war, dass die KI ähnliche Systeme wie neuronale Netze verwenden sollte (dieses Gebiet war auch als Konnektionismus bekannt). Doch anstatt das Innenleben als Neuronen zu bezeichnen, nannte er sie Perzeptron. Ein System wäre in der Lage zu lernen, während es im Laufe der Zeit Daten aufnimmt.

1957 schuf Rosenblatt das erste Computerprogramm für diesen Zweck, das sogenannte Mark I Perceptron. Es enthielt Kameras, die bei der Unterscheidung zwischen zwei Bildern helfen sollten (sie hatten 20 × 20 Pixel). Das Mark I Perceptron verwendete Daten mit zufälligen Gewichtungen und durchlief dann den folgenden Prozess:

1. Aufnahme einer Eingabe und Erarbeitung der Ausgabe durch den Perzeptron

2. Wenn es keine Übereinstimmung gibt, dann

    a. Wenn die Ausgabe 0 hätte sein sollen, aber 1 war, dann wird die Gewichtung für 1 verringert.

    b. Wenn die Ausgabe 1 hätte sein sollen, aber 0 war, dann wird die Gewichtung für 1 erhöht.

3. Wiederholung der Schritte 1 und 2, bis die Ergebnisse korrekt sind.

Dies war definitiv wegweisend für die KI. Die *New York Times* schrieb sogar über Rosenblatt: „Die Marine hat heute den Embryo eines elektronischen Computers enthüllt, von dem sie erwartet, dass er gehen, sprechen, sehen, schreiben, sich selbst reproduzieren und sich seiner Existenz bewusst sein kann."[6]

Aber es gab immer noch Probleme mit dem Perzeptron. Zum einen verfügte das neuronale Netz nur über eine Lage (vor allem wegen der mangelnden Rechenleistung zu dieser Zeit). Außerdem steckte die Hirnforschung noch in den Kinderschuhen und bot nicht viel zum Verständnis kognitiver Fähigkeiten.

Minsky schrieb zusammen mit Seymour Papert ein Buch mit dem Titel *Perceptrons* (1969). Die Autoren griffen Rosenblatts Ansatz unnachgiebig an, so dass er schnell in Vergessenheit geriet. Man beachte, dass Minsky in den frühen 1950er-Jahren eine primitive Maschine mit neuronalen Netzen entwickelte, indem er beispielsweise Hunderte von Vakuumröhren und Ersatzteile aus einem B-24-Bomber verwendete. Aber er erkannte, dass die Technologie noch lange nicht ausgereift war.

---

[6] www.nytimes.com/1958/07/08/archives/new-navy-device-learns-by-do-ing-psychologist-shows-embryo-of.html.

Rosenblatt versuchte, sich zu wehren, aber es war zu spät. Die KI-Gemeinschaft wandte sich schnell von neuronalen Netzwerken ab. Rosenblatt starb dann einige Jahre später bei einem Bootsunfall. Er war 43 Jahre alt.

Doch in den 1980er-Jahren wurden seine Ideen wieder aufgegriffen, was zu einer Revolution in der KI führte, vor allem durch die Entwicklung des Deep Learning.

Das Goldene Zeitalter der künstlichen Intelligenz war größtenteils unbeschwert und aufregend. Einige der klügsten Gelehrten der Welt versuchten, Maschinen zu entwickeln, die wirklich denken konnten. Aber der Optimismus ging oft ins Extrem. Im Jahr 1965 sagte Simon, dass eine Maschine innerhalb von 20 Jahren alles tun könnte, was ein Mensch kann. 1970 sagte er in einem Interview mit der Zeitschrift *Life*, dass dies in nur 3–8 Jahren der Fall sein würde (er war übrigens Berater für den Film *2001: Odyssee im Weltraum*).

Leider würde die nächste Phase der KI viel düsterer ausfallen. Es gab immer mehr Forschende in der Wissenschaft, die skeptisch wurden. Der vielleicht lauteste von ihnen war der Philosoph Hubert Dreyfus. In Büchern wie *What Computers Still Can't Do: A Critique of Artificial Reason*,[7] legte er seine Vorstellungen dar, dass Computer dem menschlichen Gehirn nicht ähnlich seien und dass die KI die hochgesteckten Erwartungen bei weitem nicht erfüllen würde.

KI-Winter

Anfang der 1970er-Jahre begann der Enthusiasmus für KI zu schwinden. Diese Zeit wurde als „KI-Winter" bekannt, der etwa bis 1980 andauerte (der Begriff leitet sich vom „nuklearen Winter" ab, einem Ereignis, bei dem die Sonne verdunkelt wird und die Temperaturen auf der ganzen Welt sinken).

Auch wenn bei der künstlichen Intelligenz viele Fortschritte gemacht wurden, waren sie doch meist akademischer Natur und fanden in kontrollierten Umgebungen statt. Zu dieser Zeit waren die Computersysteme noch begrenzt. Eine DEC PDP-11/45 – die für die KI-Forschung üblich war – konnte ihren Speicher beispielsweise nur auf 128 KB erweitern.

Die Sprache Lisp war auch nicht ideal für Computersysteme. In der Unternehmenswelt konzentrierte man sich stattdessen vor allem auf FORTRAN.

Außerdem gab es noch viele komplexe Aspekte beim Verständnis von Intelligenz und logischem Denken. Nur einer davon ist die Disambiguierung. Dies ist der Fall, wenn ein Wort mehr als eine Bedeutung hat. Das macht es für ein KI-Programm noch schwieriger, da es auch den Kontext verstehen muss.

---

[7] MIT Press, 1972.

Schließlich war das wirtschaftliche Umfeld in den 1970er-Jahren alles andere als stabil. Es gab eine anhaltende Inflation, ein langsames Wachstum und Versorgungsunterbrechungen, wie etwa bei der Ölkrise.

In Anbetracht all dessen sollte es nicht überraschen, dass die US-Regierung bei der Finanzierung strenger wurde. Denn wie nützlich ist ein Programm, das Schach spielen, ein Theorem lösen oder einige einfache Bilder erkennen kann für Planende im Pentagon?

Leider nicht sehr nützlich.

Ein bemerkenswerter Fall ist das Forschungsprogramm zum Sprachverständnis an der Carnegie Mellon University. Die Defense Advanced Research Projects Agency (DARPA) dachte, dass dieses Spracherkennungssystem für Kampfpiloten verwendet werden könnte, um Sprachbefehle zu geben. Aber es erwies sich als nicht praktikabel. Eines der Programme, das Harpy genannt wurde, konnte 1011 Wörter verstehen – so viele wie ein typischer Dreijähriger kennt.

Die DARPA-Mitarbeitenden dachten tatsächlich, sie seien hereingelegt worden, und strichen das Jahresbudget von 3 Mio. US$ für das Programm.

Der größte Schlag für die KI kam jedoch durch einen Bericht von Professor Sir James Lighthill, der 1973 veröffentlicht wurde. Er wurde vom britischen Parlament finanziert und war eine klare Absage an die „grandiosen Ziele" der starken KI. Ein Hauptproblem, das er feststellte, war die „kombinatorische Explosion", d. h. das Problem, dass die Modelle zu kompliziert und schwer anzupassen waren.

Der Bericht kam zu dem Schluss: „In keinem Bereich haben die bisher gemachten Entdeckungen die damals versprochene große Wirkung gezeigt."[8] Er war so pessimistisch, dass er nicht glaubte, dass Computer in der Lage sein würden, Bilder zu erkennen oder Schachgroßmeister zu schlagen.

Der Bericht führte auch zu einer öffentlichen Debatte, die vom BCC im Fernsehen übertragen wurde (die Videos sind auf YouTube zu finden). Dabei trat Lighthill gegen Donald Michie, Richard Gregory und John McCarthy an.

Obwohl Lighthill stichhaltige Argumente hatte – und große Mengen an Forschungsergebnissen auswertete –, sah er die Stärke der schwachen KI nicht. Aber das schien keine Rolle zu spielen, als der Winter sich durchsetzte.

Die Situation wurde so schlimm, dass viele Forschende einen anderen beruflichen Weg einschlugen. Und diejenigen, die weiterhin KI studierten, bezeichneten ihre Arbeit oft mit anderen Begriffen wie maschinelles Lernen, Mustererkennung und Informatik!

---

[8] Das 1973 erschienene Buch *Artificial Intelligence: A General Survey* von Professor Sir James Lighthill von der Universität Cambridge, www.bbc.com/timelines/zq376fr.

Aufstieg und Fall der Expertensysteme

Auch während des KI-Winters gab es weiterhin wichtige Innovationen. Eine davon war die Backpropagation, die für die Zuweisung von Gewichten für neuronale Netze unerlässlich ist. Dann gab es die Entwicklung des rekurrenten neuronalen Netzes (RNN). Dieses ermöglicht es, dass sich Verbindungen durch die Eingabe- und Ausgabeschichten bewegen.

Aber in den 1980er- und 1990er-Jahren kamen auch Expertensysteme auf. Eine wichtige treibende Kraft war die explosionsartige Verbreitung von PCs und Minicomputern.

Expertensysteme basierten auf den Konzepten der symbolischen Logik von Minsky und umfassten komplexe Pfade. Sie wurden häufig von Fachleuten in bestimmten Bereichen wie Medizin, Finanzen und Automobilbau entwickelt.

Abb. 1-2 zeigt die wichtigsten Bestandteile eines Expertensystems.

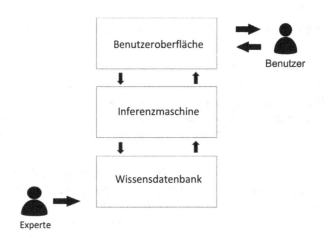

Abb. 1-2. Hauptbestandteile eines Expertensystems

Es gibt zwar Expertensysteme, die bis in die Mitte der 1960er-Jahre zurückreichen, doch wurden sie erst in den 1980er-Jahren kommerziell genutzt. Ein Beispiel war XCON (eXpert CONfigurer), das John McDermott an der Carnegie Mellon University entwickelte. Das System ermöglichte die Optimierung der Auswahl von Computerkomponenten und verfügte anfangs über etwa 2500 Regeln. Man kann es als die erste Empfehlungsmaschine bezeichnen. Nach der Einführung im Jahr 1980 erwies sich das System für DEC als eine große Kostenersparnis für seine VAX-Computerreihe (etwa 40 Mio. US$ bis 1986).

Als die Unternehmen den Erfolg von XCON erkannten, kam es zu einem Boom bei den Expertensystemen, der sich zu einer Milliarden-Dollar-Industrie entwickelte. Auch die japanische Regierung erkannte die Chance und investierte hunderte Millionen, um ihren Heimatmarkt zu stärken. Die Ergebnisse waren jedoch meist eine Enttäuschung. Ein Großteil der Innovationen kam aus den Vereinigten Staaten.

Man bedenke, dass IBM ein Expertensystem für seinen Computer Deep Blue verwendet hat. Im Jahr 1996 schlug er den Schachgroßmeister Garry Kasparov in einer von sechs Partien. Deep Blue, das IBM seit 1985 entwickelt hatte, verarbeitete 200 Mio. Stellungen pro Sekunde.

Aber es gab Probleme mit Expertensystemen. Sie waren oft eng gefasst und ließen sich nur schwer auf andere Kategorien anwenden. Und je größer die Expertensysteme wurden, desto schwieriger wurde es, sie zu verwalten und mit Daten zu versorgen. Dies führte zu einer höheren Fehlerquote bei den Ergebnissen. Außerdem erwies sich das Testen der Systeme oft als komplexer Prozess. Es kam vor, dass sich die Fachkundigen in grundlegenden Fragen uneinig waren. Schließlich lernten die Expertensysteme nicht mit der Zeit. Stattdessen mussten die zugrunde liegenden Logikmodelle ständig aktualisiert werden, was die Kosten und die Komplexität erheblich erhöhte.

Ende der 1980er-Jahre begannen Expertensysteme in der Geschäftswelt an Beliebtheit zu verlieren, und viele Start-ups fusionierten oder gingen pleite. Dies trug zu einem weiteren KI-Winter bei, der bis etwa 1993 andauern sollte. Die PCs drängten immer mehr in den Markt für höherwertige Hardware, was einen starken Rückgang der Lisp-basierten Maschinen bedeutete.

Auch die staatlichen Mittel für KI, z. B. von der DARPA, versiegten. Andererseits neigte sich der Kalte Krieg mit dem Fall der Sowjetunion rasch seinem Ende zu.

Neuronale Netze und Deep Learning

Als Teenager in den 1950er-Jahren wollte Geoffrey Hinton Professor werden und KI studieren. Er stammte aus einer Familie bekannter Gelehrter (sein Ur-Ur-Großvater war George Boole). Seine Mutter sagte oft: „Sei ein Akademiker oder sei ein Versager".[9]

Schon während des ersten KI-Winters begeisterte sich Hinton für KI und war überzeugt, dass Rosenblatts Ansatz der neuronalen Netze der richtige Weg war. So promovierte er 1972 an der Universität von Edinburgh zu diesem Thema.

---

[9] https://torontolife.com/tech/ai-superstars-google-facebook-apple-studied-guy/.

Doch in dieser Zeit waren viele der Meinung, dass Hinton seine Zeit und seine Talente verschwendete. KI wurde im Wesentlichen als Randgebiet betrachtet. Sie wurde nicht einmal als Wissenschaft angesehen.

Aber das bestärkte Hinton nur noch mehr. Er genoss seine Position als Außenseiter und wusste, dass sich seine Ideen am Ende durchsetzen würden.

Hinton erkannte, dass das größte Hindernis für KI die Computerleistung war. Aber er sah auch, dass die Zeit auf seiner Seite war. Das Mooresche Gesetz sagte voraus, dass sich die Anzahl der Komponenten auf einem Chip etwa alle 18 Monate verdoppeln würde.

In der Zwischenzeit arbeitete Hinton unermüdlich an der Entwicklung der grundlegenden Theorien für neuronale Netze – etwas, das schließlich als Deep Learning bekannt wurde. Im Jahr 1986 schrieb er zusammen mit David Rumelhart und Ronald J. Williams eine bahnbrechende Arbeit mit dem Titel „Learning Representations by Back-propagating Errors". Darin wurden die wichtigsten Verfahren zur Verwendung von Backpropagation in neuronalen Netzen dargelegt. Das Ergebnis war eine erhebliche Verbesserung der Genauigkeit, z. B. bei Vorhersagen und visueller Erkennung.

Natürlich geschah dies nicht im Alleingang. Hintons Pionierarbeit basierte auf den Leistungen anderer Forschenden, die ebenfalls an neuronale Netze glaubten. Und seine eigene Forschung gab den Anstoß für eine Reihe weiterer bedeutender Erfolge:

- *1980*: Kunihiko Fukushima schuf Neocognitron, ein System zur Erkennung von Mustern, das die Grundlage für Convolutional Neural Networks bildete. Diese basierten auf dem visuellen Cortex von Tieren.

- *1982*: John Hopfield entwickelte „Hopfield-Netze". Dabei handelt es sich im Wesentlichen um ein rekurrentes neuronales Netz.

- *1989*: Yann LeCun kombinierte konvolutionale Netzwerke mit Backpropagation. Dieser Ansatz findet Anwendung bei der Analyse von handschriftlichen Schecks.

- *1989*: Christopher Watkins' Doktorarbeit „Learning from Delayed Rewards" beschreibt das Q-Learning. Dies war ein großer Fortschritt bei der Unterstützung des verstärkenden Lernens.

- *1998*: Yann LeCun veröffentlichte „Gradient-Based Learning Applied to Document Recognition" (Gradientenbasiertes Lernen bei der Dokumentenerkennung), bei dem Abstiegs-Algorithmen zur Verbesserung neuronaler Netze eingesetzt werden.

Technologische Triebkräfte der modernen KI

Neben den Fortschritten bei neuen konzeptionellen Ansätzen, Theorien und Modellen hat die KI einige weitere wichtige Impulse erhalten. Hier ein Blick auf die wichtigsten davon:

- *Explosives Wachstum der Datenmengen*: Das Internet war ein wichtiger Faktor für die KI, da es die Erstellung riesiger Datensätze ermöglicht hat. Im nächsten Kapitel werden wir einen Blick darauf werfen, wie Daten diese Technologie verändert haben.

- *Infrastruktur*: Das für die künstliche Intelligenz vielleicht bedeutendste Unternehmen der letzten 15 Jahre war Google. Um mit der Indizierung des Webs Schritt zu halten, das mit einer atemberaubenden Geschwindigkeit wuchs, musste das Unternehmen kreative Ansätze für den Aufbau skalierbarer Systeme entwickeln. Das Ergebnis waren Innovationen in Bezug auf handelsübliche Server-Cluster, Virtualisierung und Open-Source-Software. Mit dem Start des Projekts „Google Brain" im Jahr 2011 gehörte Google auch zu den ersten Anwendenden von Deep Learning. Oh, und ein paar Jahre später stellte das Unternehmen Hinton ein.

- *GPUs (Graphics Processing Units)*: Diese von NVIDIA entwickelte Chiptechnologie war ursprünglich für Hochgeschwindigkeitsgrafiken in Spielen gedacht. Aber die Architektur der GPUs sollte sich schließlich auch für die KI eignen. Die meisten Deep-Learning-Forschungen werden mit diesen Chips durchgeführt. Der Grund dafür ist, dass die Geschwindigkeit durch die parallele Verarbeitung um ein Vielfaches höher ist als bei herkömmlichen CPUs. Das bedeutet, dass die Berechnung eines Modells ein oder zwei Tage statt Wochen oder sogar Monate dauern kann.

All diese Faktoren verstärken sich selbst und treiben das Wachstum der KI voran. Außerdem werden diese Faktoren wahrscheinlich noch viele Jahre lang dynamisch wirken.

Struktur von KI

In diesem Kapitel haben wir viele Konzepte behandelt. Nun kann es schwierig sein, die Organisation der KI zu verstehen. Zum Beispiel werden häufig Begriffe wie maschinelles Lernen und Deep Learning verwechselt. Es ist jedoch wichtig, die Unterscheidungen zu verstehen, die wir im weiteren Verlauf dieses Buches ausführlich behandeln werden.

Abb. 1-3 zeigt, wie die Hauptelemente der KI zueinander in Beziehung stehen. An der Spitze steht die KI, die eine Vielzahl von Theorien und Technologien umfasst. Diese kann dann in zwei Hauptkategorien unterteilt werden: maschinelles Lernen und Deep Learning.

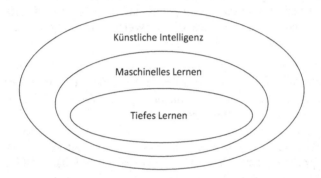

Künstliche Intelligenz

Maschinelles Lernen

Tiefes Lernen

Abb. 1-3. Dies ist ein Überblick über die wichtigsten Komponenten der KI-Welt

Schlussfolgerung

Dass KI heute ein Modewort ist, ist nichts Neues. Der Begriff hat verschiedene Boom-Bust-Zyklen durchlaufen, die einem den Magen umdrehten.

Vielleicht wird die KI wieder in Ungnade fallen? Vielleicht. Aber dieses Mal gibt es echte Innovationen mit KI, die die Unternehmen verändern. Große Technologieunternehmen wie Google, Microsoft und Facebook betrachten diese Kategorie als eine ihrer wichtigsten Prioritäten. Alles in allem scheint man aber getrost davon ausgehen zu können, dass die KI weiter wachsen und unsere Welt verändern wird.

Wichtigste Erkenntnisse

- Die Entwicklung von Technologien dauert oft länger als ursprünglich angenommen.

- Bei der KI geht es nicht nur um Computerwissenschaften und Mathematik. Wichtige Beiträge kommen aus Bereichen wie Wirtschaft, Neurowissenschaften, Psychologie, Linguistik, Elektrotechnik, Mathematik und Philosophie.

- Es gibt zwei Haupttypen von KI: schwache und starke. Starke KI bedeutet, dass Maschinen sich ihrer selbst bewusst werden, während schwache KI für Systeme gilt, die sich auf bestimmte Aufgaben konzentrieren. Derzeit befindet sich die KI in der schwachen Phase.

- Der Turing-Test ist eine gängige Methode, um zu testen, ob eine Maschine denken kann. Er basiert darauf, ob jemand wirklich glaubt, dass ein System intelligent ist.

- Zu den wichtigsten Triebkräften für KI gehören neue Theorien von Forschenden wie Hinton, das explosionsartige Wachstum der Datenmenge, neue technologische Infrastrukturen und Grafikprozessoren.

Daten

Der Treibstoff für KI

Pinterest ist eines der angesagtesten Start-ups im Silicon Valley und ermöglicht es den Nutzenden, ihre Lieblingsgegenstände in ansprechende Boards zu pinnen. Die Website hat 250 Mio. MAUs (monatlich aktive Nutzende) und erzielte 2018 einen Umsatz von 756 Mio. US$.[1]

Eine beliebte Aktivität auf Pinterest ist die Planung von Hochzeiten. Die zukünftige Braut hat Pins für Kleider, Veranstaltungsorte, Ziele für die Flitterwochen, Torten, Einladungen und so weiter.

Das bedeutet auch, dass Pinterest den Vorteil hat, riesige Mengen an wertvollen Daten zu sammeln. Ein Teil davon hilft bei der Erstellung gezielter Anzeigen. Es gibt aber auch Möglichkeiten für E-Mail-Kampagnen. In einem Fall verschickte Pinterest eine E-Mail mit den Worten:

> „Sie werden heiraten! Und weil wir die Hochzeitsplanung lieben – vor allem all die schönen Papeterieartikel – laden wir Sie ein, unsere besten Boards zu durchstöbern, die von Grafikdesignschaffenden, Fotografierenden und anderen zukünftigen Bräuten kuratiert wurden, alles Pinner mit einem scharfen Auge und Gedanken an die Hochzeit."[2]

---

[1] www.cnbc.com/2019/03/22/pinterest-releases-s-1-for-ipo.html.
[2] www.businessinsider.com/pinterest-accidental-marriage-emails-2014-9.

© Der/die Autor(en), exklusiv lizenziert an APress Media, LLC, ein Teil von Springer Nature 2022
T. Taulli, *Grundlagen der Künstlichen Intelligenz*,
https://doi.org/10.1007/978-3-662-66283-0_2

Das Problem: Viele, die die E-Mail empfingen, waren bereits verheiratet oder hatten nicht vor, in nächster Zeit zu heiraten.

Pinterest hat schnell gehandelt und diese Entschuldigung veröffentlicht:

> „Jede Woche senden wir Sammlungen von kategoriespezifischen Pins und Boards per E-Mail an Pinner, von denen wir hoffen, dass sie sich für sie interessieren werden. Leider suggerierte eine dieser jüngsten E-Mails, dass die Pinner tatsächlich heiraten und nicht nur potenziell an hochzeitsbezogenen Inhalten interessiert seien. Es tut uns leid, dass wir wie eine sich zu stark einmischende Mutter rüberkamen, die immer fragt, wann Sie einen netten Jungen oder ein nettes Mädchen finden werden."

Das ist eine wichtige Lektion. Selbst einige der technisch versiertesten Unternehmen vermasseln es.

Es gibt zum Beispiel Fälle, in denen die Daten zwar genau stimmen, das Ergebnis aber trotzdem ein gewaltiger Fehlschlag sein kann. Nehmen wir den Fall Target. Das Unternehmen nutzte seine umfangreichen Daten, um werdenden Müttern personalisierte Angebote zu schicken. Grundlage dafür waren die Kaufenden, die bestimmte Einkäufe getätigt hatten, z. B. von unparfümierten Lotionen. Das System von Target erstellte einen Schwangerschaftsscore, der sogar geschätzte Geburtstermine lieferte.

Nun, der Vater einer der Kundinnen sah die E-Mail und war wütend, weil seine Tochter nicht schwanger war.[3]

Aber sie war es – und ja, sie hatte diese Tatsache vor ihrem Vater verheimlicht.

Es besteht kein Zweifel, dass Daten extrem leistungsstark und entscheidend für KI sind. Aber man muss vorsichtig sein und die Risiken verstehen. In diesem Kapitel werfen wir einen Blick auf einige der Dinge, die Sie wissen müssen.

Daten-Grundlagen

Es ist gut, wenn man den Datenjargon versteht.

Zunächst einmal ist ein Bit (die Abkürzung für „binary digit", d. h. Binärziffer) die kleinste Form von Daten auf einem Computer. Man kann es sich wie ein Atom vorstellen. Ein Bit kann entweder 0 oder 1 sein, was binär ist. Außerdem wird es im Allgemeinen verwendet, um die Datenmenge zu messen, die übertragen wird (z. B. in einem Netzwerk oder im Internet).

---

[3] www.businessinsider.com/the-incredible-story-of-how-target-exposed-a-teen-girls-pregnancy-2012-2.

Ein Byte hingegen dient hauptsächlich der Speicherung. Natürlich kann die Anzahl der Bytes sehr schnell sehr groß werden. In Tab. 2-1 sehen wir, wie das geht.

Tab. 2-1. Arten von Datenebenen

Einheit	Wert	Anwendungsfall
Megabyte	1000 Kilobyte	Ein kleines Buch
Gigabyte	1000 Megabyte	Etwa 230 Lieder
Terabyte	1000 Gigabyte	500 Stunden Filme
Petabyte	1000 Terabyte	Fünf Jahre des Earth Observing System (EOS)
Exabyte	1000 Petabyte	Die gesamte Library of Congress 3000 Mal
Zettabyte	1000 Exabyte	36.000 Jahre HD-TV-Video
Yottabytes	1000 Zettabytes	Dies würde ein Rechenzentrum von der Größe von Delaware und Rhode Island zusammen erfordern

Die Daten können auch aus vielen verschiedenen Quellen stammen. Hier ist nur eine Auswahl:

- Web/Soziale Medien (Facebook, Twitter, Instagram, YouTube),
- Biometrische Daten (Fitness-Tracker, genetische Tests),
- Point-of-Sale-Systeme (von Ladengeschäften und E-Commerce-Websites),
- Internet der Dinge oder IoT (ID-Tags und intelligente Geräte),
- Cloud-Systeme (Geschäftsanwendungen wie Salesforce. com),
- Unternehmensdatenbanken und Tabellenkalkulationen.

Arten von Daten

Es gibt vier Möglichkeiten, Daten zu organisieren. Erstens gibt es strukturierte Daten, die in der Regel in einer relationalen Datenbank oder einer Tabellenkalkulation gespeichert werden. Einige Beispiele sind die folgenden:

- Finanzielle Informationen,
- Sozialversicherungsnummern,

- Adressen,

- Informationen zum Produkt,

- Daten der Verkaufsstelle,

- Telefonnummern.

Strukturierte Daten sind in der Regel einfacher zu verarbeiten. Diese Daten stammen oft aus Systemen für Customer-Relationship-Management (CRM) und Enterprise-Resource-Planning (ERP) und haben in der Regel ein geringeres Volumen. Außerdem sind sie in der Regel unkomplizierter, zum Beispiel in Bezug auf die Analyse. Es gibt verschiedene BI-Programme (Business Intelligence), die dabei helfen können, Erkenntnisse aus strukturierten Daten zu gewinnen. Diese Art von Daten macht jedoch nur etwa 20 % eines KI-Projekts aus.

Der Großteil stammt aus unstrukturierten Daten, d. h. aus Informationen, die keine vordefinierte Formatierung aufweisen. Dies müssen Sie selbst tun, was mühsam und zeitaufwendig sein kann. Es gibt jedoch Tools wie Datenbanken der nächsten Generation – z. B. solche, die auf NoSQL basieren –, die bei diesem Prozess helfen können. Auch KI-Systeme sind bei der Verwaltung und Strukturierung der Daten effektiv, da die Algorithmen Muster erkennen können.

Hier einige Beispiele für unstrukturierte Daten:

- Bilder,

- Videos,

- Audiodateien,

- Textdateien,

- Informationen aus sozialen Netzwerken wie Tweets und Posts,

- Satellitenbilder.

Nun gibt es einige Daten, die eine Mischung aus strukturierten und unstrukturierten Quellen sind, sogenannte semistrukturierte Daten. Die Informationen haben einige interne Tags, die bei der Kategorisierung helfen.

Beispiele für semistrukturierte Daten sind XML (Extensible Markup Language), das auf verschiedenen Regeln zur Identifizierung der Elemente eines Dokuments basiert, und JSON (JavaScript Object Notation), eine Methode zur Übertragung von Informationen im Web über APIs (Application Programming Interfaces).

Semistrukturierte Daten machen jedoch nur etwa 5 bis 10 % aller Daten aus.

Schließlich gibt es Zeitreihendaten, die sowohl strukturierte, unstrukturierte als auch semistrukturierte Daten sein können. Diese Art von Informationen bezieht sich auf Interaktionen, z. B. auf die Verfolgung der „Customer Journey". Dies würde bedeuten, dass Informationen gesammelt werden, wenn Nutzende die Website besuchen, eine App verwenden oder sogar ein Geschäft betreten.

Diese Art von Daten ist jedoch oft unübersichtlich und schwer zu verstehen. Das liegt zum Teil daran, dass man die Absichten der Nutzenden verstehen muss, die sehr unterschiedlich sein können. Außerdem gibt es riesige Mengen von Interaktionsdaten, die Billionen von Datenpunkten umfassen können. Oh, und die Erfolgsmetriken sind möglicherweise nicht klar. Warum tun Nutzende etwas auf der Website?

Aber KI wird für solche Fragen wahrscheinlich entscheidend sein. Allerdings befindet sich die Analyse von Zeitreihendaten größtenteils noch im Anfangsstadium.

Big Data

Mit der Allgegenwart von Internetzugang, mobilen Geräten und Wearables wurde eine Flut von Daten ausgelöst. Jede Sekunde verarbeitet Google über 40.000 Suchanfragen oder 3,5 Mrd. pro Tag. Im Minutentakt teilen Snapchat-Nutzende 527.760 Fotos, und YouTube-Nutzende sehen sich mehr als 4,1 Mio. Videos an. Und dann gibt es noch die altmodischen Systeme wie E-Mails, die weiterhin ein erhebliches Wachstum verzeichnen. Jede Minute werden 156 Mio. Nachrichten verschickt.[4]

Aber es gibt noch etwas anderes zu bedenken: Unternehmen und Maschinen erzeugen auch riesige Datenmengen. Nach Recherchen von Statista wird die Zahl der Sensoren bis 2020 12,86 Mrd. erreichen.[5]

In Anbetracht all dessen scheint es sicher zu sein, dass die Datenmengen weiterhin rasant ansteigen werden. In einem Bericht der International Data Corporation (IDC) mit dem Titel „Data Age 2025" wird erwartet, dass die erzeugte Datenmenge bis 2025 die schwindelerregende Zahl von 163 Zettabyte erreichen wird.[6] Das ist etwa das Zehnfache der Menge von 2017.

Um all dies zu bewältigen, hat sich eine Technologiekategorie herausgebildet, die Big Data genannt wird. So erklärt Oracle die Bedeutung dieses Trends:

> „Big Data ist heute zum Kapital geworden. Denken Sie an einige der größten Technologieunternehmen der Welt. Ein großer Teil des Wertes,

---

[4] www.forbes.com/sites/bernardmarr/2018/05/21/how-much-data-do-we-create-every-day-the-mind-blowing-stats-everyone-should-read/#788c13c660ba.
[5] www.forbes.com/sites/louiscolumbus/2018/06/06/10-charts-that-will-challenge-your-perspective-of-iots-growth/#4e9fac23ecce.
[6] https://blog.seagate.com/business/enormous-growth-in-data-is-coming-how-to-prepare-for-it-and-prosper-from-it/.

den sie bieten, stammt aus ihren Daten, die sie ständig analysieren, um mehr Effizienz zu erzielen und neue Produkte zu entwickeln."[7]

Big Data wird also auch in Zukunft ein wichtiger Bestandteil vieler KI-Projekte sein.

Was genau ist dann Big Data? Wie lautet eine gute Definition? Eigentlich gibt es keine, auch wenn es viele Unternehmen gibt, die sich auf diesen Markt konzentrieren! Big Data weist jedoch die folgenden Merkmale auf, die als die drei „Vs" bezeichnet werden (der Gartner-Analyst Doug Laney entwickelte diese Struktur bereits im Jahr 2001):[8] „volume", „variety" und „velocity" – also Datenmenge, Datenvielfalt und Geschwindigkeit.

Volume

Dies ist die Menge der Daten, die oft unstrukturiert sind. Es gibt keine feste Regel für einen Schwellenwert, aber in der Regel liegt er bei zig Terabyte.

Das Volumen ist oft eine große Herausforderung, wenn es um Big Data geht. Doch Cloud-Computing und Datenbanken der nächsten Generation haben sich als große Hilfe erwiesen – in Bezug auf Leistung und niedrigere Kosten.

Variety

Dies beschreibt die Vielfalt der Daten, z. B. eine Kombination aus strukturierten, semistrukturierten und unstrukturierten Daten (siehe oben). Sie zeigt auch die verschiedenen Datenquellen und Verwendungszwecke. Zweifellos war die starke Zunahme unstrukturierter Daten ein Schlüssel zur Vielfalt von Big Data.

Dies zu bewältigen, kann schnell zu einer großen Herausforderung werden. Doch maschinelles Lernen kann oft helfen, den Prozess zu rationalisieren.

Velocity

Dies zeigt die Geschwindigkeit, mit der Daten erzeugt werden. Wie bereits in diesem Kapitel erwähnt, weisen Dienste wie YouTube und Snapchat eine extrem hohe Geschwindigkeit auf (dies wird oft als „Feuerwache" für Daten bezeichnet). Dies erfordert hohe Investitionen in Technologien und Rechenzentren der nächsten Generation. Außerdem werden die Daten oft im Speicher und nicht mit plattenbasierten Systemen verarbeitet.

---

[7] www.oracle.com/big-data/guide/what-is-big-data.html.
[8] https://blogs.gartner.com/doug-laney/files/2012/01/ad949-3D-Data-Management-Controlling-Data-Volume-Velocity-and-Variety.pdf.

Aus diesem Grund wird die Geschwindigkeit oft als das schwierigste der drei „Vs" angesehen. Seien wir ehrlich: In der heutigen digitalen Welt wollen die Menschen ihre Daten so schnell wie möglich. Wenn das zu langsam passiert, werden die Leute frustriert sein und woanders hingehen.

Im Laufe der Jahre, als sich Big Data weiterentwickelte, kamen jedoch weitere „Vs" hinzu. Derzeit gibt es über zehn.

Aber hier sind einige der häufigsten:

- *Veracity – Richtigkeit*: Hier geht es um Daten, die als genau gelten. In diesem Kapitel werden wir uns einige Techniken zur Bewertung der Richtigkeit ansehen.

- *Value – Nutzen*: Dies zeigt die Nützlichkeit der Daten. Oft geht es dabei um eine vertrauenswürdige Quelle.

- *Variability – Veränderlichkeit*: Dies bedeutet, dass sich die Daten im Laufe der Zeit verändern. Dies ist zum Beispiel bei Social-Media-Inhalten der Fall, die sich je nach der allgemeinen Stimmung in Bezug auf neue Entwicklungen und aktuelle Nachrichten verändern können.

- *Visualization – Visualisierung*: Hier geht es um die Verwendung von visuellen Darstellungen wie Diagrammen zum besseren Verständnis der Daten.

Wie Sie erkennen können, involviert die Verwaltung von Big Data viele Komponenten und Variablen, was zu Komplexität führt. Dies erklärt auch, warum viele Unternehmen immer noch nur einen verschwindend geringen Anteil ihrer Daten nutzen.

Datenbanken und andere Tools

Es gibt eine Vielzahl von Tools, die beim Umgang mit Daten helfen. Im Mittelpunkt steht dabei die Datenbank. Es dürfte nicht überraschen, dass sich diese wichtige Technologie im Laufe der Jahrzehnte weiterentwickelt hat. Aber auch ältere Technologien wie relationale Datenbanken werden heute noch sehr häufig eingesetzt. Wenn es um unternehmenskritische Daten geht, zögern Unternehmen, Änderungen vorzunehmen – selbst wenn es klare Vorteile gibt.

Um diesen Markt zu verstehen, müssen wir bis ins Jahr 1970 zurückgehen, als der IBM-Informatiker Edgar Codd „A Relational Model of Data for Large Shared Data Banks" veröffentlichte. Diese Veröffentlichung war bahnbrechend, da sie die Struktur von relationalen Datenbanken einführte. Bis zu diesem Zeitpunkt waren Datenbanken ziemlich komplex, starr und hierarchisch strukturiert. Dies machte die Suche und das Auffinden von Beziehungen in den Daten sehr zeitaufwendig.

Der relationale Datenbankansatz von Codd wurde für modernere Maschinen entwickelt. Die SQL-Skriptsprache war einfach zu verwenden und ermöglichte CRUD-Operationen (Create, Read, Update, Delete – Erstellen, Lesen, Aktualisieren und Löschen). Die Tabellen hatten auch Verbindungen mit Primär- und Fremdschlüsseln, die wichtige Verbindungen wie die folgenden herstellten:

- *Eins-zu-Eins*: Eine Zeile in einer Tabelle ist nur mit einer Zeile in einer anderen Tabelle verknüpft. Beispiel: Eine Führerscheinnummer, die eindeutig ist, ist mit einem Mitarbeiter verbunden.

- *Eins-zu-Viele*: Hier ist eine Zeile in einer Tabelle mit anderen Tabellen verknüpft. Beispiel: Ein Kunde hat mehrere Bestellungen.

- *Viele-zu-Viele*: Zeilen aus einer Tabelle sind mit Zeilen einer anderen Tabelle verknüpft. Beispiel: Verschiedene Berichte haben verschiedene Autoren.

Mit dieser Art von Strukturen konnte eine relationale Datenbank den Prozess der Erstellung anspruchsvoller Reports rationalisieren. Das war wirklich revolutionär.

Doch trotz der Vorteile war IBM nicht an dieser Technologie interessiert und konzentrierte sich weiterhin auf seine proprietären Systeme. Das Unternehmen war der Meinung, dass die relationalen Datenbanken für die Unternehmenszielgruppe zu langsam und vergänglich waren.

Aber es gab jemanden, der eine andere Meinung zu diesem Thema hatte: Larry Ellison. Er las Codds Aufsatz und wusste, dass er einen Wendepunkt markierte. Um dies zu beweisen, gründete er 1977 das Unternehmen Oracle zusammen mit anderen. Der Schwerpunkt des Unternehmens lag auf der Entwicklung relationaler Datenbanken, die sich schnell zu einem riesigen Markt entwickeln sollten. Codds Aufsatz war im Wesentlichen ein Produktentwicklungsplan für seine unternehmerischen Bemühungen.

Erst 1993 brachte IBM seine eigene relationale Datenbank, DB2, auf den Markt. Aber da war es zu spät. Zu diesem Zeitpunkt war Oracle bereits der Marktführer auf dem Datenbankmarkt.

In den 1980er- und 1990er-Jahren war die relationale Datenbank der Standard für Mainframe- und Client-Server-Systeme. Doch als Big Data zu einem Faktor wurde, wies die Technologie schwerwiegende Mängel wie die folgenden auf:

- *Datenwucherung*: Im Laufe der Zeit verteilten sich verschiedene Datenbanken über das gesamte Unternehmen. Das Ergebnis war, dass es immer schwieriger wurde, die Daten zu zentralisieren.

- *Neue Umgebungen*: Relationale Datenbanktechnologie wurde nicht für Cloud-Computing, schnelle Daten oder unstrukturierte Daten entwickelt.

- *Hohe Kosten*: Relationale Datenbanken können teuer sein. Das bedeutet, dass die Verwendung dieser Technologie für KI-Projekte unerschwinglich sein kann.

- *Herausforderungen bei der Entwicklung*: Die moderne Softwareentwicklung beruht in hohem Maße auf Iterationen. Relationale Datenbanken haben sich jedoch als Herausforderung für diesen Prozess erwiesen.

In den späten 1990er-Jahren wurden Open-Source-Projekte entwickelt, um die nächste Generation von Datenbanksystemen zu schaffen. Das vielleicht wichtigste Projekt stammt von Doug Cutting, der Lucene für die Textsuche entwickelte. Die Technologie basierte auf einem ausgeklügelten Indexsystem, das eine Leistung mit niedriger Latenz ermöglichte. Lucene war ein sofortiger Erfolg und wurde weiterentwickelt, z. B. mit Apache Nutch, das das Web effizient durchforstet und die Daten in einem Index speichert.

Aber es gab ein großes Problem: Um das Web zu crawlen, brauchte man eine Infrastruktur, die massiv skaliert werden konnte. Ende 2003 begann Cutting mit der Entwicklung einer neuen Art von Infrastrukturplattform, die das Problem lösen sollte. Die Idee dazu kam ihm durch einen von Google veröffentlichten Artikel, in dem das riesige Dateisystem des Unternehmens beschrieben wurde. Ein Jahr später hatte Cutting seine neue Plattform entwickelt, die eine anspruchsvolle Speicherung ohne Komplexität ermöglichte. Den Kern bildete MapReduce, das die Verarbeitung auf mehreren Servern ermöglichte. Die Ergebnisse wurden dann zusammengeführt, um aussagekräftige Berichte zu erstellen.

Mit der Zeit entwickelte sich das System von Cutting zu einer Plattform namens Hadoop, die für die Verwaltung von Big Data unerlässlich ist und beispielsweise die Erstellung anspruchsvoller Data Warehouses ermöglicht. Zunächst nutzte Yahoo! die Plattform, und dann verbreitete sie sich schnell, da Unternehmen wie Facebook und Twitter die Technologie übernahmen. Diese Unternehmen waren nun in der Lage, einen vollständigen Einblick in ihre Daten zu erhalten, nicht nur in Teilmengen. Das bedeutete, dass effektivere Datenexperimente durchgeführt werden konnten.

Als Open-Source-Projekt fehlten Hadoop jedoch noch die ausgefeilten Systeme für die Unternehmenszielgruppe. Um dies zu ändern, baute ein

Start-up namens Hortonworks neue Technologien wie YARN auf der Hadoop-Plattform auf. Es verfügte über Funktionen wie In-Memory-Analysen, Online-Datenverarbeitung und interaktive SQL-Verarbeitung. Diese Funktionen unterstützten die Einführung von Hadoop in vielen Unternehmen.

Aber natürlich gab es auch andere Open-Source-Data-Warehouse-Projekte. Die bekannten, wie Storm und Spark, konzentrierten sich auf das Streamen von Daten. Hadoop hingegen wurde für die Stapelverarbeitung optimiert.

Neben Data Warehouses gab es auch Innovationen im traditionellen Datenbankgeschäft. Oft wurden diese als NoSQL-Systeme bezeichnet. Nehmen Sie MongoDB. Es begann als Open-Source-Projekt und hat sich zu einem sehr erfolgreichen Unternehmen entwickelt, das im Oktober 2017 an die Börse ging. Die MongoDB-Datenbank, die bereits über 40 Mio. Mal heruntergeladen wurde, ist für Cloud-, On-Premise- und hybride Umgebungen ausgelegt.[9] Auch die Strukturierung der Daten, die auf einem Dokumentenmodell basiert, ist sehr flexibel. MongoDB kann sogar strukturierte und unstrukturierte Daten im hohen Petabyte-Bereich verwalten.

Obwohl Start-ups eine Quelle der Innovation bei Datenbanksystemen und Speicherung sind, ist es wichtig zu erwähnen, dass die großen Technologieunternehmen ebenfalls von entscheidender Bedeutung waren. Andererseits mussten Unternehmen wie Amazon.com und Google aufgrund der Notwendigkeit, ihre riesigen Plattformen zu verwalten, Wege finden, um mit der enormen Datenmenge umzugehen.

Eine der Innovationen ist der Data Lake, der eine nahtlose Speicherung von strukturierten und unstrukturierten Daten ermöglicht. Beachten Sie, dass Sie die Daten nicht neu formatieren müssen. Ein Data Lake übernimmt diese Aufgabe und ermöglicht es Ihnen, schnell KI-Funktionen auszuführen. Laut einer Studie von Aberdeen haben Unternehmen, die diese Technologie nutzen, ein durchschnittliches organisches Wachstum von 9 % im Vergleich zu Unternehmen, die dies nicht tun.[10]

Das bedeutet aber nicht, dass Sie Ihre Data Warehouses abschaffen müssen. Vielmehr dienen beide bestimmten Funktionen und Anwendungsfällen. Ein Data Warehouse eignet sich im Allgemeinen für strukturierte Daten, während ein Data Lake besser für vielfältige Umgebungen geeignet ist. Außerdem ist es wahrscheinlich, dass ein großer Teil der Daten nie verwendet wird.

In den meisten Fällen gibt es eine Vielzahl von Tools. Und man kann davon ausgehen, dass weitere entwickelt werden, da die Datenumgebungen immer komplexer werden.

---

[9] www.mongodb.com/what-is-mongodb.
[10] https://aws.amazon.com/big-data/datalakes-and-analytics/what-is-a-data-lake/.

Das bedeutet aber nicht, dass Sie die neueste Technologie wählen sollten. Auch ältere relationale Datenbanken können bei KI-Projekten sehr effektiv sein. Der Schlüssel liegt darin, die Vor- und Nachteile der einzelnen Technologien zu verstehen und dann eine klare Strategie zu entwickeln.

Datenprozess

Die Geldbeträge, die für Daten ausgegeben werden, sind enorm. Laut IDC werden die Ausgaben für Big-Data- und Analyselösungen von 166 Mrd. US$ im Jahr 2018 auf 260 Mrd. US$ im Jahr 2022 steigen.[11] Dies entspricht einer durchschnittlichen jährlichen Wachstumsrate von 11,9 %. Zu den größten Geldgebenden gehören Banken, Unternehmen der diskreten Fertigung und der Prozessfertigung, professionelle Dienstleistungsunternehmen und die Regierung. Auf sie entfällt fast die Hälfte des Gesamtbetrags.

Jessica Goepfert, Programm-Vizepräsidentin (VP) für Customer Insights and Analysis bei IDC, sagte Folgendes:

> „Auf hohem Niveau wenden sich Unternehmen Big Data und Analyselösungen zu, um die Konvergenz ihrer physischen und digitalen Welten zu steuern. Dieser Wandel nimmt je nach Branche eine unterschiedliche Form an. Im Bankwesen und im Einzelhandel – zwei der wachstumsstärksten Bereiche für Big Data und Analytik – geht es bei den Investitionen vor allem um die Verwaltung und Belebung des Kundenerlebnisses. Im verarbeitenden Gewerbe hingegen erfinden sich die Unternehmen neu und werden im Wesentlichen zu Hightechunternehmen, die ihre Produkte als Plattform für die Ermöglichung und Bereitstellung digitaler Dienste nutzen."[12]

Hohe Ausgaben bedeuten jedoch nicht unbedingt gute Ergebnisse. Eine Gartner-Studie schätzt, dass etwa 85 % der Big-Data-Projekte aufgegeben werden, bevor sie die Erprobungsphase erreicht haben.[13] Einige der Gründe dafür sind die folgenden:

- Fehlen eines klaren Schwerpunkts,

- Dirty Data – ungenaue, unvollständige oder inkonsistente Daten,

- Investition in die falschen IT-Tools,

- Probleme bei der Datenerhebung,

---

[11] www.idc.com/getdoc.jsp?containerId=prUS44215218.
[12] www.idc.com/getdoc.jsp?containerId=prUS44215218.
[13] www.techrepublic.com/article/85-of-big-data-projects-fail-but-your-developers-can-help-yours-succeed/.

- Mangelnde Akzeptanz bei den wichtigsten Interessengruppen und Fürsprechenden im Unternehmen.

Vor diesem Hintergrund ist ein Datenprozess von entscheidender Bedeutung. Obwohl es viele Ansätze gibt – die oft von Softwareanbietenden angepriesen werden – gibt es einen, der breite Akzeptanz findet. Eine Gruppe von Sachverständigen, Softwareentwickelnden, Fachkundigen der Beratung und der Wissenschaft schuf Ende der 1990er-Jahre den CRISP-DM-Prozess. Zur Veranschaulichung sehen Sie sich Abb. 2-1 an.

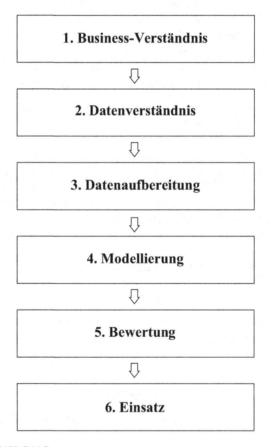

Abb. 2-1. Der CRISP-DM-Prozess

In diesem Kapitel befassen wir uns mit den Schritten 1 bis 3. Im weiteren Verlauf des Buches werden wir dann die restlichen Schritte behandeln (d. h. wir werden uns mit der Modellierung und Bewertung in Kap. 3 und der Implementierung in Kap. 8 beschäftigen).

Beachten Sie, dass die Schritte 1 bis 3 80 % der Zeit des Datenprozesses ausmachen können, was auf den Erfahrungen von Atif Kureishy, dem globalen VP of Emerging Practices bei Teradata, beruht.[14] Dies liegt an Faktoren wie: Die Daten sind nicht gut organisiert und stammen aus unterschiedlichen Quellen (entweder von verschiedenen Anbietenden oder aus Silos im Unternehmen), es wird nicht genug Wert auf Automatisierungstools gelegt, und die ursprüngliche Planung war für den Umfang des Projekts unzureichend.

Es ist auch zu bedenken, dass der CRISP-DM-Prozess kein streng linearer Prozess ist. Beim Umgang mit Daten kann es zu vielen Iterationen kommen. Zum Beispiel kann es mehrere Versuche geben, die richtigen Daten zu erarbeiten und zu testen.

Schritt 1 – Geschäftsverständnis

Sie sollten eine klare Vorstellung von dem zu lösenden Geschäftsproblem haben. Einige Beispiele:

- Wie könnte sich eine Preisanpassung auf Ihren Umsatz auswirken?
- Führt eine Änderung des Werbetextes zu einer verbesserten Konversion von digitalen Anzeigen?
- Bedeutet ein Rückgang des Engagements einen Anstieg der Abwanderung?

Dann müssen Sie festlegen, wie Sie den Erfolg messen wollen. Sollte der Umsatz um mindestens 1 % steigen oder die Konversionsrate um 5 %?

Hier ist ein Fall von Prasad Vuyyuru, einem Partner der Enterprise Insights Practice von Infosys Consulting:

„Entscheidend für den Erfolg aller KI-Projekte ist es, das Geschäftsproblem zu identifizieren, das mithilfe von KI gelöst werden soll, und zu beurteilen, welcher Wert geschaffen wird. Ohne eine solche sorgfältige Konzentration auf den Geschäftswert besteht die Gefahr, dass KI-Projekte im Unternehmen nicht angenommen werden. Die Erfahrung von AB InBev mit dem Einsatz von KI zur Identifizierung von Motoren in Verpackungslinien, die wahrscheinlich ausfallen werden, ist ein hervorragendes Beispiel dafür, wie KI einen praktischen Nutzen schafft. AB InBev installierte 20 drahtlose Sensoren, um die Vibrationen an den Motoren von Verpackungsanlagen zu messen. Sie verglichen die

---

[14] Dies ist ein Auszug aus dem Interview des Autors mit Atif Kureishy im Februar 2019.

Geräusche mit normal funktionierenden Motoren, um Anomalien zu erkennen, die einen eventuellen Ausfall der Motoren vorhersagen."[15]

Unabhängig vom Ziel ist es wichtig, dass der Prozess frei von Vorurteilen oder Voreingenommenheit ist. Es geht darum, die besten Ergebnisse zu erzielen. Zweifellos wird es in manchen Fällen kein zufriedenstellendes Ergebnis geben.

In anderen Situationen kann es aber auch große Überraschungen geben. Ein berühmtes Beispiel dafür stammt aus dem Buch *Moneyball* von Michael Lewis, das 2011 auch mit Brad Pitt in der Hauptrolle verfilmt wurde. Es ist eine wahre Geschichte darüber, wie die Oakland Athletics datenwissenschaftliche Techniken einsetzten, um Spieler zu rekrutieren. Im Baseball verließ man sich traditionell auf Metriken wie den Batting Average. Doch der Einsatz ausgefeilter Datenanalysetechniken führte zu verblüffenden Ergebnissen. Die Oakland Athletics erkannten, dass man sich auf die Slugging Percentage und die On-Base Percentage konzentrieren sollte. Mit diesen Informationen war das Team in der Lage, leistungsstarke Spieler zu niedrigeren Ablösesummen zu rekrutieren.

Das Fazit ist, dass Sie aufgeschlossen und experimentierfreudig sein müssen.

In Schritt 1 sollten Sie auch das richtige Team für das Projekt zusammenstellen. Wenn Sie nicht gerade bei einem Unternehmen wie Facebook oder Google arbeiten, werden Sie nicht den Luxus haben, eine Gruppe von Promovierenden aus den Bereichen maschinelles Lernen und Datenwissenschaft auswählen zu können. Solche Talente sind ziemlich selten – und teuer.

Aber auch für ein KI-Projekt brauchen Sie keine Armee von Spitzeningenieuren. Dank Open-Source-Systemen wie TensorFlow und Cloud-basierten Plattformen von Google, Amazon.com und Microsoft wird es immer einfacher, Modelle für maschinelles Lernen und Deep Learning anzuwenden. Mit anderen Worten: Sie brauchen vielleicht nur ein paar Leute mit Vorkenntnissen in Datenwissenschaft.

Als Nächstes sollten Sie Mitarbeitende finden – wahrscheinlich aus Ihrem Unternehmen –, die über das richtige Fachwissen für das KI-Projekt verfügen. Sie müssen die Arbeitsabläufe, Modelle und Trainingsdaten durchdenken – mit einem spezifischen Verständnis der Branche und der Anforderungen der Zielgruppe.

Schließlich müssen Sie den technischen Bedarf ermitteln. Welche Infrastruktur und Software-Tools werden verwendet? Wird es notwendig sein, die Kapazität zu erhöhen oder neue Lösungen zu kaufen?

---

[15] Dies ist ein Auszug aus dem Interview des Autors mit Prasad Vuyyuru im Februar 2019.

Schritt 2 – Datenverständnis

In diesem Schritt werden Sie sich die Datenquellen für das Projekt ansehen. Es gibt drei Hauptquellen, zu denen die folgenden gehören:

- *Hausinterne Daten*: Diese Daten können von einer Website, Beacons in einem Geschäft, IoT-Sensoren, mobilen Apps usw. stammen. Ein großer Vorteil dieser Daten ist, dass sie kostenlos und auf Ihr Unternehmen zugeschnitten sind. Aber es gibt auch einige Risiken. Es kann zu Problemen kommen, wenn der Datenformatierung oder der Auswahl der Daten nicht genügend Aufmerksamkeit geschenkt wurden.

- *Open-Source-Daten*: Diese sind in der Regel frei verfügbar, was sicherlich ein schöner Vorteil ist. Einige Beispiele für Open-Source-Daten sind staatliche und wissenschaftliche Informationen. Der Zugriff auf die Daten erfolgt häufig über eine API, was den Prozess recht einfach macht. Open-Source-Daten sind in der Regel auch gut formatiert. Allerdings sind einige der Variablen möglicherweise nicht klar und es könnte zu Verzerrungen kommen, beispielsweise, wenn die Daten auf eine bestimmte Bevölkerungsgruppe zugeschnitten sind.

- *Daten von Drittanbietenden*: Dies sind Daten von kommerziellen Anbietenden. Aber die Gebühren können hoch sein. In einigen Fällen kann die Datenqualität sogar mangelhaft sein.

Laut Teradata – basierend auf den eigenen KI-Aufträgen des Unternehmens – stammen etwa 70 % der Datenquellen aus dem eigenen Haus, 20 % aus Open Source und der Rest von kommerziellen Anbietenden.[16] Doch unabhängig von der Quelle müssen alle Daten vertrauenswürdig sein. Ist dies nicht der Fall, besteht wahrscheinlich das Problem des „Garbage In, Garbage Out".

Um die Daten auszuwerten, müssen Sie Fragen wie die folgenden beantworten:

- Sind die Daten vollständig? Was könnte fehlen?
- Woher stammen die Daten?
- Was waren die Datenerfassungsstellen?
- Wer hat die Daten angefasst und verarbeitet?
- Wie haben sich die Daten verändert?

---

[16] Dies ist ein Auszug aus dem Interview des Autors mit Atif Kureishy im Februar 2019.

- Was sind die Qualitätsprobleme?

Wenn Sie mit strukturierten Daten arbeiten, sollte dieser Schritt einfacher sein. Wenn es sich jedoch um unstrukturierte und semistrukturierte Daten handelt, müssen Sie die Daten beschriften – ein langwieriger Prozess. Es gibt jedoch einige neue Tools auf dem Markt, die diesen Prozess automatisieren können.

Schritt 3 – Vorbereitung der Daten

Der erste Schritt im Datenvorbereitungsprozess ist die Entscheidung, welche Datensätze verwendet werden sollen.

Schauen wir uns ein Szenario an: Angenommen, Sie arbeiten für ein Verlagshaus und möchten eine Strategie zur Verbesserung der Kundenbindung entwickeln. Zu den Daten, die dabei helfen könnten, gehören demografische Informationen über den Kundenstamm wie Alter, Geschlecht, Einkommen und Bildung. Um mehr Leben ins Spiel zu bringen, können Sie sich auch Browserinformationen ansehen. Welche Art von Inhalten interessiert die Kundschaft? Wie sind die Häufigkeit und Dauer? Gibt es andere interessante Muster – z. B. der Zugriff auf Informationen am Wochenende? Wenn Sie die Informationsquellen kombinieren, können Sie ein aussagekräftiges Modell zusammenstellen. Wenn beispielsweise die Aktivität in bestimmten Bereichen nachlässt, könnte dies ein Stornorisiko darstellen. Dies würde die Vertriebsmitarbeitenden darauf aufmerksam machen, dass sie sich bei der Kundschaft melden sollten.

Dies ist zwar ein intelligenter Prozess, aber es gibt immer noch Stolpersteine. Das Einbeziehen oder Ausschließen auch nur einer Variable kann einen erheblichen negativen Einfluss auf ein KI-Modell haben. Ein Blick zurück auf die Finanzkrise zeigt warum. Die Modelle für die Vergabe von Hypothekenkrediten waren hoch entwickelt und basierten auf riesigen Datenmengen. In normalen wirtschaftlichen Zeiten funktionierten sie recht gut, da sich große Finanzinstitute wie Goldman Sachs, JP Morgan und AIG sehr auf sie verließen.

Aber es gab ein Problem: Die Modelle berücksichtigten nicht die sinkenden Immobilienpreise! Der Hauptgrund dafür war, dass es jahrzehntelang nie einen landesweiten Rückgang gegeben hatte. Man ging davon aus, dass das Wohnungswesen hauptsächlich ein lokales Phänomen ist.

Natürlich fielen die Immobilienpreise nicht nur – sie stürzten ab. Die Modelle erwiesen sich dann als völlig unzutreffend, und Verluste in Milliardenhöhe brachten das US-Finanzsystem fast zum Einsturz. Die US-Regierung hatte kaum eine andere Wahl, als 700 Mrd. US$ für eine Rettungsaktion für die Wall Street zu leihen.

Zugegeben, dies ist ein Extremfall. Aber er zeigt, wie wichtig die Datenauswahl ist. Hier kann ein solides Team aus Fachleuten, auch aus der Datenwissenschaft, von entscheidender Bedeutung sein.

In der nächsten Phase der Datenvorbereitung ist eine Datenbereinigung erforderlich. Tatsache ist, dass alle Daten Probleme haben. Selbst Unternehmen wie Facebook haben Lücken, Mehrdeutigkeiten und Ausreißer in ihren Datensätzen. Das ist unvermeidlich.

Hier sind einige Maßnahmen, die Sie ergreifen können, um die Daten zu bereinigen:

- *Entdoppelung*: Legen Sie Tests fest, um Duplikate zu erkennen und die überflüssigen Daten zu löschen.

- *Ausreißer*: Dies sind Daten, die weit außerhalb des Bereichs der meisten anderen Daten liegen. Dies kann darauf hindeuten, dass die Informationen nicht hilfreich sind. Aber es gibt natürlich auch Situationen, in denen das Gegenteil der Fall ist. Dies wäre der Fall bei der Aufdeckung von Betrug.

- *Konsistenz*: Stellen Sie sicher, dass Sie klare Definitionen für die Variablen haben. Selbst Begriffe wie „Umsatz" oder „Kunde" können mehrere Bedeutungen haben.

- *Validierungsregeln*: Versuchen Sie beim Betrachten der Daten, die inhärenten Einschränkungen zu finden. Sie können zum Beispiel eine Kennzeichnung für die Altersspalte setzen. Wenn der Wert in vielen Fällen über 120 liegt, dann haben die Daten einige ernsthafte Probleme.

- *Binning (Klasseneinteilung)*: Bestimmte Daten müssen nicht unbedingt spezifisch sein. Ist es wirklich wichtig, ob jemand 35 oder 37 Jahre alt ist? Wahrscheinlich nicht. Aber wenn man die 30- bis 40-Jährigen mit den 41- bis 50-Jährigen vergleicht, wäre es wahrscheinlich wichtig.

- *Veraltete Daten*: Sind die Daten zeitgemäß und relevant?

- *Zusammenführen*: In einigen Fällen können die Datenspalten sehr ähnliche Informationen enthalten. Vielleicht zeigt eine die Höhe in Zoll und die andere in Fuß. Wenn Ihr Modell keine detailliertere Zahl erfordert, können Sie nur die Zahl für Fuß verwenden.

- *One-Hot-Kodierung*: Dies ist eine Möglichkeit, kategoriale Daten durch Zahlen zu ersetzen. Ein Beispiel: Angenommen, wir haben eine Datenbank mit einer Spalte, die drei mögliche Werte hat, nämlich Apfel, Ananas und Orange. Sie könnten Apfel als 1, Ananas als 2 und Orange als 3 darstellen. Klingt vernünftig, oder? Vielleicht nicht. Das Problem ist, dass ein KI-Algorithmus denken könnte, dass Orange größer ist als Apfel. Aber mit der One-Hot-Kodierung können Sie dieses Problem vermeiden. Sie werden drei neue Spalten erstellen: is_Apple, is_Pineapple und is_Orange. Für jede Zeile in den Daten geben Sie 1 ein, wenn die Frucht existiert, und 0 für den Rest.

- *Umrechnungstabellen*: Diese können Sie verwenden, wenn Sie Daten von einer Norm in eine andere umrechnen. Dies wäre der Fall, wenn Sie Daten im Dezimalsystem haben und zum metrischen System übergehen wollen.

Diese Schritte tragen wesentlich zur Verbesserung der Datenqualität bei. Es gibt auch Automatisierungstools, die helfen können, z. B. von Unternehmen wie SAS, Oracle, IBM, Lavastorm Analytics und Talend. Außerdem gibt es Open-Source-Projekte wie OpenRefine, plyr und reshape2.

Unabhängig davon werden die Daten nicht perfekt sein. Keine Datenquelle ist das. Es wird wahrscheinlich immer noch Lücken und Ungenauigkeiten geben.

Aus diesem Grund müssen Sie kreativ sein. Sehen Sie sich an, was Eyal Lifshitz, der CEO von BlueVine, getan hat. Sein Unternehmen setzt KI ein, um kleinen Unternehmen Finanzierungen anzubieten. „Eine unserer Datenquellen sind die Kreditinformationen unserer Kundschaft", sagte er. „Aber wir haben festgestellt, dass Kleinunternehmende ihre Art von Unternehmen falsch angeben. Das kann zu schlechten Ergebnissen bei der Kreditvergabe führen. Um dem entgegenzuwirken, scrapen wir Daten von der Kundenwebsite mit KI-Algorithmen, die uns helfen, die Branche zu identifizieren."[17]

Die Ansätze zur Datenbereinigung hängen auch von den Anwendungsfällen für das KI-Projekt ab. Wenn Sie beispielsweise ein System für die prädiktive Instandhaltung in der Fertigung aufbauen, besteht die Herausforderung darin, mit den großen Schwankungen der verschiedenen Sensoren umzugehen. Das Ergebnis ist, dass ein großer Teil der Daten möglicherweise wenig Wert hat und hauptsächlich Rauschen ist.

Ethik und Governance

Sie müssen auf eventuelle Einschränkungen der Daten achten. Könnten Anbietende Ihnen verbieten, die Informationen für bestimmte Zwecke zu

---

[17] Dies ist ein Auszug aus dem Interview des Autors mit Eyal Lifshitz im Februar 2019.

verwenden? Vielleicht haftet Ihr Unternehmen, wenn etwas schiefgeht? Um diese Fragen zu klären, ist es ratsam, die Rechtsabteilung einzuschalten.

In den meisten Fällen müssen Daten mit Sorgfalt behandelt werden. Schließlich gibt es viele prominente Fälle, in denen Unternehmen die Privatsphäre verletzt haben. Ein prominentes Beispiel dafür ist Facebook. Einer der Partner des Unternehmens, Cambridge Analytica, griff ohne die Zustimmung der Nutzenden auf Millionen von Datenpunkten aus Profilen zu. Als ein Whistleblower dies aufdeckte, stürzte die Facebook-Aktie ab und verlor mehr als 100 Mrd. US$ an Wert. Auch die Regierungen der USA und Europas setzten das Unternehmen unter Druck.[18]

Ein weiterer Punkt, bei dem man vorsichtig sein sollte, ist das Auslesen von Daten aus öffentlichen Quellen. Dies ist zwar oft eine effiziente Methode zur Erstellung großer Datensätze. Außerdem gibt es viele Tools, die diesen Prozess automatisieren können. Aber das Scraping könnte Ihr Unternehmen einer rechtlichen Haftung aussetzen, da die Daten möglicherweise Urheberrechten oder Datenschutzgesetzen unterliegen.

Es gibt auch einige Vorsichtsmaßnahmen, die ironischerweise inhärente Mängel haben können. So zeigt zum Beispiel eine aktuelle Studie des MIT, dass anonymisierte Daten möglicherweise nicht sehr anonym sind. Die Forschenden fanden heraus, dass es eigentlich recht einfach ist, diese Art von Daten zu rekonstruieren und die Personen zu identifizieren – zum Beispiel durch die Zusammenführung zweier Datensätze. Dazu wurden in Singapur Daten aus einem Mobilfunknetz (GPS-Ortung) und einem Nahverkehrssystem verwendet. Nach etwa 11 Wochen der Analyse konnten die Forschenden 95 % der Personen identifizieren.[19]

Und schließlich müssen Sie Maßnahmen zur Sicherung der Daten ergreifen. Die Zahl der Cyberangriffe und -bedrohungen nimmt weiterhin in alarmierendem Maße zu. Im Jahr 2018 gab es laut Verizon mehr als 53.000 Vorfälle und etwa 2200 Datenschutzverletzungen.[20] In dem Bericht wurde außerdem Folgendes festgestellt:

- 76 % der Verstöße waren finanziell motiviert.

- 73 % kamen von Personen außerhalb des Unternehmens.

- Etwa die Hälfte ging von organisierten kriminellen Gruppen aus und 12 % von nationalstaatlichen oder mit dem Staat verbundenen Handelnden.

---

[18] https://venturebeat.com/2018/07/02/u-s-agencies-widen-investigation-into-what-facebook-knew-about-cambridge-analytica/.
[19] http://news.mit.edu/2018/privacy-risks-mobility-data-1207.
[20] https://enterprise.verizon.com/resources/reports/dbir/.

Auch die zunehmende Nutzung von Cloud- und On-Premise-Daten kann für ein Unternehmen Sicherheitslücken mit sich bringen. Hinzu kommt die mobile Belegschaft, die Zugang zu Daten haben kann, die für Verstöße anfällig sind.

Die Angriffe werden auch immer schädlicher. Das Ergebnis ist, dass ein Unternehmen leicht Strafen, Gerichtsverfahren und Rufschädigung erleiden kann.

Grundsätzlich ist bei der Erstellung eines KI-Projekts darauf zu achten, dass es einen Sicherheitsplan gibt und dass dieser eingehalten wird.

Wie viele Daten brauchen Sie für KI?

Je mehr Daten, desto besser, oder? Das ist in der Regel der Fall. Betrachten Sie das sogenannte Hughes-Phänomen. Es besagt, dass die Leistung eines Modells im Allgemeinen zunimmt, je mehr Funktionen man hinzufügt.

Aber Quantität ist nicht das A und O. Es kann ein Punkt kommen, an dem die Daten anfangen, sich zu verschlechtern. Denken Sie daran, dass Sie auf den sogenannten Fluch der Dimensionalität stoßen könnten. Charles Isbell, Professor und stellvertretender Dekan der School of Interactive Computing an der Georgia Tech, erklärt: „Mit der Anzahl der Merkmale oder Dimensionen wächst die Menge der Daten, die wir für eine genaue Verallgemeinerung benötigen, exponentiell an.[21]

Was sind die praktischen Auswirkungen? Es könnte unmöglich sein, ein gutes Modell zu erstellen, da möglicherweise nicht genügend Daten vorhanden sind. Aus diesem Grund kann der Fluch der Dimensionalität bei Anwendungen wie der Bilderkennung ziemlich problematisch sein. Selbst bei der Analyse von RGB-Bildern beträgt die Anzahl der Dimensionen etwa 7500. Stellen Sie sich nur einmal vor, wie intensiv der Prozess bei der Verwendung von hochauflösenden Videos in Echtzeit sein würde.

Weitere Datenbegriffe und -konzepte

Wenn Sie sich mit Datenanalyse beschäftigen, sollten Sie die grundlegenden Begriffe kennen. Hier sind einige, die Sie oft hören werden:

Datentyp: Dies ist die Art der Information, die eine Variable darstellt, wie z. B. eine boolesche Zahl, eine Ganzzahl, eine Zeichenkette oder eine Gleitkommazahl.

Deskriptive Analyse: Hierbei handelt es sich um die Analyse von Daten, um ein besseres Verständnis des aktuellen Status eines Unternehmens zu erhalten.

---

[21] www.kdnuggets.com/2017/04/must-know-curse-dimensionality.html.

Einige Beispiele hierfür sind die Messung, welche Produkte sich besser verkaufen, oder die Ermittlung von Risiken beim Kundensupport. Es gibt viele herkömmliche Software-Tools für die deskriptive Analyse, wie z. B. BI-Anwendungen.

Diagnostische Analyse: Hier werden Daten abgefragt, um herauszufinden, warum etwas passiert ist. Bei dieser Art der Analyse kommen Techniken wie Data Mining, Entscheidungsbäume und Korrelationen zum Einsatz.

ETL (Extraktion, Transformation und Laden): Dies ist eine Form der Datenintegration und wird normalerweise in einem Data Warehouse verwendet.

Feature: Dies ist eine Spalte mit Daten.

Instance: Dies ist eine Reihe von Daten.

Kategoriale Daten: Dies sind Daten, die keine numerische Bedeutung haben. Vielmehr haben sie eine textuelle Bedeutung wie die Beschreibung einer Gruppe (Rasse und Geschlecht). Sie können jedoch jedem Element eine Nummer zuweisen.

Metadaten: Dabei handelt es sich um Daten über Daten, also um Beschreibungen. Eine Musikdatei kann zum Beispiel Metadaten wie Größe, Länge, Datum des Uploads, Kommentare, Genre, Künstler/Künstlerin usw. enthalten. Diese Art von Daten kann für ein KI-Projekt sehr nützlich sein.

Numerische Daten: Dies sind alle Daten, die durch eine Zahl dargestellt werden können. Numerische Daten können jedoch zwei Formen annehmen. Es gibt diskrete Daten, die ganzzahlig sind, d. h. eine Zahl ohne Dezimalpunkt. Dann gibt es kontinuierliche Daten, die einen Verlauf haben, z. B. Temperatur oder Zeit.

OLAP (Online Analytical Processing): Dies ist eine Technologie, die es Ihnen ermöglicht, Informationen aus verschiedenen Datenbanken zu analysieren.

Ordinale Daten: Dies ist eine Mischung aus numerischen und kategorialen Daten. Ein gängiges Beispiel hierfür ist die Fünf-Sterne-Bewertung auf Amazon.com. Sie ist sowohl mit einem Stern als auch mit einer Zahl verbunden.

Prädiktive Analytik: Hier geht es um die Verwendung von Daten zur Erstellung von Prognosen. Die Modelle hierfür sind in der Regel ausgefeilt und beruhen auf KI-Ansätzen wie maschinellem Lernen. Um effektiv zu sein, ist es wichtig, das zugrunde liegende Modell mit neuen Daten zu aktualisieren. Einige der Tools für die prädiktive Analytik umfassen Ansätze des maschinellen Lernens wie Regressionen.

Präskriptive Analytik: Hier geht es um die Nutzung von Big Data, um bessere Entscheidungen zu treffen. Dabei geht es nicht nur um die Vorhersage von

Ergebnissen, sondern auch darum, die Gründe dafür zu verstehen. Und hier spielt KI eine große Rolle.

Skalare Variablen: Dies sind Variablen, die einzelne Werte wie Name oder Kreditkartennummer enthalten.

Transaktionsdaten: Dies sind Daten, die zu finanziellen, geschäftlichen und logistischen Vorgängen aufgezeichnet werden. Beispiele sind Zahlungen, Rechnungen und Versicherungsansprüche.

Schlussfolgerung

Wer mit KI erfolgreich sein will, muss eine datengesteuerte Kultur haben. Das ist es, was für Unternehmen wie Amazon.com, Google und Facebook entscheidend ist. Wenn sie Entscheidungen treffen, schauen sie zuerst auf die Daten. Außerdem sollten die Daten im gesamten Unternehmen breit verfügbar sein.

Ohne diesen Ansatz wird der Erfolg mit KI flüchtig sein, unabhängig von Ihrer Planung. Vielleicht ist dies eine Erklärung dafür, dass – laut einer Studie von NewVantage Partners – etwa 77 % der Befragten sagen, dass die „geschäftliche Akzeptanz" von Big Data und KI eine Herausforderung bleibt.[22]

Wichtigste Erkenntnisse

- Strukturierte Daten sind beschriftet und formatiert und werden häufig in einer relationalen Datenbank oder einer Tabellenkalkulation gespeichert.

- Unstrukturierte Daten sind Informationen, die keine vordefinierte Formatierung aufweisen.

- Semistrukturierte Daten haben einige interne Tags, die bei der Kategorisierung helfen.

- Big Data beschreibt den Umgang mit riesigen Mengen an Informationen.

- Eine relationale Datenbank basiert auf den Beziehungen zwischen den Daten. Diese Struktur kann sich jedoch für moderne Anwendungen wie KI als schwierig erweisen.

---

[22] http://newvantage.com/wp-content/uploads/2018/12/Big-Data-Executive-Survey-2019-Findings-Updated-010219-1.pdf.

- Eine NoSQL-Datenbank ist freier, da sie auf einem Dokumentenmodell basiert. Dadurch ist sie besser in der Lage, mit unstrukturierten und semistrukturierten Daten umzugehen.

- Der CRISP-DM-Prozess bietet eine Möglichkeit, Daten für ein Projekt zu verwalten, mit Schritten, die ein Geschäftsverständnis, ein Datenverständnis, eine Datenvorbereitung, eine Modellierung, eine Bewertung und den Einsatz umfassen.

- Die Quantität der Daten ist sicherlich wichtig, aber es muss auch viel an der Qualität gearbeitet werden. Selbst kleine Fehler können einen großen Einfluss auf die Ergebnisse eines KI-Modells haben.

Maschinelles Lernen

Gewinnung von Erkenntnissen aus Daten

„Ein Durchbruch beim maschinellen Lernen wäre zehn Microsofts wert."

—Bill Gates (Steve Lohr, „Microsoft, Amid Dwindling Interest, Talks Up Computing as a Career: Enrollment in Computing Is Dwindling", New York Times, 1. März 2004, Anfang Seite C1, Zitat Seite C2, Spalte 6.)

Katrina Lake kaufte zwar gerne online ein, aber sie wusste, dass die Erfahrung viel besser sein könnte. Das Hauptproblem: Es war schwierig, Mode zu finden, die auf ihre persönlichen Bedürfnisse zugeschnitten war.

So entstand die Idee zu Stitch Fix, das Katrina 2011 in ihrer Wohnung in Cambridge gründete, während sie die Harvard Business School besuchte (der ursprüngliche, weniger eingängige Name des Unternehmens war übrigens „Rack Habit"). Auf der Website gab es Fragen und Antworten für die Nutzenden – unter anderem zu Größe und Modestil –, und erfahrene Stylistinnen und Stylisten stellten dann Boxen mit sorgfältig ausgesuchter Kleidung und Accessoires zusammen, die monatlich verschickt wurden.

T. Taulli, *Grundlagen der Künstlichen Intelligenz*, https://doi.org/10.1007/978-3-662-66283-0_3

Das Konzept fand schnell Anklang, und das Wachstum war kräftig. Aber es war schwierig, Kapital zu beschaffen, da viele Anlegende von Risikokapital das Potenzial des Unternehmens nicht erkannten. Doch Katrina blieb hartnäckig und schaffte es, ein rentables Unternehmen zu schaffen – und das ziemlich schnell.

Nebenbei sammelte Stitch Fix enorme Mengen an wertvollen Daten, z. B. über Körpergrößen und Stilvorlieben. Katrina erkannte, dass sich diese Daten ideal für maschinelles Lernen eignen würden. Um dies zu nutzen, stellte sie Eric Colson ein, der Vice President of Data Science and Engineering bei Netflix war und dessen neuer Titel Chief Algorithms Officer lautete.

Diese Änderung der Strategie war entscheidend. Die maschinellen Lernmodelle wurden in ihren Vorhersagen immer besser, da Stitch Fix mehr Daten sammelte – nicht nur aus den anfänglichen Umfragen, sondern auch aus dem laufenden Feedback. Die Daten wurden auch in den Artikelnummern kodiert.

Das Ergebnis: Stitch Fix verzeichnete eine kontinuierliche Verbesserung der Kundentreue und der Konversionsraten. Auch der Lagerumschlag wurde verbessert, was zur Kostensenkung beitrug.

Die neue Strategie bedeutete jedoch nicht, dass die Stylistinnen und Stylisten entlassen wurden. Vielmehr steigerte das maschinelle Lernen ihre Produktivität und Effektivität erheblich.

Die Daten lieferten auch Erkenntnisse darüber, welche Arten von Kleidung entworfen werden sollten. Dies führte 2017 zur Einführung von Hybrid Designs, der Eigenmarke von Stitch Fix. Dies erwies sich als effektiv, um die Lücken im Bestand zu schließen.

Im November 2017 brachte Katrina Stitch Fix an die Börse und nahm 120 Mio. US$ ein. Das Unternehmen wurde mit 1,63 Mrd. US$ bewertet, was sie zu einer der reichsten Frauen in den Vereinigten Staaten machte.[1] Oh, und zu der Zeit hatte sie auch noch einen 14 Monate alten Sohn!

Heute hat Stitch Fix 2,7 Mio. Kundinnen und Kunden in den Vereinigten Staaten und erwirtschaftet einen Umsatz von über 1,2 Mrd. US$. Das Unternehmen beschäftigt mehr als 100 Fachkundige der Datenwissenschaft, von denen die meisten einen Doktortitel in Bereichen wie Neurowissenschaften, Mathematik, Statistik und KI haben.[2]

Der Form-10-K-Bericht des Unternehmens erklärt:

---

[1] www.cnbc.com/2017/11/16/stitch-fix-ipo-sees-orders-coming-in-under-range.html.
[2] https://investors.stitchfix.com/static-files/2b398694-f553-4586-b763-e942617e4dbf.

„Unsere Leistungen in der Datenwissenschaft sind die Grundlage unseres Geschäfts. Diese Leistungen bestehen aus unserem umfangreichen und wachsenden Bestand an detaillierten Kundschafts- und Warendaten und unseren proprietären Algorithmen. Wir setzen Datenwissenschaft in unserem gesamten Unternehmen ein, u. a. um unsere Kundschaft zu stylen, das Kaufverhalten vorherzusagen, die Nachfrage zu prognostizieren, den Bestand zu optimieren und neue Kleidung zu entwerfen."[3]

Zweifellos zeigt die Geschichte von Stitch Fix deutlich die unglaubliche Macht des maschinellen Lernens und wie es eine Branche verändern kann. In einem Interview mit digiday.com sagte Lake:

„In der Vergangenheit klaffte eine Lücke zwischen dem, was Sie den Unternehmen geben, und dem, wie sehr die Erfahrung verbessert wird. Big Data verfolgt Sie überall im Web, und der größte Nutzen, den Sie daraus ziehen, ist: Wenn Sie auf ein Paar Schuhe geklickt haben, werden Sie dieses Paar Schuhe in einer Woche wieder sehen. Wir werden sehen, wie sich diese Lücke langsam schließt. Die Erwartungen an die Personalisierung sind sehr unterschiedlich, aber wichtig ist, dass es sich um eine authentische Version handelt. Nicht: „Sie haben Ihren Einkaufswagen verlassen, und wir erkennen das". Es geht darum, wirklich zu erkennen, wer Sie als einzigartiger Mensch sind. Der einzige Weg, dies auf skalierbare Weise zu erreichen, ist die Nutzung von Datenwissenschaft und der Möglichkeiten, die sich durch Innovation ergeben."[4]

Also gut, worum geht es beim maschinellen Lernen wirklich? Warum kann es so wirkungsvoll sein? Und welche Risiken gibt es zu beachten?

In diesem Kapitel werden wir diese Fragen beantworten – und noch mehr.

Was ist maschinelles Lernen?

Nach Stationen am MIT und bei den Bell Telephone Laboratories kam Arthur L. Samuel 1949 zu IBM in das Poughkeepsie Laboratory. Seine Bemühungen trugen dazu bei, die Rechenleistung der Maschinen des Unternehmens zu steigern, z. B. durch die Entwicklung des 701 (das erste kommerziell genutzte Computersystem von IBM).

---

[3] www.sec.gov/Archives/edgar/data/1576942/000157694218000003/stitch-fix201810k.htm.
[4] https://digiday.com/marketing/stitch-fix-ceo-katrina-lake-predicts-ais-impact-fashion/.

Aber er programmierte auch Anwendungen. Und es gab eine, die in die Geschichte eingehen sollte, nämlich sein Damespiel auf dem Computer. Es war das erste Beispiel für ein maschinelles Lernsystem (Samuel veröffentlichte 1959 eine einflussreiche Arbeit darüber).[5] Der Vorstandsvorsitzende von IBM, Thomas J. Watson sen., sagte, dass diese Innovation den Aktienkurs um 15 Punkte erhöhen würde![6]

Warum war Samuels Arbeit so bedeutend? Anhand von Damespielen zeigte er, wie maschinelles Lernen funktioniert – mit anderen Worten: Ein Computer kann durch die Verarbeitung von Daten lernen und sich verbessern, ohne dass er explizit programmiert werden muss. Dies war möglich, indem fortgeschrittene Konzepte der Statistik, insbesondere der Wahrscheinlichkeitsanalyse, genutzt wurden. So konnte ein Computer darauf trainiert werden, genaue Vorhersagen zu treffen.

Dies war revolutionär, da es bei der Softwareentwicklung zu dieser Zeit hauptsächlich um eine Liste von Befehlen ging, die einem logischen Arbeitsablauf folgten.

Um ein Gefühl dafür zu bekommen, wie maschinelles Lernen funktioniert, nehmen wir ein Beispiel aus der HBO-Fernsehkomödie *Silicon Valley*. Der Ingenieur Jian-Yang sollte ein Shazam für Lebensmittel entwickeln. Um die App zu trainieren, musste er sie mit einem riesigen Datensatz mit Bildern von Lebensmitteln versorgen. Leider lernte die App aus Zeitgründen nur, wie man … Hot Dogs erkennt. Mit anderen Worten: Wenn man die App benutzte, antwortete sie nur mit „Hot Dog" und „nicht Hot Dog".

Die Folge ist zwar lustig, aber sie veranschaulicht das maschinelle Lernen recht gut. Im Wesentlichen handelt es sich dabei um einen Prozess, bei dem man beschriftete Daten erfasst und Beziehungen findet. Wenn man das System auf Hot Dogs trainiert – z. B. mit Tausenden von Bildern – wird es immer besser darin, sie zu erkennen.

Ja, sogar Fernsehsendungen können wertvolle Lektionen über KI vermitteln!

Aber natürlich brauchen Sie noch viel mehr. Im nächsten Abschnitt des Kapitels werden wir einen tieferen Blick auf die wichtigsten Statistiken werfen, die Sie für das maschinelle Lernen benötigen. Dazu gehören die Standardabweichung, die Normalverteilung, das Bayes-Theorem, die Korrelation und die Merkmalsextraktion.

---

[5] Arthur L. Samuel, „Some Studies in Machine Learning Using the Game of Checkers", in Edward A. Feigenbaum und Julian Feldman, Hrsg., *Computers and Thought* (New York: McGraw-Hill, 1983), S. 71–105.
[6] https://history.computer.org/pioneers/samuel.html.

Dann werden wir Themen wie die Anwendungsfälle für maschinelles Lernen, den allgemeinen Prozess und die gängigen Algorithmen behandeln.

Standardabweichung

Die Standardabweichung misst den durchschnittlichen Abstand vom Mittelwert. Es ist nicht notwendig, die Berechnung zu erlernen (der Prozess umfasst mehrere Schritte), da Excel oder eine andere Software dies leicht für Sie erledigen kann.

Um die Standardabweichung zu verstehen, nehmen wir ein Beispiel für die Immobilienwerte in Ihrer Nachbarschaft. Nehmen wir an, der Durchschnitt liegt bei 145.000 US$ und die Standardabweichung bei 24.000 US$. Das bedeutet, dass eine Standardabweichung unter dem Durchschnitt 133.000 US$ (145.000 US$ − 12.000 US$) und eine Standardabweichung über dem Durchschnitt 157.000 US$ (145.000 US$ + 12.000 US$) betragen würde. Auf diese Weise können wir die Schwankungen in den Daten quantifizieren. Das heißt, es gibt eine Abweichung von 24.000 US$ vom Durchschnitt.

Werfen wir nun einen Blick auf die Daten, wenn, nun ja, Mark Zuckerberg in Ihre Nachbarschaft zieht und infolgedessen der Durchschnitt auf 850.000 US$ springt und die Standardabweichung 175.000 US$ beträgt. Aber spiegeln diese statistischen Kennziffern die Bewertungen wider? Nicht wirklich. Zuckerbergs Kauf ist ein Ausreißer. In dieser Situation ist es vielleicht am besten, sein Haus nicht zu berücksichtigen.

Die Normalverteilung

In einem Diagramm sieht die Normalverteilung wie eine Glocke aus (daher auch die Bezeichnung „Glockenkurve"). Sie stellt die Summe der Wahrscheinlichkeiten für eine Variable dar. Interessanterweise ist die Normalkurve in der Natur weitverbreitet, da sie Verteilungen von Dingen wie Größe und Gewicht widerspiegelt.

Ein allgemeiner Ansatz für die Interpretation einer Normalverteilung ist die 68-95-99,7-Regel. Diese besagt, dass 68 % der Daten innerhalb einer Standardabweichung, 95 % innerhalb von zwei Standardabweichungen und 99,7 % innerhalb von drei Standardabweichungen liegen.

Eine Möglichkeit, dies zu verstehen, ist die Verwendung von IQ-Werten. Angenommen, der Mittelwert ist 100 und die Standardabweichung beträgt 15. Dies würde für die drei Standardabweichungen gelten, wie in Abb. 3-1 dargestellt.

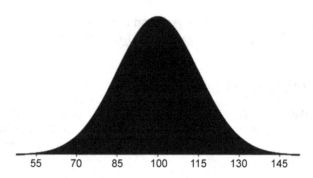

Abb. 3-1. Normalverteilung der IQ-Werte

Beachten Sie, dass der Spitzenwert in diesem Diagramm der Durchschnitt ist. Wenn also eine Person einen IQ von 145 hat, dann haben nur 0,15 % einen höheren Wert.

Nun kann die Kurve je nach der Variation in den Daten unterschiedliche Formen haben. Wenn unsere IQ-Daten zum Beispiel eine große Anzahl von Genies enthalten, dann wird die Verteilung nach rechts geneigt sein.

Bayes-Theorem

Wie der Name schon sagt, liefert die deskriptive Statistik Informationen über Ihre Daten. Wir haben dies bereits mit Dingen wie Durchschnittswerten und Standardabweichungen gesehen.

Aber natürlich kann man weit darüber hinausgehen, indem man das Bayes-Theorem anwendet. Dieser Ansatz wird häufig bei der Analyse medizinischer Krankheiten angewandt, bei denen Ursache und Wirkung entscheidend sind – z. B. bei Studien der FDA (Federal Drug Administration).

Um zu verstehen, wie das Bayes-Theorem funktioniert, nehmen wir ein Beispiel. Ein Forscher entwickelt einen Test für eine bestimmte Krebsart, der sich in 80 % der Fälle als richtig erweist. Dies wird als richtig positiv bezeichnet.

Aber in 9,6 % der Fälle wird der Test die Person als krebskrank ausweisen, obwohl sie es nicht ist, was als falsch positiv bekannt ist. Bedenken Sie, dass dieser Prozentsatz bei einigen Drogentests höher sein kann als die Trefferquote!

Und zuletzt: 1 % der Bevölkerung ist an dieser Krebsart erkrankt.

Wenn nun ein Arzt den Test bei Ihnen anwendet und feststellt, dass Sie diese Krebsart haben, wie hoch ist dann die Wahrscheinlichkeit, dass Sie wirklich diesen Krebs haben? Nun, das Bayes-Theorem weist Ihnen den Weg. Bei dieser Berechnung werden Faktoren wie Genauigkeitsraten, falsch positive Ergebnisse und die Bevölkerungsrate berücksichtigt, um eine Wahrscheinlichkeit zu ermitteln:

- *Schritt 1*: 80 %ige Trefferquote × die Wahrscheinlichkeit, an Krebs zu erkranken (1 %) = 0,008.

- *Schritt 2*: Die Wahrscheinlichkeit, keinen Krebs zu haben (99 %) × die 9,6 % falsch positiven Ergebnisse = 0,09504.

- *Schritt 3*: Setzen Sie die obigen Zahlen in die folgende Gleichung ein: 0,008/(0,008 + 0,9504) = 7,8 %.

Klingt irgendwie schräg, oder? Auf jeden Fall. Denn wie kann es sein, dass ein Test, der zu 90 % genau ist, nur eine Wahrscheinlichkeit von 7,8 % hat, richtig zu sein? Aber bedenken Sie, dass diese Genauigkeitsrate auf der Zahl der Grippekranken basiert. Und das ist eine kleine Zahl, denn nur 1 % der Bevölkerung hat die Grippe. Hinzu kommt, dass der Test immer noch falsch positive Ergebnisse liefert. Das Bayes-Theorem ist also eine Möglichkeit, die Ergebnisse besser zu verstehen – was für Systeme wie die KI von entscheidender Bedeutung ist.

Korrelation

Ein Algorithmus für maschinelles Lernen beinhaltet oft eine Art von Korrelation zwischen den Daten. Ein quantitativer Weg, dies zu beschreiben, ist die Verwendung der Pearson-Korrelation, die die Stärke der Beziehung zwischen zwei Variablen im Bereich von 1 bis −1 (dies ist der Koeffizient) anzeigt.

Und so funktioniert es:

- *Größer als 0*: Dies ist der Fall, wenn ein Anstieg einer Variablen zu einem Anstieg einer anderen führt. Ein Beispiel: Angenommen, es besteht eine Korrelation von 0,9 zwischen Einkommen und Ausgaben. Wenn das Einkommen um 1000 US$ steigt, dann steigen die Ausgaben um 900 US$ (1000 US$ x 0,9).

- *0*: Es besteht keine Korrelation zwischen den beiden Variablen.

- *Kleiner als 0*: Jede Zunahme der Variablen bedeutet eine Abnahme der anderen und umgekehrt. Dies beschreibt eine inverse Beziehung.

Was ist dann eine starke Korrelation? Als allgemeine Faustregel gilt, dass der Koeffizient bei +0,7 oder mehr liegt. Und wenn er unter 0,3 liegt, dann ist die Korrelation schwach.

All dies erinnert an die verbreitete Aussage „Korrelation ist nicht unbedingt Kausalität". Doch wenn es um maschinelles Lernen geht, kann dieses Konzept schnell einmal ignoriert werden und zu irreführenden Ergebnissen führen.

Es gibt zum Beispiel viele Korrelationen, die einfach nur zufällig sind. Manche können sogar geradezu komisch sein. Sehen Sie sich das folgende Beispiel von Tylervigen.com an:[7]

- Die Scheidungsrate in Maine korreliert zu 99,26 % mit dem Pro-Kopf-Verbrauch von Margarine.

- Das Alter von Miss America korreliert zu 87,01 % mit den Toden durch Dampf, heiße Dämpfe und heiße Tropen.

- Die US-Rohöleinfuhren aus Norwegen korrelieren zu 95,4 % mit den Fahrenden, die beim Zusammenstoß mit einem Eisenbahnzug ums Leben kamen.

Dafür gibt es einen Namen: Musterartigkeit, oder „patternicity". Das ist die Tendenz, Muster im bedeutungslosen Rauschen zu finden.

Merkmalsextraktion

In Kap. 2 haben wir uns mit der Auswahl der Variablen für ein Modell beschäftigt. Dieser Prozess wird oft als Merkmalsextraktion oder Merkmalstechnik bezeichnet.

Ein Beispiel hierfür wäre ein Computermodell, das anhand eines Fotos erkennt, ob es sich bei dem Menschen darauf um einen Mann oder eine Frau handelt. Für Menschen ist das ziemlich einfach und schnell getan. Es ist etwas, das intuitiv ist. Aber wenn jemand Sie bitten würde, die Unterschiede zu beschreiben, wären Sie dazu in der Lage? Für die meisten Menschen wäre das eine schwierige Aufgabe. Wenn wir jedoch ein effektives Modell für maschinelles Lernen erstellen wollen, müssen wir die Merkmale richtig extrahieren – und das kann subjektiv sein.

Tab. 3-1 zeigt einige Ideen, wie sich das Gesicht eines Mannes von dem einer Frau unterscheiden kann.

Tab. 3-1. Merkmale des Gesichts

Eigenschaften	Männlich
Augenbrauen	Dicker und geradliniger
Gesichtsform	Länger und größer, mit einer eher quadratischen Form
Kiefer	Quadratisch, breiter und markanter
Hals	Adamsapfel

---

[7]www.tylervigen.com/spurious-correlations.

Dies kratzt nur an der Oberfläche, denn ich bin sicher, Sie haben Ihre eigenen Ideen oder Ansätze. Und das ist normal. Aber das ist auch der Grund, warum solche Dinge wie die Gesichtserkennung sehr komplex und fehleranfällig sind.

Auch bei der Merkmalsextraktion gibt es einige differenzierte Probleme. Eines davon ist das Potenzial für Verzerrungen. Haben Sie z. B. eine vorgefasste Meinung darüber, wie ein Mann oder eine Frau aussieht? Falls ja, kann dies zu Modellen führen, die falsche Ergebnisse liefern.

Aus all diesen Gründen ist es eine gute Idee, eine Gruppe von Fachkundigen zu haben, die die richtigen Merkmale bestimmen können. Und wenn sich das Entwickeln von Merkmalen als zu komplex erweist, dann ist maschinelles Lernen wahrscheinlich keine gute Option.

Aber es gibt noch einen anderen Ansatz: Deep Learning. Dabei handelt es sich um hoch entwickelte Modelle, die Merkmale in den Daten entdecken. Dies ist einer der Gründe dafür, dass Deep Learning einen großen Durchbruch in der KI darstellt. Wir werden im nächsten Kapitel mehr darüber erfahren.

Was können Sie mit maschinellem Lernen erreichen?

Da es das maschinelle Lernen schon seit Jahrzehnten gibt, wurde diese leistungsstarke Technologie bereits vielfach eingesetzt. Es ist auch hilfreich, dass es klare Vorteile in Bezug auf Kosteneinsparungen, Umsatzmöglichkeiten und Risikoüberwachung gibt.

Um einen Eindruck von den unzähligen Anwendungsmöglichkeiten zu vermitteln, werden hier einige Beispiele aufgeführt:

- *Prädiktive Instandhaltung – Predictive Maintenance*: Dabei werden Sensoren überwacht, um vorherzusagen, wann Geräte ausfallen könnten. Dies trägt nicht nur zur Kostensenkung bei, sondern verringert auch die Ausfallzeiten und erhöht die Sicherheit. Unternehmen wie PrecisionHawk setzen sogar Drohnen zur Datenerfassung ein, was sehr viel effizienter ist. Die Technologie hat sich für Branchen wie Energie, Landwirtschaft und Bauwesen als sehr effektiv erwiesen. PrecisionHawk berichtet über sein eigenes drohnenbasiertes System zur vorausschauenden Instandhaltung: „Ein Kunde testete den Einsatz von VLOS-Drohnen (Visual Line of Sight) zur Inspektion einer Gruppe von 10 Bohrlochfeldern in einem Radius von drei Meilen. Unser Kunde stellte fest, dass die Inspektionskosten durch den Einsatz von Drohnen um etwa 66 % gesenkt werden konnten, und zwar von 80 bis

90 US$ pro Bohrlochfeld bei herkömmlichen Inspektions-
methoden auf 45 bis 60 US$ pro Bohrlochfeld bei
VLOS-Drohneneinsätzen."[8]

- *Anwerbung von Mitarbeitenden:* Dies kann ein langwieriger
  Prozess sein, da viele Lebensläufe oft sehr unterschiedlich sind. Das bedeutet, dass es leicht ist, großartige
  Kandidatinnen und Kandidaten zu übergehen. Aber maschinelles Lernen kann hier eine große Hilfe sein. Werfen
  Sie einen Blick auf CareerBuilder, das mehr als 2,3 Mio.
  Jobs, 680 Mio. einzigartige Profile, 310 Mio. einzigartige
  Lebensläufe, 10 Mio. Jobtitel, 1,3 Mrd. Fähigkeiten und
  2,5 Mio. Hintergrundprüfungen gesammelt und analysiert
  hat, um Hello to Hire aufzubauen. Die Plattform hat
  maschinelles Lernen eingesetzt, um die Anzahl der Be-
  werbungen für eine erfolgreiche Einstellung auf durchschnittlich 75 zu reduzieren. Der Branchendurchschnitt
  liegt dagegen bei etwa 150.[9] Das System automatisiert
  auch die Erstellung von Stellenbeschreibungen, die sogar
  branchen- und standortabhängige Nuancen berücksichtigen!

- *Kundenerlebnis:* Heutzutage wollen die Kundinnen und
  Kunden ein personalisiertes Erlebnis. Daran haben sie
  sich durch die Nutzung von Diensten wie Amazon.com
  und Uber gewöhnt. Mit maschinellem Lernen kann ein
  Unternehmen seine Daten nutzen, um Erkenntnisse
  darüber zu gewinnen, was wirklich funktioniert. Dies ist
  so wichtig, dass Kroger ein Unternehmen in diesem
  Bereich, namens 84, 51°, gekauft hat. Entscheidend ist,
  dass das Unternehmen über Daten von mehr als 60 Mio.
  US-Haushalten verfügt. Hier ist eine kurze Fallstudie: In
  den meisten Filialen von Kroger gab es Avocados in loser
  Schüttung, und nur in einigen wenigen gab es 4er-
  Packungen. Die gängige Meinung war, dass 4er-Packungen
  aufgrund des Größenunterschieds im Vergleich zu der
  losen Ware rabattiert werden mussten. Bei der
  Anwendung von Analysen basierend auf maschinellem
  Lernen erwies sich dies jedoch als falsch, da die 4er-
  Packungen neue und andere Haushalte, wie Millennials
  und Nutzende des Abholservice, anzogen. Durch die

---

[8] www.precisionhawk.com/blog/in-oil-gas-the-economics-of-bvlos-drone-operations.
[9] Diese Informationen stammen aus einem Interview, das der Autor im Februar 2019 mit Humair Ghauri, dem Chief Product Officer bei CareerBuilder, geführt hat.

Ausweitung der 4er-Packungen in der gesamten Kette konnte der Avocado-Absatz insgesamt gesteigert werden.[10]

- *Finanzen*: Maschinelles Lernen kann Unstimmigkeiten aufdecken, zum Beispiel bei der Rechnungsstellung. Aber es gibt eine neue Kategorie von Technologie, die RPA (Robotic Process Automation) genannt wird und die dabei helfen kann (wir werden dieses Thema in Kap. 5 behandeln). Sie automatisiert Routineprozesse, um Fehler zu reduzieren. RPA kann auch maschinelles Lernen einsetzen, um abnormale oder verdächtige Transaktionen zu erkennen.

- *Kundenservice*: In den letzten Jahren haben Chatbots, die mithilfe von maschinellem Lernen die Interaktion mit Kundinnen und Kunden automatisieren, an Bedeutung gewonnen. Wir werden dies in Kap. 6 behandeln.

- *Partnersuche*: Maschinelles Lernen könnte helfen, Seelenverwandte zu finden! Tinder, eine der größten Dating-Apps, nutzt die Technologie, um die Trefferquote zu verbessern. So gibt es zum Beispiel ein System, das mehr als 10 Mrd. Fotos, die täglich hochgeladen werden, automatisch kennzeichnet.

Abb. 3-2 zeigt einige der Anwendungen für maschinelles Lernen.

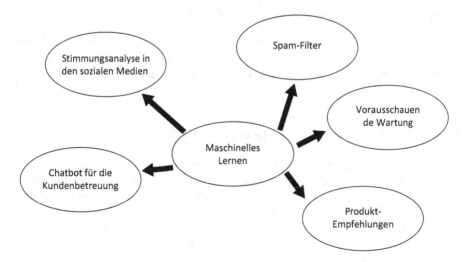

Abb. 3-2. Anwendungen für maschinelles Lernen

---

[10]www.8451.com/case-study/avocado.

Der Prozess des maschinellen Lernens

Um bei der Anwendung des maschinellen Lernens auf ein Problem erfolgreich zu sein, ist es wichtig, systematisch vorzugehen. Andernfalls könnten die Ergebnisse völlig danebenliegen.

Zuallererst müssen Sie einen Datenprozess durchlaufen, den wir im vorherigen Kapitel behandelt haben. Wenn dieser Prozess abgeschlossen ist, ist es eine gute Idee, die Daten zu visualisieren. Sind sie hauptsächlich verstreut? Oder gibt es einige Muster? Wenn die Antwort ja lautet, könnten die Daten sich gut für maschinelles Lernen eignen.

Das Ziel des maschinellen Lernens ist es, ein Modell zu erstellen, das auf einem oder mehreren Algorithmen basiert. Wir entwickeln es durch Training. Das Ziel ist, dass das Modell ein hohes Maß an Vorhersagbarkeit bietet.

Schauen wir uns das genauer an (das gilt übrigens auch für Deep Learning, das wir im nächsten Kapitel behandeln werden):

Schritt 1 – Datenreihenfolge

Wenn Ihre Daten sortiert sind, könnte dies die Ergebnisse verfälschen. Das heißt, der Algorithmus für maschinelles Lernen könnte dies als ein Muster erkennen! Aus diesem Grund ist es eine gute Idee, die Reihenfolge der Daten zu randomisieren.

Schritt 2 – Auswahl des Modells

Sie werden einen Algorithmus auswählen müssen. Diese Wahl stützt sich auf eine fundierte Vermutung, die einen Prozess von Versuch und Irrtum mit sich bringt. In diesem Kapitel werden wir uns die verschiedenen verfügbaren Algorithmen ansehen.

Schritt 3 – Training des Modells

Die Trainingsdaten, die etwa 70 % des gesamten Datensatzes ausmachen, werden verwendet, um die Beziehungen im Algorithmus herzustellen. Nehmen wir zum Beispiel an, Sie bauen ein maschinelles Lernsystem auf, um den Wert eines Gebrauchtwagens zu ermitteln. Zu den Merkmalen gehören das Baujahr, die Marke, das Modell, der Kilometerstand und der Zustand. Durch die Verarbeitung dieser Trainingsdaten wird der Algorithmus die Gewichtung für jeden dieser Faktoren berechnen.

Ein Beispiel: Angenommen, wir verwenden einen linearen Regressions-algorithmus, der folgendes Format hat:

$$y = m^* x + b$$

In der Trainingsphase ermittelt das System die Werte für m (die Steigung in einem Diagramm) und b (den y-Achsenabschnitt).

Schritt 4 – Bewertung des Modells

Sie stellen Testdaten zusammen, die die restlichen 30 % des Datensatzes ausmachen. Sie sollten repräsentativ für die Bereiche und die Art der Informationen in den Trainingsdaten sein.

Anhand der Testdaten können Sie sehen, ob der Algorithmus genau ist. Stimmen in unserem Gebrauchtwagen-Beispiel die Marktwerte mit den realen Gegebenheiten überein?

Hinweis   Bei den Trainings- und Testdaten darf es zu keiner Vermischung kommen. Dies kann leicht zu verzerrten Ergebnissen führen. Interessanterweise ist dies ein häufiger Fehler.

Nun ist die Genauigkeit ein Maß für den Erfolg des Algorithmus. Dies kann jedoch in einigen Fällen irreführend sein. Betrachten Sie die Situation bei der Betrugsermittlung. Im Vergleich zu einem Datensatz gibt es in der Regel nur eine geringe Anzahl von Merkmalen. Wird jedoch ein Merkmal übersehen, kann dies verheerende Folgen haben und einem Unternehmen Verluste in Millionenhöhe bescheren.

Aus diesem Grund sollten Sie andere Ansätze, wie das Bayes-Theorem, verwenden.

Schritt 5 – Feinabstimmung des Modells

In diesem Schritt können wir die Werte der Parameter im Algorithmus anpassen. Damit wollen wir sehen, ob wir bessere Ergebnisse erzielen können.

Bei der Feinabstimmung des Modells kann es auch Hyperparameter geben. Dies sind Parameter, die nicht direkt aus dem Trainingsprozess gelernt werden können.

Anwendung von Algorithmen

Einige Algorithmen sind recht einfach zu berechnen, während andere komplexe Schritte und Mathematik erfordern. Die gute Nachricht ist, dass Sie einen

Algorithmus in der Regel nicht berechnen müssen, da es eine Vielzahl von Sprachen wie Python und R gibt, die den Prozess vereinfachen.

Beim maschinellen Lernen unterscheidet sich ein Algorithmus in der Regel von einem herkömmlichen Algorithmus. Der Grund dafür ist, dass der erste Schritt darin besteht, Daten zu verarbeiten – und dann beginnt der Computer zu lernen.

Obwohl es Hunderte von Algorithmen für maschinelles Lernen gibt, lassen sie sich in vier Hauptkategorien einteilen: überwachtes Lernen, unüberwachtes Lernen, verstärkendes Lernen und teilüberwachtes Lernen. Wir werfen einen Blick auf jede dieser Kategorien.

Überwachtes Lernen

Beim überwachten Lernen werden beschriftete Daten verwendet. Nehmen wir zum Beispiel an, wir haben einen Satz von Fotos von Tausenden von Hunden. Die Daten werden als beschriftet betrachtet, wenn jedes Foto die jeweilige Rasse identifiziert. In den meisten Fällen erleichtert dies die Analyse, da wir unsere Ergebnisse mit der richtigen Antwort vergleichen können.

Einer der wichtigsten Punkte beim überwachten Lernen ist, dass eine große Menge an Daten vorhanden sein sollte. Dies hilft, das Modell zu verfeinern und genauere Ergebnisse zu erzielen.

Aber es gibt ein großes Problem: Ein Großteil der verfügbaren Daten ist nicht beschriftet. Außerdem könnte es bei einem riesigen Datensatz sehr zeitaufwendig sein, Beschriftungen vorzunehmen.

Doch es gibt kreative Wege, um damit umzugehen, z. B. mit Crowdfunding. Auf diese Weise wurde das ImageNet-System entwickelt, das einen Durchbruch in der KI-Innovation darstellte. Dennoch dauerte es mehrere Jahre, bis es fertig war.

In einigen Fällen kann es auch automatisierte Ansätze zur Beschriftung von Daten geben. Nehmen Sie das Beispiel von Facebook. Im Jahr 2018 kündigte das Unternehmen auf seiner Entwicklungskonferenz F8 an, dass es seine riesige Datenbank mit Fotos von Instagram, die mit Hashtags versehen sind, nutzen wird.[11]

Zugegeben, dieser Ansatz hatte seine Schwächen. Ein Hashtag kann eine nicht visuelle Beschreibung des Fotos liefern – z. B. #tbt (was für „Throwback Thursday" steht) – oder könnte zu vage sein, wie #party. Aus diesem Grund bezeichnete Facebook seinen Ansatz als „schwach überwachte Daten". Aber die talentierten Ingenieursfachleute des Unternehmens haben einige

---

[11]www.engadget.com/2018/05/02/facebook-trained-image-recognition-ai-instagram-pics/.

Möglichkeiten gefunden, die Qualität zu verbessern, z. B. durch den Aufbau eines ausgeklügelten Hashtag-Vorhersagemodells.

Alles in allem hat das Ganze recht gut funktioniert. Das maschinelle Lernmodell von Facebook, in das 3,5 Mrd. Fotos einflossen, hatte eine Trefferquote von 85,4 %, die auf dem ImageNet-Erkennungsbenchmark basierte. Es war sogar die höchste in der Geschichte aufgezeichnete Rate von 2 %.

Dieses KI-Projekt erforderte auch innovative Ansätze für den Aufbau der Infrastruktur. Laut dem Facebook-Blogbeitrag:

„Da eine einzelne Maschine mehr als ein Jahr für das Training des Modells benötigt hätte, haben wir eine Möglichkeit geschaffen, die Aufgabe auf bis zu 336 GPUs zu verteilen und so die Gesamttrainingszeit auf nur wenige Wochen zu verkürzen. Bei immer größeren Modellgrößen – das größte Modell in dieser Forschung ist ein ResNeXt 101-32x48d mit über 861 Millionen Parametern – ist ein solches verteiltes Training immer wichtiger. Darüber hinaus haben wir eine Methode zum Entfernen von Duplikaten entwickelt, um sicherzustellen, dass wir unsere Modelle nicht versehentlich auf Bilder trainieren, auf deren Basis wir sie auswerten wollen – ein Problem, das ähnliche Forschungsarbeiten in diesem Bereich plagt."[12]

Für die Zukunft sieht Facebook Potenzial für die Anwendung seines Ansatzes in verschiedenen Bereichen, unter anderem in den folgenden:

- Verbessertes Ranking im Newsfeed,

- Bessere Erkennung von anstößigen Inhalten,

- Automatische Generierung von Untertiteln für Sehbehinderte.

Unüberwachtes Lernen

Unüberwachtes Lernen bedeutet, dass Sie mit nicht beschrifteten Daten arbeiten. Sie verwenden Deep-Learning-Algorithmen, um Muster zu erkennen.

Der bei weitem häufigste Ansatz für unüberwachtes Lernen ist das Clustering, bei dem anhand von nicht beschrifteten Daten Algorithmen eingesetzt werden, um ähnliche Elemente in Gruppen zusammenzufassen. Der Prozess beginnt in der Regel mit Vermutungen, und dann werden die Berechnungen iteriert, um bessere Ergebnisse zu erzielen. Im Kern geht es darum, Datenelemente zu finden, die nahe beieinanderliegen, was mit einer Vielzahl quantitativer Methoden erreicht werden kann:

---

[12] https://code.fb.com/ml-applications/advancing-state-of-the-art-image-recognition-with-deep-learning-on-hashtags/.

- *Euklidische Distanz*: Dies ist eine gerade Linie zwischen zwei Datenpunkten. Die euklidische Distanz ist beim maschinellen Lernen weitverbreitet.

- *Kosinus-Ähnlichkeit*: Wie der Name schon sagt, verwenden Sie einen Kosinus, um den Winkel zu messen. Die Idee ist, Ähnlichkeiten zwischen zwei Datenpunkten in Bezug auf die Ausrichtung zu finden.

- *Manhattan-Metrik*: Hier wird die Summe der absoluten Entfernungen zweier Punkte auf den Koordinaten eines Diagramms gebildet. Sie wird „Manhattan" genannt, weil sie sich auf das Straßenlayout der Stadt bezieht, das kürzere Entfernungen für Reisen ermöglicht.

Einer der häufigsten Anwendungsfälle für Clustering ist die Kundensegmentierung, die dazu dient, Marketingbotschaften besser auf die Zielgruppe abzustimmen. Eine Gruppe, die ähnliche Merkmale aufweist, hat in den meisten Fällen auch ähnliche Interessen und Vorlieben.

Eine weitere Anwendung ist die Stimmungsanalyse, bei der man Daten aus den sozialen Medien auswertet und die Trends ermittelt. Für ein Modeunternehmen kann dies von entscheidender Bedeutung sein, um zu verstehen, wie man die Stile der kommenden Kleidungsartikel anpassen kann.

Nun gibt es noch andere Ansätze als nur die Clusterbildung. Schauen wir uns drei weitere an:

- *Assoziation*: Das Grundkonzept lautet: Wenn X passiert, dann wird wahrscheinlich auch Y passieren. Wenn Sie also mein Buch über künstliche Intelligenz kaufen, werden Sie wahrscheinlich auch andere Titel des Genres kaufen wollen. Mithilfe von Assoziationen kann ein Deep-Learning-Algorithmus diese Art von Beziehungen entschlüsseln. Dies kann zu leistungsfähigen Empfehlungsmaschinen führen.

- *Erkennung von Anomalien*: Damit werden Ausreißer oder anomale Muster im Datensatz identifiziert, was bei Cybersicherheitsanwendungen hilfreich sein kann. Asaf Cidon, Vice President of Email Security bei Barracuda Networks, erklärt: „Wir haben festgestellt, dass wir durch die Kombination vieler verschiedener Signale – wie dem E-Mail-Text, dem Header, dem Social Graph der Kommunikation, IP-Logins, Regeln für die Weiterleitung des Posteingangs usw. – eine extrem hohe Präzision bei der Erkennung von Social-Engineering-Angriffen erreichen können, auch wenn die Angriffe hochgradig personalisiert sind und auf eine bestimmte Person innerhalb einer bestimmten Organisation abzielen. Mithilfe von maschinellem Lernen können wir Angriffe erkennen, die aus dem Unternehmen stammen und deren Quelle eine legitime Mailbox eines Mitarbeiters ist, was mit einem statischen, einheitlich genormten Engine unmöglich wäre."[13]

- *Autoencoder:* Dabei werden die Daten in eine komprimierte Form gebracht und dann rekonstruiert. Daraus können sich neue Muster ergeben. Die Verwendung von Autoencodern ist jedoch selten. Sie könnten sich jedoch als nützlich erweisen, wenn es darum geht, das Rauschen in Daten zu reduzieren.

Viele KI-Forschende sind der Meinung, dass unüberwachtes Lernen für die nächste Stufe der Errungenschaften entscheidend sein wird. In einem Artikel von Yann LeCun, Geoffrey Hinton und Yoshua Bengio in *Nature* heißt es: „Wir erwarten, dass unüberwachtes Lernen längerfristig viel wichtiger wird. Menschliches und tierisches Lernen ist weitgehend unüberwacht: Wir entdecken die Struktur der Welt durch Beobachtung, nicht indem wir den Namen jedes Objekts erfahren."[14]

Verstärkendes Lernen

Wenn Sie als Kind eine neue Sportart erlernen wollten, haben Sie wahrscheinlich kein Handbuch gelesen. Stattdessen haben Sie beobachtet, was andere Leute taten, und versucht, sie sich selbst zu erklären. In manchen Situationen haben Sie Fehler gemacht und den Ball verloren, während Ihre Mannschaftsmitglieder ihren Unmut darüber äußerten. Aber in anderen Fällen haben Sie die richtigen Schritte gemacht und ein Tor erzielt. Durch diesen Versuch-und-Irrtum-Prozess wurde Ihr Lernen durch positive und negative Verstärkung verbessert.

Auf einem hohen Niveau entspricht dies dem verstärkenden Lernen. Es war entscheidend für einige der bemerkenswertesten Errungenschaften in der KI, wie den folgenden:

- *Spiele:* Sie sind ideal für das verstärkende Lernen, da es klare Regeln, Punkte und verschiedene Einschränkungen (wie ein Spielbrett) gibt. Wenn Sie ein Modell erstellen, können Sie es mit Millionen von Simulationen testen, was

---

[13] Dies stammt aus einem Interview des Autors mit Asaf Cidon, VP of Email Security bei Barracuda Networks, vom Februar 2019.
[14] https://towardsdatascience.com/simple-explanation-of-semi-supervised-learning-and-pseudo-labeling-c2218e8c769b.

bedeutet, dass das System schnell immer intelligenter wird. Auf diese Weise kann ein Programm lernen, den Weltmeister im Go oder Schach zu schlagen.

- *Robotik*: Zentral ist die Fähigkeit, in einem Raum zu navigieren – und dazu muss die Umgebung an vielen verschiedenen Punkten bewertet werden. Wenn der Roboter z. B. in die Küche gehen will, muss er um Möbel und andere Hindernisse herum navigieren. Wenn er mit Dingen zusammenstößt, gibt es eine negative Verstärkungsmaßnahme.

Teilüberwachtes Lernen

Dies ist eine Mischung aus überwachtem und unüberwachtem Lernen. Dies ist der Fall, wenn Sie eine kleine Menge an nicht beschrifteten Daten haben. Sie können jedoch Deep-Learning-Systeme verwenden, um die nicht überwachten Daten in überwachte Daten zu übersetzen – ein Prozess, der als Pseudo-Labeling bezeichnet wird. Danach können Sie dann die Algorithmen anwenden.

Ein interessanter Anwendungsfall für teilüberwachtes Lernen ist die Interpretation von MRTs. Ein Radiologe kann die Scans zunächst beschriften, und danach kann ein Deep-Learning-System den Rest der Muster finden.

Gängige Arten von Algorithmen für maschinelles Lernen

In diesem Buch ist einfach nicht genug Platz, um alle Algorithmen des maschinellen Lernens zu behandeln! Stattdessen ist es besser, sich auf die gängigsten Algorithmen zu konzentrieren.

Im verbleibenden Teil dieses Kapitels werden wir uns die folgenden Punkte ansehen:

- *Überwachtes Lernen*: Man kann die Algorithmen auf zwei Varianten reduzieren. Die eine ist die Klassifizierung, bei der der Datensatz aufgrund gängiger Bezeichnungen unterteilt wird. Beispiele für solche Algorithmen sind der Naive Bayes-Klassifikator und der k-Nearest Neighbor (neuronale Netze werden in Kap. 4 behandelt). Als Nächstes folgt die Regression, mit der kontinuierliche Muster in den Daten gefunden werden. Hierfür werden wir uns die lineare Regression, die Ensemble-Modellierung und die Entscheidungsbäume ansehen.

- *Unüberwachtes Lernen:* In dieser Kategorie werden wir uns mit Clustering befassen. Dazu werden wir das k-Means-Clustering behandeln.

Abb. 3-3 zeigt einen allgemeinen Rahmen für Algorithmen des maschinellen Lernens.

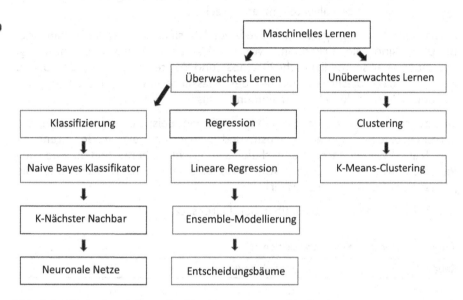

Abb. 3-3. Allgemeiner Rahmen für Algorithmen des maschinellen Lernens

Naiver Bayes-Klassifikator (Überwachtes Lernen/Klassifizierung)

Zu Beginn dieses Kapitels haben wir uns mit dem Bayes-Theorem beschäftigt. Für das maschinelle Lernen wurde dieses Theorem zu einem sogenannten Naiven Bayes-Klassifikator modifiziert. Er ist „naiv", weil er davon ausgeht, dass die Variablen voneinander unabhängig sind, das heißt, dass das Auftreten einer Variablen nichts mit den anderen zu tun hat. Dies mag zwar als Nachteil erscheinen. Tatsache ist jedoch, dass sich der Naive Bayes-Klassifikator als sehr effektiv und schnell zu entwickeln erwiesen hat.

Es gibt noch eine weitere Annahme, die zu beachten ist: die Annahme a priori. Sie besagt, dass die Vorhersagen falsch sein werden, wenn sich die Daten geändert haben.

Es gibt drei Varianten des Naiven Bayes-Klassifikator:

- *Bernoulli*: Dies ist der Fall, wenn Sie binäre Daten haben (wahr/falsch, ja/nein).

- *Multinomial*: Dies ist der Fall, wenn die Daten diskret sind, wie zum Beispiel die Anzahl der Seiten eines Buches.

- *Gauß*: Dies ist der Fall, wenn Sie mit Daten arbeiten, die einer Normalverteilung entsprechen.

Ein häufiger Anwendungsfall für Naive Bayes-Klassifikatoren ist die Textanalyse. Beispiele sind die Erkennung von E-Mail-Spam, Kundensegmentierung, Stimmungsanalyse, medizinische Diagnose und Wettervorhersage. Der Grund dafür ist, dass dieser Ansatz bei der Klassifizierung von Daten auf der Grundlage von Schlüsselmerkmalen und -mustern nützlich ist.

Um zu sehen, wie das geht, nehmen wir ein Beispiel: Angenommen, Sie betreiben eine E-Commerce-Website und verfügen über eine große Datenbank mit Transaktionen Ihrer Kundschaft. Sie möchten herausfinden, wie sich Variablen wie Bewertungen von Produktrezensionen, Rabatte und die Jahreszeit auf den Umsatz auswirken.

Tab. 3-2 gibt einen Überblick über den Datensatz.

Tab. 3-2. Datensatz „Kundentransaktionen"

Rabatt	Produktbewertung	Kauf
Ja	Hoch	Ja
Ja	Niedrig	Ja
Nein	Niedrig	Nein
Nein	Niedrig	Nein
Nein	Niedrig	Nein
Nein	Hoch	Ja
Ja	Hoch	Nein
Ja	Niedrig	Ja
Nein	Hoch	Ja
Ja	Hoch	Ja
Nein	Hoch	Nein
Nein	Niedrig	Ja
Ja	Hoch	Ja
Ja	Niedrig	Nein

Anschließend werden Sie diese Daten in Häufigkeitstabellen organisieren, wie in den Tab. 3-3 und 3-4 dargestellt.

Tab. 3-3. Tabelle zur Häufigkeit von Rabatten

		Kauf	
		Ja	Nein
Rabatt	Ja	19	1
	Ja	5	5

Tab. 3-4. Tabelle zur Häufigkeit der Produktüberprüfung

		Kauf		
		Ja	Nein	Insgesamt
Produktbewertung	**Hoch**	21	2	11
	Niedrig	3	4	8
	Insgesamt	24	6	19

Bei dieser Betrachtung bezeichnen wir den Kauf als Ereignis und den Rabatt und die Produktbewertungen als unabhängige Variablen. Dann können wir eine Wahrscheinlichkeitstabelle für eine der unabhängigen Variablen, z. B. die Produktbewertungen, erstellen. Siehe Tab. 3-5.

Tab. 3-5. Tabelle zur Wahrscheinlichkeit einer Produktbewertung

		Kauf		
		Ja	Nein	
Produktbewertungen	**Hoch**	9/24	2/6	11/30
	Niedrig	7/24	1/6	8/30
		24/30	6/30	

Anhand dieses Diagramms können wir sehen, dass die Wahrscheinlichkeit eines Kaufs bei einer niedrigen Produktbewertung 7/24 oder 29 % beträgt. Mit anderen Worten: Der Naive Bayes-Klassifikator ermöglicht detailliertere Vorhersagen innerhalb eines Datensatzes. Er ist auch relativ einfach zu trainieren und kann gut mit kleinen Datensätzen arbeiten.

k-Nearest Neighbor (Überwachtes Lernen/ Klassifizierung)

Die k-Nearest-Neighbor-Methode (k-NN) ist eine Methode zur Klassifizierung eines Datensatzes (k steht für die Anzahl der Nachbarn). Die Theorie besagt, dass diejenigen Werte, die nahe beieinanderliegen, wahrscheinlich gute Prädiktoren für ein Modell sind. Man kann sich das so vorstellen: „Gleich und gleich gesellt sich gern".

Ein Anwendungsfall für k-NN ist die Kreditwürdigkeitsprüfung, die auf einer Vielzahl von Faktoren wie Einkommen, Zahlungsverhalten, Standort, Wohneigentum usw. beruht. Der Algorithmus unterteilt den Datensatz in verschiedene Kundensegmente. Wenn dann ein neuer Kunde oder eine neue Kundin zur Basis hinzugefügt wird, sehen Sie, in welches Cluster er oder sie fällt – und das ist dann die Kreditwürdigkeit.

k-NN ist eigentlich einfach zu berechnen. Man nennt es auch „lazy learning", weil es keinen Trainingsprozess mit den Daten gibt.

Um k-NN zu verwenden, müssen Sie den Abstand zwischen den nächstgelegenen Werten bestimmen. Wenn es sich um numerische Werte handelt, kann dies auf der Grundlage der euklidischen Distanz erfolgen, was komplizierte mathematische Berechnungen erfordert. Handelt es sich um kategoriale Daten, können Sie eine Überlappungsmetrik verwenden (in diesem Fall sind die Daten gleich oder sehr ähnlich).

Als nächstes müssen Sie die Anzahl der Nachbarn bestimmen. Eine höhere Anzahl macht das Modell zwar stimmiger, kann aber auch bedeuten, dass eine große Menge an Rechenressourcen benötigt wird. Um dies in den Griff zu bekommen, können Sie den Daten, die näher an ihren Nachbarn liegen, eine höhere Gewichtung zuweisen.

Lineare Regression (Überwachtes Lernen/ Regression)

Die lineare Regression zeigt die Beziehung zwischen bestimmten Variablen. Die Gleichung kann – vorausgesetzt, es liegen genügend hochwertige Daten vor – dazu beitragen, die Ergebnisse auf der Grundlage der Eingaben vorherzusagen.

Ein Beispiel: Angenommen, wir haben Daten über die Anzahl der Stunden, die für das Lernen für eine Prüfung aufgewendet wurden, und die Note. Siehe Tab. 3-6.

Tab. 3-6. Tabelle für Lernstunden und Noten

Stunden des Studiums	Grad Prozentsatz
1	0,75
1	0,69
1	0,71
3	0,82
3	0,83
4	0,86
5	0,85
5	0,89
5	0,84
6	0,91
6	0,92
7	0,95

Wie Sie sehen können, ist die allgemeine Beziehung positiv (dies beschreibt die Tendenz, dass eine bessere Note mit mehr Lernstunden korreliert). Mit dem Regressionsalgorithmus können wir eine Linie zeichnen, die am besten passt (dies geschieht durch eine Berechnung namens „kleinste Quadrate", die die Fehler minimiert). Siehe Abb. 3-4.

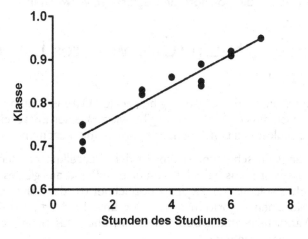

Abb. 3-4. Dies ist ein Diagramm eines linearen Regressionsmodells, das auf Studienzeiten basiert

Daraus ergibt sich die folgende Gleichung:

Note = Anzahl der Unterrichtsstunden × 0,03731 + 0,6889

Nehmen wir also an, Sie lernen 4 Stunden für die Prüfung. Was wird Ihre voraussichtliche Note sein? Die Gleichung sagt es uns:

$$0,838 = 4 \times 0,03731 + 0,6889$$

Wie genau ist das? Um diese Frage zu beantworten, können wir eine Berechnung namens R-Quadrat verwenden. In unserem Fall beträgt es 0,9180 (der Wert reicht von 0 bis 1). Je näher der Wert bei 1 liegt, desto besser ist die Anpassung. 0,9180 ist also ziemlich hoch. Das bedeutet, dass die Lernstunden 91,8 % der Note in der Prüfung erklären.

Es stimmt, dass dieses Modell sehr vereinfacht ist. Um die Realität besser abzubilden, können Sie weitere Variablen zur Erklärung der Prüfungsnote hinzufügen, z. B. die Anwesenheit der Lernenden. In diesem Fall verwenden Sie eine sogenannte multivariate Regression.

Hinweis   Wenn der Koeffizient für eine Variable recht klein ist, kann es sinnvoll sein, sie nicht in das Modell aufzunehmen.

Manchmal liegen die Daten auch nicht in einer geraden Linie, in diesem Fall funktioniert der Regressionsalgorithmus nicht. Sie können jedoch eine komplexere Version, die polynomiale Regression, verwenden.

Entscheidungsbaum (Überwachtes Lernen/ Regression)

Zweifellos funktioniert das Clustering bei einigen Datensätzen nicht. Aber die gute Nachricht ist, dass es Alternativen gibt, wie z. B. einen Entscheidungsbaum. Dieser Ansatz funktioniert im Allgemeinen besser mit nicht numerischen Daten.

Der Anfang eines Entscheidungsbaums ist der Wurzelknoten, der sich an der Spitze des Flussdiagramms befindet. Von diesem Punkt aus gibt es einen Baum von Entscheidungspfaden, die als Splits bezeichnet werden. An diesen Punkten verwenden Sie einen Algorithmus, um eine Entscheidung zu treffen, und es wird eine Wahrscheinlichkeit berechnet. Am Ende des Baums befindet sich das Blatt (oder das Ergebnis).

Ein berühmtes Beispiel – in Kreisen des maschinellen Lernens – ist die Verwendung eines Entscheidungsbaums für den tragischen Untergang der Titanic. Das Modell sagt das Überleben der Reisenden anhand von drei

Merkmalen voraus: Geschlecht, Alter und Anzahl der mitreisenden Ehepartner oder Kinder (sibsp). In Abb. 3-5 sehen Sie, wie das Modell aussieht.

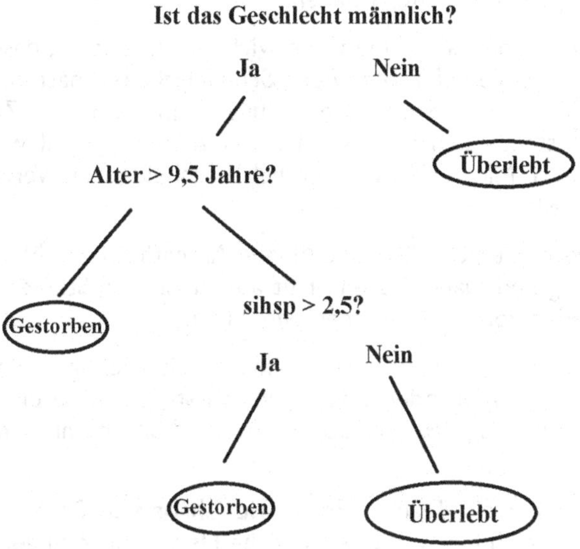

Ist das Geschlecht männlich?

Ja   Nein

Alter > 9,5 Jahre?   (Überlebt)

(Gestorben)   sihsp > 2,5?

Ja   Nein

(Gestorben)   (Überlebt)

Abb. 3-5. Dies ist ein grundlegender Entscheidungsbaum-Algorithmus zur Vorhersage des Überlebens auf der Titanic

Es gibt klare Vorteile für Entscheidungsbäume. Sie sind leicht zu verstehen, funktionieren gut mit großen Datensätzen und bieten Transparenz im Modell.

Entscheidungsbäume haben jedoch auch Nachteile. Einer davon ist die Fehlerfortpflanzung. Wenn sich einer der Splits als falsch erweist, kann sich dieser Fehler kaskadenartig auf das gesamte Modell ausbreiten!

Je größer die Entscheidungsbäume werden, desto komplexer wird es, da es eine große Anzahl von Algorithmen gibt. Dies könnte letztlich zu einer geringeren Leistung des Modells führen.

Ensemble-Modellierung (Überwachtes Lernen/ Regression)

Bei der Ensemble-Modellierung wird mehr als ein Modell für Ihre Vorhersagen verwendet. Auch wenn dies die Komplexität erhöht, hat sich gezeigt, dass dieser Ansatz gute Ergebnisse liefert.

Um dies in Aktion zu sehen, werfen Sie einen Blick auf den „Netflix Prize", der 2006 ins Leben gerufen wurde. Das Unternehmen kündigte an, dass es 1 Mio. US$ an Einzelpersonen oder Teams zahlen würde, die die Genauigkeit seines Filmempfehlungssystems um 10 % oder mehr verbessern könnten. Netflix stellte auch einen Datensatz mit über 100 Mio. Bewertungen von 17.770 Filmen von 480.189 Nutzenden zur Verfügung.[15] Letztendlich wurden mehr als 30.000 Filme heruntergeladen.

Warum hat Netflix dies alles getan? Ein wichtiger Grund ist, dass die eigenen Ingenieursfachleute des Unternehmens Schwierigkeiten hatten, Fortschritte zu erzielen. Warum sollte man die Lösung dann nicht den Zuschauenden überlassen? Es stellte sich heraus, dass das ziemlich genial war – und die Auszahlung von 1 Mio. US$ war wirklich bescheiden im Vergleich zu den möglichen Vorteilen.

Der Wettbewerb hat sicherlich eine Menge Aktivitäten von Menschen in der Programmierung und Datenwissenschaft ausgelöst, von Studierenden bis hin zu Mitarbeitenden von Unternehmen wie AT&T.

Netflix machte den Wettbewerb auch einfach. Die wichtigste Bedingung war, dass die Teams ihre Methoden offenlegen mussten, was zu einer Steigerung der Ergebnisse beitrug (es gab sogar ein Dashboard mit einer Rangliste der Teams).

Aber erst 2009 hat ein Team – Pragmatic Chaos von BellKor – den Preis gewonnen. Aber auch hier gab es erhebliche Herausforderungen.

Wie hat das siegreiche Team es also geschafft? Der erste Schritt bestand darin, ein Basismodell zu erstellen, das die kniffligen Probleme mit den Daten löste. Zum Beispiel hatten einige Filme nur eine Handvoll Bewertungen, während andere Tausende hatten. Dann gab es das heikle Problem, dass es Nutzende gab, die einen Film immer mit einem Stern bewerteten. Um diese Probleme zu lösen, nutzte BellKor maschinelles Lernen zur Vorhersage von Bewertungen, um die Lücken zu schließen.

Nach der Fertigstellung der Basislinie gab es weitere schwierige Herausforderungen zu bewältigen, wie die folgenden:

- Ein System kann dazu führen, dass vielen Nutzenden dieselben Filme empfohlen werden.

- Manche Filme lassen sich nicht gut in ein bestimmtes Genre einordnen. *Alien* zum Beispiel ist eigentlich eine Mischung aus Science-Fiction und Horror.

- Es gab Filme, wie *Napoleon Dynamite*, die für Algorithmen extrem schwer zu verstehen waren.

- Die Bewertungen eines Films ändern sich oft im Laufe der Zeit.

---

[15] www.thrillist.com/entertainment/nation/the-netflix-prize.

Das siegreiche Team verwendete eine Ensemble-Modellierung, die Hunderte von Algorithmen umfasste. Sie verwendeten auch das sogenannte „Boosting", bei dem man aufeinanderfolgende Modelle erstellt. Dabei werden die Gewichte in den Algorithmen auf der Grundlage der Ergebnisse des vorhergehenden Modells angepasst, was dazu beiträgt, dass die Vorhersagen im Laufe der Zeit besser werden (bei einem anderen Ansatz, dem sogenannten „Bagging", werden verschiedene Modelle parallel erstellt und dann das beste ausgewählt).

Aber schließlich fand BellKor die Lösungen. Trotzdem hat Netflix das Modell nicht verwendet! Nun ist nicht klar, warum dies der Fall war. Vielleicht lag es daran, dass Netflix ohnehin von Fünf-Sterne-Bewertungen abrückte und sich mehr auf das Streaming konzentrierte. Der Wettbewerb wurde auch von Leuten kritisiert, die einen Verstoß gegen den Datenschutz vermuteten.

Unabhängig davon hat der Wettbewerb die Leistungsfähigkeit des maschinellen Lernens und die Bedeutung der Zusammenarbeit deutlich gemacht.

k-Means-Clustering (Unüberwacht/Clustering)

Der k-Means-Clusteralgorithmus, der sich für große Datensätze eignet, ordnet ähnliche, nicht beschriftete Daten in verschiedene Gruppen ein. Der erste Schritt besteht darin, k, die Anzahl der Cluster, auszuwählen. Zu diesem Zweck können Sie die Daten visualisieren, um festzustellen, ob es auffällige Gruppierungsbereiche gibt.

In Abb. 3-6 sehen Sie ein Beispiel für Daten:

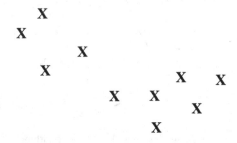

Abb. 3-6. Die anfängliche Darstellung für einen Datensatz

In diesem Beispiel gehen wir davon aus, dass es zwei Cluster gibt, und das bedeutet, dass es auch zwei Schwerpunkte gibt. Ein Zentroid ist der Mittelpunkt eines Clusters. Die Zuordnung erfolgt nach dem Zufallsprinzip, wie Sie in Abb. 3-7 sehen können.

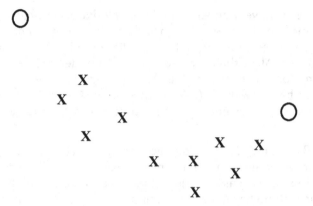

Abb. 3-7. Dieses Diagramm zeigt zwei Zentroide – dargestellt durch Kreise –, die zufällig angeordnet sind

Wie Sie sehen können, liegt der Schwerpunkt oben links weit daneben, aber der auf der rechten Seite ist besser. Der k-Means-Algorithmus berechnet dann die durchschnittlichen Abstände der Zentroiden und ändert dann deren Positionen. Dies wird so lange wiederholt, bis die Fehler relativ gering sind – ein Punkt, der als Konvergenz bezeichnet wird und den Sie in Abb. 3-8 sehen können.

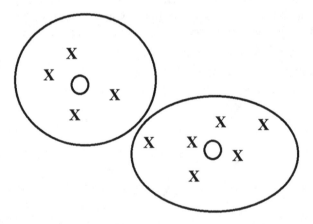

Abb. 3-8. Durch Iterationen gelingt es dem k-Means-Algorithmus besser, die Daten zu gruppieren

Zugegeben, dies ist eine einfache Illustration. Aber bei einem komplexen Datensatz wird es natürlich schwierig sein, die Anzahl der ursprünglichen Cluster zu bestimmen. In diesem Fall können Sie mit verschiedenen k-Werten experimentieren und dann die durchschnittlichen Abstände messen. Wenn Sie dies mehrmals tun, sollte sich die Genauigkeit erhöhen.

Warum dann nicht einfach eine hohe Zahl für k angeben? Das kann man natürlich tun. Aber wenn Sie den Durchschnitt berechnen, werden Sie feststellen, dass es nur schrittweise Verbesserungen geben wird. Eine Methode besteht also darin, an dem Punkt aufzuhören, an dem dies der Fall zu sein beginnt. Dies ist in Abb. 3-9 zu sehen.

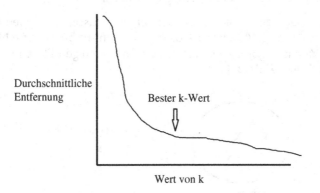

Abb. 3-9. Dies zeigt den optimalen Punkt des k-Wertes im k-Means-Algorithmus

Allerdings hat k-Means auch seine Nachteile. Zum Beispiel funktioniert es nicht gut mit nicht sphärischen Daten, was in Abb. 3-10 der Fall ist.

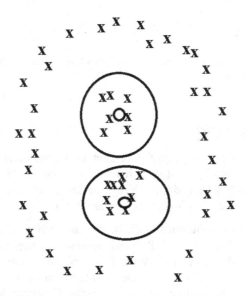

Abb. 3-10. Hier ist eine Demonstration, bei der k-Means nicht mit nicht sphärischen Daten funktioniert

In diesem Fall würde der k-Means-Algorithmus die umgebenden Daten wahrscheinlich nicht erfassen, auch wenn sie ein Muster aufweisen. Es gibt jedoch einige Algorithmen, die hier Abhilfe schaffen können, wie z. B. DBScan (Density-Based Spatial Clustering of Applications with Noise), das für eine Mischung aus sehr unterschiedlich großen Datensätzen gedacht ist. Allerdings kann DBScan sehr viel Rechenleistung erfordern.

Dann gibt es noch die Situation, dass es einige Cluster mit vielen Daten gibt und andere mit wenig. Was könnte dann passieren? Es besteht die Möglichkeit, dass der k-Means-Algorithmus den Cluster mit wenigen Daten nicht erfasst. Dies ist der Fall in Abb. 3-11.

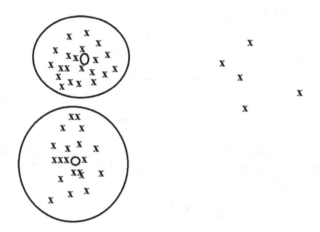

Abb. 3-11. Wenn es Bereiche mit wenig vorhandenen Daten gibt, werden diese vom k-Means-Algorithmus möglicherweise nicht erfasst

Schlussfolgerung

Diese Algorithmen können kompliziert sein und erfordern gute technische Kenntnisse. Es ist jedoch wichtig, sich nicht zu sehr in der Technologie zu verzetteln. Schließlich geht es darum, Wege zu finden, wie maschinelles Lernen zur Erreichung klarer Ziele eingesetzt werden kann.

Auch hier ist Stitch Fix eine gute Anlaufstelle, um sich zu informieren. In der Novemberausgabe des *Harvard Business Review* veröffentlichte der Chief Algorithms Officer des Unternehmens, Eric Colson, einen Artikel mit dem Titel „Curiosity-Driven Data Science".[16] Darin berichtet er über seine Erfahrungen beim Aufbau einer datengesteuerten Organisation.

---

[16] https://hbr.org/2018/11/curiosity-driven-data-science.

Im Mittelpunkt steht dabei die Möglichkeit für Forschende in der Datenwissenschaft, neue Ideen, Konzepte und Ansätze zu erforschen. Dies hat dazu geführt, dass KI in Kernfunktionen des Unternehmens, wie Bestandsmanagement, Beziehungsmanagement, Logistik und Wareneinkauf, eingesetzt wird. Dies hat das Unternehmen verändert und es agiler und schlanker gemacht. Colson ist außerdem der Meinung, dass die KI „eine Schutzbarriere gegen die Konkurrenz" geschaffen hat.

Sein Artikel enthält auch andere hilfreiche Ratschläge für die Datenanalyse:

- *Datenwissenschaft*: Die Mitarbeitenden mit Fokus auf der Datenwissenschaft sollten nicht Teil einer anderen Abteilung sein. Vielmehr sollten sie eine eigene Abteilung haben, die direkt an den CEO berichtet. Dies hilft dabei, sich auf die wichtigsten Prioritäten zu konzentrieren und einen ganzheitlichen Blick auf die Bedürfnisse des Unternehmens zu haben.

- *Experimente*: Wenn die Abteilung Datenwissenschaft eine neue Idee hat, sollte sie an einer kleinen Auswahl von Kundinnen und Kunden getestet werden. Wenn sie gut ankommt, kann sie auf den Rest der Kundschaft ausgeweitet werden.

- *Ressourcen*: Die Abteilung Datenwissenschaft braucht uneingeschränkten Zugang zu Daten und Tools. Es sollte auch eine kontinuierliche Schulung geben.

- *Generalisten*: Stellen Sie Mitarbeitende für die Datenwissenschaft ein, die verschiedene Bereiche wie Modellierung, maschinelles Lernen und Analytik abdecken (Colson bezeichnet diese Personen als „full-stack data scientists"). Dies führt zu kleinen Teams, die oft effizienter und produktiver sind.

- *Kultur*: Colson achtet auf Werte wie „Learning by Doing, Umgang mit Ambiguität, Abwägen zwischen lang- und kurzfristigen Erträgen".

Wichtigste Erkenntnisse

- Beim maschinellen Lernen, dessen Wurzeln bis in die 1950er-Jahre zurückreichen, kann ein Computer lernen, ohne ausdrücklich programmiert zu werden. Vielmehr nimmt er Daten auf und verarbeitet sie mithilfe ausgefeilter statistischer Verfahren.

- Ein Ausreißer sind Daten, die weit außerhalb der übrigen Zahlen des Datensatzes liegen.

- Die Standardabweichung misst den durchschnittlichen Abstand vom Mittelwert.

- Die Normalverteilung, die die Form einer Glocke hat, stellt die Summe der Wahrscheinlichkeiten für eine Variable dar.

- Das Bayes-Theorem ist eine ausgefeilte statistische Technik, die einen tieferen Einblick in die Wahrscheinlichkeiten ermöglicht.

- Ein Befund, der richtig positiv ist, liegt vor, wenn ein Modell eine korrekte Vorhersage macht. Ein falsch positives Ergebnis liegt hingegen vor, wenn eine Modellvorhersage anzeigt, dass das Ergebnis richtig ist, obwohl es nicht stimmt.

- Die Pearson-Korrelation zeigt die Stärke der Beziehung zwischen zwei Variablen an, die von 1 bis − 1 reichen.

- Merkmalsextraktion oder Merkmalstechnik beschreibt den Prozess der Auswahl von Variablen für ein Modell. Dies ist von entscheidender Bedeutung, da schon eine einzige falsche Variable einen großen Einfluss auf die Ergebnisse haben kann.

- Die Trainingsdaten werden verwendet, um die Beziehungen in einem Algorithmus zu erstellen. Die Testdaten hingegen werden zur Bewertung des Modells verwendet.

- Beim überwachten Lernen werden beschriftete Daten zur Erstellung eines Modells verwendet, beim unüberwachten Lernen dagegen nicht. Es gibt auch das teil-überwachte Lernen, das eine Mischung aus beiden Ansätzen verwendet.

- Verstärkendes Lernen ist eine Möglichkeit, ein Modell zu trainieren, indem genaue Vorhersagen belohnt und falsche bestraft werden.

- Der k-Nearest Neighbor (k-NN) ist ein Algorithmus, der auf der Vorstellung beruht, dass Werte, die nahe beieinanderliegen, gute Prädiktoren für ein Modell sind.

- Die lineare Regression schätzt die Beziehung zwischen bestimmten Variablen. Das R-Quadrat gibt die Stärke der Beziehung an.

- Ein Entscheidungsbaum ist ein Modell, das auf einem Workflow von Ja/Nein-Entscheidungen basiert.

- Ein Ensemble-Modell verwendet mehr als ein Modell für die Vorhersagen.

- Der k-Means-Clusteralgorithmus teilt ähnliche, nicht beschriftete Daten in verschiedene Gruppen ein.

Deep Learning

Die Revolution der KI

„Nehmen Sie ein beliebiges Klassifizierungsproblem mit einer großen Datenmenge, und es wird durch Deep Learning gelöst werden. Es wird Tausende von Anwendungen für Deep Learning geben."

—Geoffrey Hinton, englisch-kanadischer Kognitionspsychologe
und Computerwissenschaftler (Siddhartha Mukherjee,
„The Algorithm Will See You Now", The New Yorker, 3. April 2017,
`https://www.newyorker.com/magazine/`
`2017/04/03/ai-versus-md.`*)*

Fei-Fei Li, die 1999 in Princeton einen BA-Abschluss in Physik mit Auszeichnung erwarb und 2005 am Caltech in Elektrotechnik promovierte, konzentrierte ihren scharfen Verstand auf die Entwicklung von KI-Modellen. Aber sie hatte ein großes Problem: die Beschaffung hochwertiger Datensätze. Zunächst versuchte sie, diese von Hand zu erstellen, z. B. mithilfe von Promovierenden, die Bilder aus dem Internet herunterluden. Aber das Verfahren war zu langsam und mühsam.

Eines Tages erwähnte ein Student gegenüber Li, dass Mechanical Turk von Amazon.com, ein Onlinedienst, der Crowdsourcing zur Lösung von Problemen einsetzt, eine gute Möglichkeit zur Anpassung des Prozesses sein könnte. Er würde eine schnelle und genaue Beschriftung der Daten ermöglichen.

© Der/die Autor(en), exklusiv lizenziert an APress Media, LLC, ein Teil von
Springer Nature 2022
T. Taulli, *Grundlagen der Künstlichen Intelligenz*,
https://doi.org/10.1007/978-3-662-66283-0_4

Li probierte es aus, und es klappte ganz gut. Bis 2010 hatte sie ImageNet erstellt, das 3,2 Mio. Bilder in über 5200 Kategorien enthielt.

Doch die akademische Gemeinschaft reagierte nur zurückhaltend. Davon ließ sich Li jedoch nicht abschrecken. Sie arbeitete weiterhin unermüdlich daran, den Datensatz anzupreisen. Im Jahr 2012 rief sie einen Wettbewerb ins Leben, um Forschende zu ermutigen, effektivere Modelle zu entwickeln und die Möglichkeiten der Innovation auszureizen. Der Wettbewerb erwies sich als richtungsweisend und wurde zu einer jährlichen Veranstaltung.

Im ersten Wettbewerb setzten Professoren der Universität Toronto – Geoffrey Hinton, Ilya Sutskever und Alex Krizhevsky – ausgeklügelte Deep-Learning-Algorithmen ein. Und die Ergebnisse waren beeindruckend. Das von ihnen entwickelte System mit dem Namen AlexNet schlug alle anderen Teilnehmenden mit einem Vorsprung von 10,8 %.[1]

Das war kein Zufall. In den darauffolgenden Jahren machte das Deep Learning mit ImageNet weiterhin rasante Fortschritte. Derzeit liegt die Fehlerquote für Deep Learning bei nur etwa 2 % – das ist besser als beim Menschen.

Li ist inzwischen übrigens Professorin in Stanford und Kodirektorin des dortigen KI-Labors. Außerdem ist sie bei Google Chefwissenschaftlerin für KI und maschinelles Lernen. Es versteht sich von selbst, dass man ihr zuhört, wenn sie neue Ideen hat!

In diesem Kapitel werfen wir einen Blick auf das Deep Learning, das eindeutig der aktuell interessanteste Bereich der KI ist. Es hat zu großen Fortschritten in Bereichen wie selbstfahrenden Autos und virtuellen Assistenten wie Siri geführt.

Ja, Deep Learning kann ein kompliziertes Thema sein, und das Feld ist ständig in Bewegung. Aber wir werden einen Blick auf die wichtigsten Konzepte und Trends werfen – ohne uns in die technischen Details zu vertiefen.

Der Unterschied zwischen Deep Learning und maschinellem Lernen

Häufig wird zwischen Deep Learning und maschinellem Lernen unterschieden. Und das ist vernünftig. Beide Themen sind recht komplex, und sie haben viele Gemeinsamkeiten.

Um die Unterschiede zu verstehen, sollten wir uns zunächst zwei grundlegende Aspekte des maschinellen Lernens und ihre Beziehung zum Deep Learning ansehen. Zunächst einmal benötigen beide Verfahren zwar in der Regel große Datenmengen, aber die Arten sind im Allgemeinen unterschiedlich.

---

[1] https://qz.com/1034972/the-data-that-changed-the-direction-of-ai-rese-arch-and-possibly-the-world/.

Nehmen wir das folgende Beispiel: Angenommen, wir haben Fotos von Tausenden von Tieren und wollen einen Algorithmus entwickeln, der die Pferde darauf findet. Nun, maschinelles Lernen kann die Fotos selbst nicht analysieren; stattdessen müssen die Daten beschriftet werden. Der Algorithmus für maschinelles Lernen wird dann darauf trainiert, Pferde zu erkennen, und zwar durch einen Prozess, der als überwachtes Lernen bezeichnet wird (siehe Kap. 3).

Auch wenn das maschinelle Lernen wahrscheinlich gute Ergebnisse liefern wird, gibt es dennoch Grenzen. Wäre es nicht besser, sich die Pixel der Bilder selbst anzusehen – und die Muster zu finden? Auf jeden Fall.

Um dies mit maschinellem Lernen zu erreichen, müssen Sie einen Prozess anwenden, der als Merkmalsextraktion bezeichnet wird. Das bedeutet, dass Sie die Merkmale eines Pferdes – wie Form, Hufe, Farbe und Größe – herausarbeiten müssen, die die Algorithmen dann zu identifizieren versuchen.

Auch dies ist ein guter Ansatz, aber er ist bei weitem nicht perfekt. Was ist, wenn Ihre Merkmale nicht zutreffen oder Ausreißer oder Ausnahmen nicht berücksichtigen? In solchen Fällen wird die Genauigkeit des Modells wahrscheinlich leiden. Schließlich gibt es viele Variationen eines Pferdes. Die Merkmalsextraktion hat auch den Nachteil, dass ein großer Teil der Daten ignoriert wird. Dies kann für bestimmte Anwendungsfälle äußerst kompliziert – wenn nicht gar unmöglich – sein. Schauen Sie sich Computerviren an. Ihre Strukturen und Muster, die als Signaturen bezeichnet werden, ändern sich ständig, um Systeme zu infiltrieren. Bei der Merkmalsextraktion müsste ein Mensch dies jedoch irgendwie vorhersehen, was nicht praktikabel ist. Deshalb geht es bei Cybersicherheitssoftware oft darum, Signaturen zu sammeln, nachdem ein Virus Schaden angerichtet hat.

Aber mit Deep Learning können wir diese Probleme lösen. Dieser Ansatz analysiert alle Daten – Pixel für Pixel – und findet dann die Beziehungen mithilfe eines neuronalen Netzwerks, das das menschliche Gehirn nachahmt.

Schauen wir es uns an.

Was ist Deep Learning?

Deep Learning ist ein Teilbereich des maschinellen Lernens. Diese Art von System ermöglicht die Verarbeitung riesiger Datenmengen, um Beziehungen und Muster zu finden, die Menschen oft nicht erkennen können. Das Wort „deep", also tief, bezieht sich auf die Anzahl der versteckten Schichten im neuronalen Netz, die einen Großteil der Lernleistung erbringen.

Wenn es um das Thema KI geht, steht Deep Learning an vorderster Front und sorgt in den Mainstream-Medien oft für Aufregung. „Deep Learning ist die neue Elektrizität", so Andrew Yan-Tak Ng, ehemaliger Chefwissenschaftler bei Baidu und Mitbegründer von Google Brain.[2]

Man darf aber auch nicht vergessen, dass sich Deep Learning noch in den Anfängen der Entwicklung und Kommerzialisierung befindet. So hat Google beispielsweise erst 2015 damit begonnen, diese Technologie für seine Suchmaschine zu nutzen.

Wie wir in Kap. 1 gesehen haben, war die Geschichte der neuronalen Netze von Höhen und Tiefen geprägt. Es war Frank Rosenblatt, der das Perzeptron schuf, das ein recht einfaches System war. Echte akademische Fortschritte bei neuronalen Netzen gab es jedoch erst in den 1980er-Jahren, etwa mit den Durchbrüchen bei der Backpropagation, den Convolutional Neural Networks und den rekurrenten neuronalen Netzen. Damit sich das Deep Learning jedoch in der realen Welt auswirken kann, bedarf es eines enormen Datenwachstums, z. B. durch das Internet, und eines Anstiegs der Rechenleistung.

Das Gehirn und Deep Learning

Das menschliche Gehirn, das nur etwa 3,3 lbs wiegt, ist eine erstaunliche Leistung der Evolution. Es besteht aus etwa 86 Mrd. Neuronen – oft als graue Substanz bezeichnet –, die mit Billionen von Synapsen verbunden sind. Stellen Sie sich die Neuronen als CPUs (Central Processing Units) vor, die Daten aufnehmen. Das Lernen erfolgt durch die Verstärkung oder Schwächung der Synapsen.

Das Gehirn besteht aus drei Regionen: dem Vorderhirn, dem Mittelhirn und dem Hinterhirn. In diesen Regionen gibt es eine Vielzahl von Bereichen, die unterschiedliche Funktionen erfüllen. Einige der wichtigsten sind die folgenden:

- *Hippocampus*: Hier speichert das Gehirn Erinnerungen. Tatsächlich ist dies der Teil, der bei der Alzheimer-Krankheit ausfällt, bei der eine Person die Fähigkeit verliert, Erinnerungen im Kurzzeitgedächtnis zu bewahren.

- *Frontallappen*: Hier konzentriert sich das Gehirn auf Emotionen, Sprache, Kreativität, Urteilsvermögen, Planung und Schlussfolgerungen.

- *Großhirnrinde*: Sie ist vielleicht die wichtigste, wenn es um KI geht. Die Großhirnrinde hilft beim Denken und anderen kognitiven Aktivitäten. Nach Forschungen von Suzana Herculano-Houzel hängt der Grad der Intelligenz

---

[2] https://medium.com/@GabriellaLeone/die-beste-erklaerung-maschine-lernen-vs-tiefes-lernen-d5c123405b11.

mit der Anzahl der Neuronen in diesem Bereich des Gehirns zusammen.

Wie lässt sich dann Deep Learning mit dem menschlichen Gehirn vergleichen? Es gibt einige schwache Ähnlichkeiten. Zumindest in Bereichen wie der Netzhaut gibt es einen Prozess der Datenaufnahme und -verarbeitung durch ein komplexes Netzwerk, das auf der Zuweisung von Gewichtungen beruht. Aber das ist natürlich nur ein winziger Teil des Lernprozesses. Außerdem gibt uns das menschliche Gehirn immer noch viele Rätsel auf, und natürlich basiert es nicht auf Dingen wie der digitalen Datenverarbeitung (stattdessen scheint es eher ein analoges System zu sein). Da die Forschung jedoch weiter voranschreitet, könnten die Entdeckungen der Neurowissenschaften dazu beitragen, neue Modelle für die KI zu entwickeln.

Künstliche neuronale Netze (Artificial Neural Networks, ANNs)

Auf der grundlegendsten Ebene ist ein künstliches neuronales Netz (ANN) eine Funktion, die Einheiten enthält (die auch als Neuronen, Perzeptrons oder Knoten bezeichnet werden können). Jede Einheit hat einen Wert und eine Gewichtung, die die relative Wichtigkeit angibt, und wird in die versteckte Schicht eingefügt. Die versteckte Schicht verwendet eine Funktion, deren Ergebnis die Ausgabe ist. Außerdem gibt es einen weiteren Wert, den sogenannten Bias, der eine Konstante ist und bei der Berechnung der Funktion verwendet wird.

Diese Art des Trainings eines Modells wird als neuronales Feed-Forward-Netzwerk bezeichnet. Mit anderen Worten, es geht nur von der Eingabe über die versteckte Schicht zur Ausgabe. Es gibt keinen Rücklauf. Aber es könnte zu einem neuen neuronalen Netzwerk führen, wobei die Ausgabe zur Eingabe wird.

Abb. 4-1 zeigt ein Diagramm eines neuronalen Feed-Forward-Netzes.

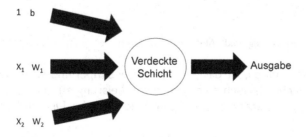

Abb. 4-1. Ein grundlegendes neuronales Feed-Forward-Netz

Lassen Sie uns dies anhand eines Beispiels vertiefen. Nehmen wir an, Sie erstellen ein Modell zur Vorhersage, ob die Aktien eines Unternehmens steigen werden. Im Folgenden werden die Variablen sowie die zugewiesenen Werte und Gewichtungen beschrieben:

- X_1 : Die Einnahmen steigen jährlich um mindestens 20 %. Der Wert ist 2.

- X_2 : Die Gewinnspanne beträgt mindestens 20 %. Der Wert ist 4.

- W_1 : 1,9.

- W_2 : 9,6.

- b: Dies ist der Bias (der Wert ist 1), der zur Bereinigung der Berechnungen beiträgt.

Dann addieren Sie die Gewichte, und die Funktion verarbeitet die Informationen. Dabei wird oft eine Aktivierungsfunktion verwendet, die nicht linear ist. Dies entspricht eher der realen Welt, da die Daten in der Regel nicht geradlinig sind.

Nun gibt es eine Vielzahl von Aktivierungsfunktionen, aus denen man wählen kann. Eine der gebräuchlichsten ist die Sigmoidfunktion. Sie komprimiert den Eingabewert in einen Bereich von 0–1. Je näher der Wert an 1 liegt, desto genauer ist das Modell.

Wenn Sie diese Funktion grafisch darstellen, wird sie wie eine S-Form aussehen. Siehe Abb. 4-2.

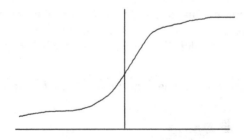

Abb. 4-2. Eine typische sigmoide Aktivierungsfunktion

Wie Sie sehen können, ist das System relativ simpel und wird bei High-End-KI-Modellen nicht hilfreich sein. Um mehr Leistung zu erzielen, sind in der Regel mehrere versteckte Schichten erforderlich. Dies führt zu einem mehrlagigen Perzeptron (MLP). Hilfreich ist auch die sogenannte Backpropagation, die es ermöglicht, die Ausgabe wieder in das neuronale Netz zurückfließen zu lassen.

Backpropagation

Einer der größten Nachteile von künstlichen neuronalen Netzen ist der Prozess der Anpassung der Gewichte im Modell. Bei traditionellen Ansätzen wie dem Mutationsalgorithmus werden Zufallswerte verwendet, was sich als zeitaufwendig erweist.

Daher suchten die Forschenden nach Alternativen, wie z. B. der Backpropagation. Diese Technik gibt es seit den 1970er-Jahren, sie stieß aber auf wenig Interesse, da die Leistung zu gering war. David Rumelhart, Geoffrey Hinton und Ronald Williams erkannten jedoch, dass Backpropagation immer noch Potenzial hatte, solange die Methode verfeinert wurde. 1986 schrieben sie eine Arbeit mit dem Titel „Learning Representations by Back-propagating Errors", die in der KI-Gemeinschaft wie eine Bombe einschlug.[3] Es zeigte deutlich, dass Backpropagation nicht nur viel schneller ist, sondern auch leistungsfähigere künstliche neuronale Netze ermöglichen kann.

Es dürfte nicht überraschen, dass die Backpropagation eine Menge Mathematik erfordert. Aber wenn man die Dinge auf den Punkt bringt, geht es darum, das neuronale Netz anzupassen, wenn Fehler gefunden werden, und dann die neuen Werte erneut durch das neuronale Netz zu iterieren. Im Wesentlichen geht es bei diesem Prozess um geringfügige Änderungen, die das Modell weiter optimieren.

Nehmen wir zum Beispiel an, einer der Eingänge hat eine Leistung von 0,6. Das bedeutet, dass der Fehler 0,4 (1,0 minus 0,6) beträgt, was suboptimal ist. Aber wir können dann die Ausgabe backpropagieren, und vielleicht erreicht die neue Ausgabe den Wert 0,65. Dieses Training wird so lange fortgesetzt, bis der Wert viel näher bei 1 liegt.

Abb. 4-3 veranschaulicht diesen Prozess. Zu Beginn ist die Fehlerquote hoch, weil die Gewichte zu groß sind. Durch Iterationen werden die Fehler jedoch allmählich geringer. Wenn man dies jedoch zu oft tut, kann es zu einem Anstieg der Fehler kommen. Mit anderen Worten, das Ziel der Backpropagation ist es, den Mittelwert zu finden.

---

[3] David E. Rumelhart, Geoffrey E. Hinton, und Ronald J. Williams, „Learning Representations by Back-propagating Errors", *Nature* 323 (1986): 533–536.

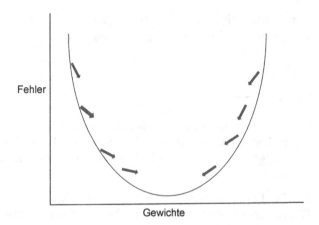

Abb. 4-3. Der optimale Wert für eine Backpropagation-Funktion befindet sich am unteren Ende des Diagramms

Als Gradmesser für den Erfolg der Backpropagation wurden unzählige kommerzielle Anwendungen auf den Markt gebracht. Eine davon hieß NETtalk und wurde von Terrence Sejnowski und Charles Rosenberg Mitte der 1980er-Jahre entwickelt. Die Maschine war in der Lage zu lernen, wie man englischen Text ausspricht. NETtalk war so interessant, dass es sogar in der *Today Show* vorgeführt wurde.

Es gab auch eine Reihe von Start-ups, die die Backpropagation nutzten, z. B. HNC Software. Das Unternehmen entwickelte Modelle zur Erkennung von Kreditkartenbetrug. Bis zu diesem Zeitpunkt – HNC wurde in den späten 1980er-Jahren gegründet – wurde der Prozess größtenteils von Hand durchgeführt, was zu kostspieligen Fehlern und wenig Nachverfolgung führte. Durch den Einsatz von Deep-Learning-Ansätzen konnten die Kreditkartenunternehmen jedoch Milliarden von Dollar einsparen.

Im Jahr 2002 wurde HNC von Fair, Isaac übernommen und mit 810 Mio. US$ bewertet.[4]

Die verschiedenen neuronalen Netze

Der einfachste Typ eines neuronalen Netzes ist ein vollständig verbundenes neuronales Netz. Wie der Name schon sagt, sind hier alle Neuronen von Schicht zu Schicht miteinander verbunden. Dieses Netz ist eigentlich recht beliebt, da es bedeutet, dass man bei der Erstellung des Modells wenig Urteilsvermögen einsetzen muss.

---

[4] www.insurancejournal.com/news/national/2002/05/01/16857.htm.

Was sind dann die anderen neuronalen Netze? Zu den gebräuchlichen gehören das rekurrente neuronale Netz (RNN), das Convolutional Neural Network (CNN) und das Generative Adversarial Network (GAN), die wir als nächstes behandeln werden.

Rekurrentes neuronales Netz (RNN)

Bei einem rekurrenten neuronalen Netz (RNN) verarbeitet die Funktion nicht nur die Eingabe, sondern auch frühere Eingaben im Laufe der Zeit. Ein Beispiel hierfür ist die Eingabe von Zeichen in einer Messaging-App. Während Sie mit der Eingabe beginnen, sagt das System die Wörter voraus. Wenn Sie also „He" tippen, schlägt der Computer „He", „Hello" und „Here's" vor. Das RNN ist im Wesentlichen eine Reihe von neuronalen Netzen, die sich auf der Grundlage komplexer Algorithmen gegenseitig unterstützen.

Es gibt verschiedene Varianten des Modells. Eine davon heißt LSTM, was für Long Short-Term Memory steht. Diese Bezeichnung geht auf eine Arbeit der Professoren Sepp Hochreiter und Jürgen Schmidhuber aus dem Jahr 1997 zurück.[5] Darin stellten sie einen Weg vor, wie Eingaben, die über lange Zeiträume voneinander getrennt sind, effektiv genutzt werden können, was die Verwendung von mehr Datensätzen ermöglicht.

Natürlich haben RNN auch Nachteile. Es gibt das Problem des verschwindenden Gradienten, was bedeutet, dass die Genauigkeit abnimmt, wenn die Modelle umfangreicher werden. Außerdem kann es länger dauern, die Modelle zu trainieren.

Deshalb hat Google ein neues Modell namens Transformer entwickelt, das viel effizienter ist, da es die Eingaben parallel verarbeitet. Es führt auch zu genaueren Ergebnissen.

Google hat durch seine Translate-App, die über 100 Sprachen beherrscht und täglich über 100 Mrd. Wörter verarbeitet, viele Erkenntnisse über RNN gewonnen.[6] Bei ihrer Einführung im Jahr 2006 wurden zunächst maschinelle Lernsysteme eingesetzt. Im Jahr 2016 stellte Google jedoch auf Deep Learning um und entwickelte Google Neural Machine Translation.[7] Alles in allem hat dies zu wesentlich höheren Genauigkeitsraten geführt.[8]

Denken Sie daran, wie Google Translate Ärztinnen und Ärzten geholfen hat, die mit zu behandelnden Personen arbeiten, die andere Sprachen sprechen.

---

[5] Sepp Hochreiter und Jürgen Schmidhuber, „Long Short-Term Memory", *Neural Computation* 9, Nr. 8 (1997): 1735–80.
[6] www.argotrans.com/blog/accurate-google-translate-2018/.
[7] www.techspot.com/news/75637-google-translate-not-monetized-despite-converting-over-100.html.
[8] www.argotrans.com/blog/accurate-google-translate-2018/.

Laut einer Studie der Universität von Kalifornien, San Francisco (UCSF), die in der Fachzeitschrift *JAMA Internal Medicine* veröffentlicht wurde, hatte die App eine Genauigkeitsrate von 92 % bei Übersetzungen vom Englischen ins Spanische. In den vorherigen Jahren lag diese Quote noch bei 60 %.[9]

Convolutional Neural Network (CNN)

Intuitiv ist es sinnvoll, dass alle Einheiten in einem neuronalen Netz miteinander verbunden sind. Dies funktioniert bei vielen Anwendungen gut.

Es gibt jedoch Szenarien, in denen dies alles andere als optimal ist, wie zum Beispiel bei der Bilderkennung. Stellen Sie sich nur vor, wie komplex ein Modell wäre, bei dem jedes Pixel eine Einheit ist! Das könnte schnell unüberschaubar werden. Es gäbe auch andere Komplikationen wie Überanpassung. Dies ist der Fall, wenn die Daten nicht das widerspiegeln, was getestet werden soll, oder wenn der Schwerpunkt auf den falschen Merkmalen liegt.

Um all dies zu bewältigen, kann man ein Convolutional Neural Network (CNN) verwenden. Die Ursprünge dieses Netzes gehen auf Professor Yann LeCun zurück, der 1998 eine Arbeit mit dem Titel „Gradient-Based Learning Applied to Document Recognition" veröffentlichte.[10] Trotz seiner überzeugenden Erkenntnisse und Durchbrüche fand sie nur wenig Anklang. Doch als das Deep Learning ab 2012 erhebliche Fortschritte machte, griffen die Forschenden das Modell wieder auf.

LeCun ließ sich für das CNN von den Nobelpreisträgern David Hubel und Torsten Wiesel inspirieren, die Neuronen des visuellen Kortex untersucht haben. Dieses System nimmt ein Bild von der Netzhaut auf und verarbeitet es in verschiedenen Stufen – von einfach bis komplex. Jede dieser Stufen wird als „convolution", also Faltung, bezeichnet. Die erste Stufe besteht beispielsweise darin, Linien und Winkel zu erkennen; als Nächstes findet der visuelle Kortex die Formen, und dann erkennt er die Objekte.

Dies ist vergleichbar mit der Funktionsweise eines computerbasierten CNN. Nehmen wir ein Beispiel: Angenommen, Sie wollen ein Modell erstellen, das einen Buchstaben erkennen kann. Das CNN erhält eine Eingabe in Form eines Bildes mit 3072 Pixeln. Jedes dieser Pixel hat einen Wert zwischen 0 und 255, der die Gesamtintensität angibt. Bei Verwendung eines CNN durchläuft der Computer mehrere Varianten, um die Merkmale zu erkennen.

---

[9] https://gizmodo.com/google-translate-can-help-doctors-bridge-the-language-g-1832881294.
[10] Yann LeCun et al., „Gradient-Based Learning Applied to Document Recognition", *Proceedings of the IEEE* 86 no. 11 (1998): 2278–2324.

Die erste ist die Faltungsschicht, die ein Filter ist, der das Bild abtastet. In unserem Beispiel könnte dies 5×5 Pixel sein. Bei diesem Prozess wird eine Merkmalskarte erstellt, die eine lange Reihe von Zahlen ist. Anschließend wendet das Modell weitere Filter auf das Bild an. Auf diese Weise erkennt das CNN die Linien, Kanten und Formen – alles in Zahlen ausgedrückt. Bei den verschiedenen Ausgabeschichten verwendet das Modell das Pooling, bei dem sie zu einer einzigen Ausgabe kombiniert werden, und erstellt dann ein vollständig verbundenes neuronales Netz.

Ein CNN kann durchaus komplex werden. Aber es sollte in der Lage sein, die Zahlen, die in das System eingegeben werden, genau zu identifizieren.

Generative Adversarial Network (GAN)

Ian Goodfellow, der seinen Master in Informatik in Stanford und seinen Doktortitel in maschinellem Lernen an der Université de Montréal machte, arbeitete später bei Google. In seinen Zwanzigern war er Mitverfasser eines der wichtigsten Bücher im Bereich der künstlichen Intelligenz mit dem Titel *Deep Learning*[11] und entwickelte auch Neuerungen bei Google Maps.

Aber seinen größten Durchbruch hatte er 2014. Es geschah in einer Kneipe in Montreal, als er mit einigen seiner Freunde darüber sprach, wie Deep Learning Fotos *erstellen* könnte.[12] Damals war der Ansatz, generative Modelle zu verwenden, aber die waren oft unscharf und unsinnig.

Goodfellow erkannte, dass es einen besseren Grund geben musste. Warum also nicht die Spieltheorie anwenden? Das heißt, man lässt zwei Modelle in einer engen Rückkopplungsschleife gegeneinander antreten. Dies könnte auch mit unbeschrifteten Daten geschehen.

Hier ist ein grundlegender Arbeitsablauf:

- *Generator*: Dieses neuronale Netz erstellt eine Vielzahl neuer Kreationen, z. B. Fotos oder Sätze.

- *Diskriminator*: Dieses neuronale Netz prüft die Kreationen, um festzustellen, welche davon echt sind.

- *Anpassungen*: Anhand der beiden Ergebnisse würde ein neues Modell die Kreationen so verändern, dass sie so realistisch wie möglich sind. Nach vielen Iterationen wird der Diskriminator nicht mehr verwendet werden müssen.

---

[11] Ian Goodfellow, Yoshua Bengio, und Aaron Courville, *Deep Learning* (Cambridge, MA: The MIT Press, 2016).
[12] www.technologyreview.com/s/610253/the-ganfather-the-man-whos-given-ma-chines-the-gift-of-imagination/.

Er war von dieser Idee so begeistert, dass er nach dem Verlassen der Kneipe begann, seine Ideen zu programmieren. Das Ergebnis war ein neues Deep-Learning-Modell: das Generative Adversarial Network oder GAN. Und die Ergebnisse waren überragend. Bald wurde er ein KI-Rockstar.

Die GAN-Forschung hat bereits über 500 wissenschaftliche Arbeiten hervorgebracht.[13] Auch Unternehmen wie Facebook haben diese Technologie bereits eingesetzt, beispielsweise für die Analyse und Verarbeitung von Fotos. Der leitende KI-Wissenschaftler des Unternehmens, Yann LeCun, stellte fest, dass GAN „die coolste Idee im Bereich des Deep Learning der letzten 20 Jahre" sind.[14]

GAN haben sich auch in der anspruchsvollen wissenschaftlichen Forschung als hilfreich erwiesen. So haben sie beispielsweise dazu beigetragen, die Genauigkeit der Erkennung des Verhaltens subatomarer Teilchen im Large Hadron Collider am CERN in der Schweiz zu verbessern.[15]

Auch wenn diese Technologie noch in den Kinderschuhen steckt, könnte sie zu Dingen wie einem Computer führen, der neue Arten von Modeartikeln oder vielleicht ein neumodisches Kleidungsstück entwickeln kann. Vielleicht könnte ein GAN sogar einen Rap-Hit erfinden.

Und das könnte früher passieren, als Sie denken. Als Teenager brachte Robbie Barrat sich selbst bei, wie man Deep-Learning-Systeme nutzt, und baute ein Modell, um im Stil von Kanye West zu rappen.

Aber das war nur der Anfang seiner KI-Kunststücke. Als Forscher in Stanford entwickelte er seine eigene GAN-Plattform, die etwa 10.000 Aktporträts verarbeitete. Das System schuf daraufhin wahrhaft faszinierende neue Kunstwerke (Sie finden sie auf seinem Twitter-Account unter @DrBeef_).

Außerdem stellte er sein System auf seinem GitHub-Konto als Open-Source-Software zur Verfügung. Dies erregte die Aufmerksamkeit eines Kollektivs französischer Kunstschaffender namens Obvious, das die Technologie nutzte, um Porträts einer fiktiven Familie aus dem 18. Jahrhundert zu erstellen. Grundlage dafür war die Verarbeitung von 15.000 Porträts aus dem 14. bis 20. Jahrhundert.

Im Jahr 2018 versteigerte Obvious seine Kunstwerke bei Christie's und erzielte dabei 432.000 US$.[16]

---

[13] https://github.com/hindupuravinash/the-gan-zoo.
[14] https://trendsandevents4developers.wordpress.com/2017/04/24/the-coolest-idea-in-deep-learning-in-20-years-and-more/.
[15] www.hpcwire.com/2018/08/14/cern-incorporates-ai-into-physics-based-simulations/.
[16] www.washingtonpost.com/nation/2018/10/26/year-old-developed-code-ai-portrait-that-sold-christies/?utm_term=.b2f366a4460e.

Doch leider gibt es bei den GAN auch Anwendungen, die nicht gerade bewundernswert sind. Ein Beispiel ist die Verwendung für Deepfakes, bei denen neuronale Netze genutzt werden, um Bilder oder Videos zu erstellen, die irreführend sind. Einiges davon ist einfach nur Spielerei. Ein GAN ermöglicht es zum Beispiel, Barack Obama alles sagen zu lassen, was man ihm vorgibt!

Doch es gibt viele Risiken. Forschende der New York University und der Michigan State University haben eine Arbeit über „DeepMasterPrints" verfasst.[17] Darin wurde gezeigt, wie ein GAN gefälschte Fingerabdrücke entwickeln kann, um drei Arten von Smartphones zu entsperren!

Dann war da noch der Vorfall mit dem sogenannten Deepfake-Video der Schauspielerin Jennifer Lawrence bei einer Pressekonferenz zu den Golden Globes. Ihr Gesicht wurde mit dem von Steve Buscemi verschmolzen.[18]

Deep-Learning-Anwendungen

Da so viel Geld und Ressourcen in Deep Learning gesteckt werden, hat es einen Innovationsschub gegeben. Es scheint, dass jeden Tag etwas Erstaunliches angekündigt wird.

Was sind dann einige der Anwendungen? Wo hat sich Deep Learning als wegweisend erwiesen? Werfen wir einen Blick auf einige Anwendungen, die Bereiche wie Gesundheitswesen, Energie und sogar Erdbeben abdecken.

Anwendungsfall: Erkennung der Alzheimer-Krankheit

Trotz jahrzehntelanger Forschung ist ein Heilmittel für die Alzheimer-Krankheit nach wie vor schwer zu finden. Allerdings haben wissenschaftlich Forschende Medikamente entwickelt, die das Fortschreiten der Krankheit verlangsamen.

Vor diesem Hintergrund ist eine frühzeitige Diagnose von entscheidender Bedeutung – und Deep Learning kann dabei möglicherweise eine große Hilfe sein. Forschende der UCSF-Abteilung für Radiologie und Biomedizinische Bildgebung haben diese Technologie zur Analyse von Gehirnscans – aus dem öffentlichen Datensatz der Alzheimer's Disease Neuroimaging Initiative – und zur Erkennung von Veränderungen des Glukosespiegels eingesetzt.

---

[17] www.cnbc.com/2018/12/28/research-claims-fake-fingerprints-could-hack-a-third-of-smartphones.html.
[18] http://fortune.com/2019/01/31/what-is-deep-fake-video/.

Das Ergebnis: Das Modell kann die Alzheimer-Krankheit bis zu 6 Jahre vor einer klinischen Diagnose diagnostizieren. Einer der Tests hatte eine Trefferquote von 92 %, ein anderer von 98 %.

Wir befinden uns noch in der Anfangsphase, und es müssen noch weitere Datensätze analysiert werden. Aber bisher sind die Ergebnisse sehr ermutigend.

Laut Dr. Jae Ho Sohn, der die Studie verfasst hat:

> „Dies ist eine ideale Anwendung für Deep Learning, weil es besonders gut darin ist, sehr subtile, aber diffuse Prozesse zu erkennen. Menschliche Radiologen sind sehr gut darin, winzige fokale Befunde wie einen Hirntumor zu identifizieren, aber wir tun uns schwer damit, langsamere, globale Veränderungen zu erkennen. Angesichts der Stärke von Deep Learning in dieser Art von Anwendung, insbesondere im Vergleich zum Menschen, schien es eine natürliche Anwendung zu sein."[19]

Anwendungsfall: Energie

Aufgrund seiner riesigen Rechenzentrumsinfrastruktur ist Google einer der größten Energieverbraucher. Selbst eine kleine Verbesserung der Effizienz kann sich beträchtlich auf den Profit auswirken. Aber auch weniger Kohlenstoffemissionen könnten von Vorteil sein.

Um diese Ziele zu erreichen, wendet Googles DeepMind-Einheit Deep Learning an, was ein besseres Management der Windenergie zur Folge hat. Obwohl es sich hierbei um eine saubere Energiequelle handelt, kann sie aufgrund von Wetterveränderungen schwierig zu nutzen sein.

Die DeepMind-Algorithmen für Deep Learning haben sich jedoch als entscheidend erwiesen. Angewandt auf 700 Megawatt Windkraft in den Vereinigten Staaten, konnten sie genaue Prognosen für die Leistung mit einer Vorlaufzeit von 36 Stunden erstellen.

Laut dem Blog von DeepMind:

> „Das ist wichtig, denn Energiequellen, die planbar sind (d. h. eine bestimmte Strommenge zu einer bestimmten Zeit liefern können), sind für das Netz oft wertvoller ... Bislang hat das maschinelle Lernen den Wert unserer Windenergie um etwa 20 Prozent gesteigert, verglichen mit dem Basisszenario ohne zeitabhängige Netzeinspeisung."[20]

---

[19] www.ucsf.edu/news/2018/12/412946/artificial-intelligence-can-detect-alzheimers-disease-brain-scans-six-years.
[20] https://deepmind.com/blog/machine-learning-can-boost-value-wind-energy/.

Aber natürlich könnte dieses Deep-Learning-System mehr als nur Google betreffen – es könnte weitreichende Auswirkungen auf die Energienutzung in der ganzen Welt haben.

Anwendungsfall: Erdbeben

Erdbeben sind komplex und äußerst schwierig zu verstehen. Sie sind auch äußerst schwierig vorherzusagen. Man muss Verwerfungen, Gesteinsformationen und Verformungen, elektromagnetische Aktivitäten und Veränderungen im Grundwasser bewerten. Es gibt sogar Hinweise darauf, dass Tiere die Fähigkeit haben, Erdbeben zu spüren!

Aber im Laufe der Jahrzehnte haben Forschende riesige Mengen an Daten zu diesem Thema gesammelt. Mit anderen Worten: Das könnte doch eine Anwendung für Deep Learning sein, oder?

Ganz genau.

Die Seismologen am Caltech, zu denen Yisong Yue, Egill Hauksson, Zachary Ross und Men-Andrin Meier gehören, haben in diesem Bereich umfangreiche Forschungsarbeiten durchgeführt und dabei Convolutional Neural Networks und rekurrente neuronale Netze eingesetzt. Sie versuchen, ein wirksames Frühwarnsystem zu entwickeln.

Hier ist, was Yue zu sagen hatte:

> „KI kann [Erdbeben] schneller und genauer analysieren als Menschen und sogar Muster finden, die dem menschlichen Auge sonst entgehen würden. Darüber hinaus sind die Muster, die wir zu extrahieren hoffen, für regelbasierte Systeme nur schwierig in angemessener Weise zu erfassen. Daher können die fortschrittlichen Mustererkennungsfähigkeiten des modernen Deep Learning eine bessere Leistung bieten als bestehende automatische Algorithmen zur Erdbebenüberwachung."[21]

Der Schlüssel liegt jedoch in der Verbesserung der Datenerfassung. Das bedeutet mehr Analysen kleinerer Erdbeben (in Kalifornien gibt es durchschnittlich 50 pro Tag). Ziel ist es, einen Erdbebenkatalog zu erstellen, der zur Schaffung eines virtuellen Seismologen führen kann, der ein Erdbeben schneller als ein Mensch bewerten kann. Dadurch könnten die Vorlaufzeiten bei einem Erdbeben verkürzt werden, was dazu beitragen könnte, Leben und Eigentum zu retten.

---

[21] www.caltech.edu/about/news/qa-creating-virtual-seismologist-84789.

Anwendungsfall: Radiologie

PET-Scans und MRTs sind eine erstaunliche Technologie. Aber sie haben auch ihre Schattenseiten. Untersuchte Personen müssen 30 Minuten oder bis zu eine Stunde lang in einer Röhre bleiben, die sieeinengen. Das ist unangenehm und bedeutet, dass sie Gadolinium ausgesetzt sind, das erwiesenermaßen schädliche Nebenwirkungen hat.

Greg Zaharchuk und Enhao Gong, die sich in Stanford kennenlernten, waren der Meinung, dass es einen besseren Weg geben könnte. Zaharchuk war Arzt und Doktor der Medizin mit Spezialisierung auf Radiologie. Er war auch der Doktorvater von Gong, einem promovierten Elektrotechniker, der sich mit Deep Learning und medizinischer Bildrekonstruktion beschäftigte.

Im Jahr 2017 gründeten sie Subtle Medical und stellten einige der besten Fachkundigen der Bildgebungswissenschaft, Radiologie und KI ein. Gemeinsam stellten sie sich der Herausforderung, PET-Scans und MRTs zu verbessern. Subtle Medical hat ein System entwickelt, das nicht nur die Zeit für MRT- und PET-Scans um das bis zu Zehnfache verkürzt, sondern auch eine viel höhere Genauigkeit aufweist. Angetrieben wurde das System von High-End-GPUs von NVIDIA.

Im Dezember 2018 erhielt das System dann die 510(k)-Zulassung der FDA (Federal Drug Administration) und eine CE-Zulassung für den europäischen Markt.[22] Es war das erste KI-basierte nuklearmedizinische Gerät überhaupt, das diese beiden Zulassungen erhielt.

Subtle Medical hat weitere Pläne, das Radiologiegeschäft zu revolutionieren. Seit 2019 entwickelt es SubtleMR™, das noch leistungsfähiger sein wird als die aktuelle Lösung des Unternehmens, und SubtleGAD™, das die Gadolinium-Dosierung reduzieren wird.[23]

Deep-Learning-Hardware

Was Chipsysteme für Deep Learning betrifft, so waren GPUs die erste Wahl. Aber da die KI immer ausgefeilter wird – z. B. mit GAN – und die Datensätze viel größer werden, gibt es sicherlich mehr Raum für neue Ansätze. Unternehmen haben auch individuelle Anforderungen, z. B. in Bezug auf Funktionen und Daten. Schließlich ist eine App für Verbrauchende in der Regel ganz anders als eine, die auf ein Unternehmen ausgerichtet ist.

---

[22] https://subtlemedical.com/subtle-medical-receives-fda-510k-clearance-and-ce-mark-approval-for-subtlepet/.

[23] www.streetinsider.com/Press+Veröffentlichungen/Subtle+Medical+er-hält+FDA+510%28k%29+Freigabe+und+CE+Zeichen+Zulassung+für+Subtle-PET™/14892974.html.

Infolgedessen haben einige der großen Technologieunternehmen ihre eigenen Chipsätze entwickelt:

- *Google*: Im Sommer 2018 kündigte das Unternehmen seine dritte Version der Tensor Processing Unit (TPU; der erste Chip wurde 2016 entwickelt) an.[24] Die Chips sind so leistungsfähig – sie schaffen über 100 Petaflops für das Training von Modellen –, dass in den Rechenzentren eine Flüssigkeitskühlung erforderlich ist. Google hat auch eine Version seiner TPU für Geräte angekündigt. Im Wesentlichen bedeutet dies, dass die Verarbeitung weniger Latenzzeiten haben wird, da kein Zugriff auf die Cloud erforderlich ist.

- *Amazon*: Im Jahr 2018 kündigte das Unternehmen AWS Inferentia an.[25] Die Technologie, die aus der Übernahme von Annapurna im Jahr 2015 hervorgegangen ist, konzentriert sich auf die Verarbeitung komplexer Inferenzoperationen. Mit anderen Worten: Das ist das, was passiert, nachdem ein Modell trainiert wurde.

- *Facebook und Intel*: Diese Unternehmen haben sich zusammengetan, um einen KI-Chip zu entwickeln.[26] Die Initiative befindet sich jedoch noch in der Anfangsphase. Auch Intel hat mit einem KI-Chip namens Nervana Neural Network Processor (NNP) für Aufsehen gesorgt.

- *Alibaba*: Das Unternehmen hat sein eigenes KI-Chip-Unternehmen namens Pingtouge gegründet.[27] Außerdem plant es den Bau eines Quantencomputer-Prozessors, der auf Qubits basiert (sie stellen subatomare Teilchen wie Elektronen und Photonen dar).

- *Tesla*: Elon Musk hat seinen eigenen KI-Chip entwickelt. Er hat 6 Mrd. Transistoren und kann 36 Bio. Operationen pro Sekunde verarbeiten.[28]

Es gibt eine Reihe von Start-ups, die ebenfalls auf dem Markt für KI-Chips mitmischen wollen. Zu den führenden Unternehmen gehört Untether AI, das

---

[24] www.theregister.co.uk/2018/05/09/google_tpu_3/.

[25] https://aws.amazon.com/about-aws/whats-new/2018/11/announcing-amazon-inferentia-machine-learning-inference-microchip/.

[26] www.analyticsindiamag.com/inference-chips-are-the-next-big-battlefield-for-nvidia-and-intel/.

[27] www.technologyreview.com/s/612190/why-alibaba-is-investing-in-ai-chips-and-quantum-computing/.

[28] www.technologyreview.com/f/613403/tesla-says-its-new-self-driving-chip-will-help-make-its-cars-autonomous/.

sich auf die Entwicklung von Chips konzentriert, die die Übertragungs-
geschwindigkeit von Daten erhöhen (dies war ein besonders schwieriger Teil
der KI). Bei einem der Prototypen des Unternehmens war dieser Prozess
mehr als 1000 Mal schneller als bei einem typischen KI-Chip.[29] Intel hat sich
2019 zusammen mit anderen Investierenden an einer Finanzierungsrunde in
Höhe von 13 Mio. US$ beteiligt.

Wenn es um KI-Chips geht, hat NVIDIA den größten Marktanteil. Aber
aufgrund der Bedeutung dieser Technologie scheint es unvermeidlich, dass
immer mehr Angebote auf den Markt kommen werden.

Wann sollte man Deep Learning einsetzen?

Aufgrund der Leistungsfähigkeit von Deep Learning ist die Versuchung groß,
bei der Erstellung eines KI-Projekts zuerst diese Technologie einzusetzen.
Dies kann jedoch ein großer Fehler sein. Deep Learning hat immer noch
begrenzte Anwendungsfälle, z. B. für Text-, Video-, Bild- und Zeitseriendaten-
sätze. Außerdem sind große Datenmengen und leistungsstarke Computer-
systemen notwendig.

Oh, und Deep Learning ist besser, wenn die Ergebnisse quantifiziert und
überprüft werden können.

Um zu verstehen warum, betrachten wir das folgende Beispiel. Ein
Forschendenteam unter der Leitung von Thomas Hartung (Toxikologe an der
Johns Hopkins University) erstellte einen Datensatz von etwa 10.000
Chemikalien, der auf 800.000 Tierversuchen beruhte. Durch den Einsatz von
Deep Learning zeigten die Ergebnisse, dass das Modell eine bessere
Vorhersagekraft für die Toxizität hatte als viele Tierversuche.[30] Denken Sie
daran, dass Tierversuche nicht nur kostspielig sein können und Sicherheits-
maßnahmen erfordern, sondern auch zu uneinheitlichen Ergebnissen führen,
da die gleiche Chemikalie wiederholt getestet wird.

„Das erste Szenario veranschaulicht die Vorhersagekraft von Deep Learning
und seine Fähigkeit, Korrelationen aus großen Datensätzen zu Tage zu fördern,
die ein Mensch niemals finden würde", sagt Sheldon Fernandez, CEO von
DarwinAI.[31]

Wo gibt es also ein Szenario, bei dem Deep Learning versagt? Ein Beispiel
dafür ist die Fußballweltmeisterschaft 2018 in Russland, die Frankreich

---

[29] www.technologyreview.com/f/613258/intel-buys-into-an-ai-chip-that-can-transfer-data-1000-times-faster/.
[30] www.nature.com/articles/d41586-018-05664-2.
[31] Dies ist ein Auszug aus einem Interview des Autors mit Sheldon Fernandez, dem CEO von DarwinAI.

gewonnen hat. Viele Forschende versuchten, die Ergebnisse aller 64 Spiele vorherzusagen, aber die Ergebnisse waren alles andere als genau:[32]

- Eine Gruppe von Forschenden verwendete das Konsensmodell der Buchmacher, das auf einen Sieg Brasiliens hindeutete.

- Eine andere Gruppe von Forschenden nutzte Algorithmen wie Random Forest und Poisson-Ranking, um vorherzusagen, dass sich Spanien durchsetzen würde.

Das Problem dabei ist, dass es schwierig ist, die richtigen Variablen zu finden, die Vorhersagekraft haben. Tatsächlich sind Deep-Learning-Modelle im Grunde nicht in der Lage, die Komplexität von Merkmalen für bestimmte Ereignisse zu bewältigen, insbesondere solche, die chaotische Elemente aufweisen.

Doch selbst wenn Sie über die richtige Menge an Daten und Rechenleistung verfügen, müssen Sie immer noch Mitarbeitende einstellen, die sich mit Deep Learning auskennen, was nicht einfach ist. Denken Sie daran, dass es eine Herausforderung ist, das richtige Modell auszuwählen und es fein abzustimmen. Wie viele Hyperparameter sollte es geben? Wie hoch sollte die Anzahl der versteckten Schichten sein? Und wie bewerten Sie das Modell? All diese Fragen sind sehr komplex.

Selbst Fachkundige können sich irren. Hier ist das Folgende von Sheldon:

„Bei einem unserer Kunden aus der Automobilindustrie trat ein bizarres Verhalten auf: Ein selbstfahrendes Auto bog mit zunehmender Regelmäßigkeit nach links ab, wenn der Himmel einen bestimmten Lila-Ton hatte. Nach monatelanger mühsamer Fehlersuche wurde festgestellt, dass das Training für bestimmte Abbiegeszenarien in der Wüste von Nevada durchgeführt worden war, als der Himmel einen bestimmten Farbton hatte. Das neuronale Netz hatte, ohne dass die menschlichen Entwickelnden es wussten, eine Korrelation zwischen seinem Abbiegeverhalten und der Himmelsfarbe hergestellt."[33]

Es gibt einige Tools, die den Prozess des Deep Learning unterstützen, z. B. SageMaker von Amazon.com, HyperTune von Google und SigOpt. Aber es liegt noch ein langer Weg vor uns.

Wenn Deep Learning nicht infrage kommt, sollten Sie maschinelles Lernen in Betracht ziehen, für das oft relativ wenig Daten benötigt werden. Außerdem

---

[32] https://medium.com/futuristone/artificial-intelligence-failed-in-world-cup-2018-6af10602206a.
[33] Dies ist ein Auszug aus einem Interview des Autors mit Sheldon Fernandez, dem CEO von DarwinAI.

sind die Modelle in der Regel viel einfacher, aber die Ergebnisse können dennoch effektiver sein.

Nachteile von Deep Learning

Angesichts all der Innovationen und Durchbrüche ist es verständlich, dass viele Menschen Deep Learning als Wunderwaffe betrachten. Es wird bedeuten, dass wir nicht mehr Auto fahren müssen. Es könnte sogar bedeuten, dass wir Krebs heilen werden.

Wie ist es möglich, nicht begeistert und optimistisch zu sein? Das ist natürlich und begründet. Aber es ist wichtig zu wissen, dass sich Deep Learning noch im Anfangsstadium befindet und dass es noch viele Probleme gibt. Es ist eine gute Idee, die Erwartungen zu dämpfen.

Im Jahr 2018 schrieb Gary Marcus einen Artikel mit dem Titel „Deep Learning: A Critical Appraisal", in dem er die Herausforderungen klar darlegt.[34] In seinem Artikel stellt er fest:

> „Vor dem Hintergrund beachtlicher Fortschritte in Bereichen wie Spracherkennung, Bilderkennung und Spielen sowie beträchtlichem Enthusiasmus in der Boulevardpresse stelle ich zehn Bedenken zum Deep Learning vor und schlage vor, dass Deep Learning durch andere Techniken ergänzt werden muss, wenn wir künstliche allgemeine Intelligenz erreichen wollen."[35]

Marcus hat definitiv den richtigen Stammbaum, um seine Bedenken vorzutragen, denn er hat sowohl akademische als auch geschäftliche Erfahrungen im Bereich der KI gesammelt. Bevor er Professor am Fachbereich Psychologie der New York University wurde, verkaufte er sein Start-up Geometric Intelligence an Uber. Marcus ist auch der Autor mehrerer Bestseller wie *The Haphazard Construction of the Human Mind*.[36]

Hier ein Blick auf einige seiner Befürchtungen zum Thema Deep Learning:

- *Black Box*: Ein Deep-Learning-Modell kann leicht Millionen von Parametern haben, an denen viele versteckte Schichten beteiligt sind. Ein klares Verständnis davon zu haben, übersteigt wirklich die Fähigkeiten einer Person. Dies ist zwar nicht unbedingt ein Problem bei der Erkennung von Katzen in einem Datensatz. Aber es

---

[34] Gary Marcus, „Deep Learning: A Critical Appraisal," arXiv, 1801.00631v1 [cs. AI]:1–27, 2018.
[35] https://arxiv.org/ftp/arxiv/papers/1801/1801.00631.pdf.
[36] Gary Marcus, *Kluge: The Haphazard Construction of the Human Mind* (Houghton Mifflin, 2008).

könnte definitiv ein Problem bei Modellen für die medizinische Diagnose oder die Bestimmung der Sicherheit einer Ölplattform sein. In diesen Situationen wollen die Regulierungsbehörden die Transparenz der Modelle gut verstehen. Aus diesem Grund befassen sich die Forschenden mit der Entwicklung von Systemen zur Bestimmung der „Erklärbarkeit", die ein Verständnis der Deep-Learning-Modelle ermöglicht.

- *Daten*: Das menschliche Gehirn hat seine Schwächen. Aber es gibt einige Funktionen, die es extrem gut beherrscht, wie die Fähigkeit, durch Abstraktion zu lernen. Nehmen wir zum Beispiel an, die 5-jährige Jan geht mit ihrer Familie in ein Restaurant. Ihre Mutter zeigt auf ein Gericht auf dem Teller und sagt, es sei ein „Taco". Sie muss es nicht erklären oder irgendwelche Informationen darüber geben. Stattdessen wird Jans Gehirn diese Information sofort verarbeiten und das Gesamtmuster verstehen. Wenn sie in Zukunft einen anderen Taco sieht – auch wenn er Unterschiede aufweist, z. B. beim Dressing –, weiß sie, was es ist. Im Großen und Ganzen ist das intuitiv. Aber leider gibt es beim Deep Learning kein Taco-Lernen durch Abstraktion! Das System muss enorme Mengen an Informationen verarbeiten, um sie zu erkennen. Für Unternehmen wie Facebook, Google oder sogar Uber ist das natürlich kein Problem. Aber viele Unternehmen haben sehr viel begrenztere Datensätze. Das Ergebnis ist, dass Deep Learning möglicherweise keine gute Option ist.

- *Hierarchische Struktur*: Diese Art der Organisation gibt es beim Deep Learning nicht. Aus diesem Grund hat das Sprachverständnis noch einen langen Weg vor sich (insbesondere bei langen Diskussionen).

- *Inferenz mit offenem Ende*: Marcus merkt an, dass Deep Learning die Nuancen zwischen „John promised Mary to leave" und „John promised to leave Mary" nicht verstehen kann. Darüber hinaus ist Deep Learning weit davon entfernt, beispielsweise Jane Austens *Stolz und Vorurteil* zu lesen und die Beweggründe von Elizabeth Bennet zu erkennen.

- *Konzeptuelles Denken*: Beim Deep Learning gibt es kein Verständnis für Konzepte wie Demokratie, Gerechtigkeit oder Glück. Es hat auch keine Vorstellungskraft, die neue Ideen oder Pläne ausarbeitet.

- *Gesunder Menschenverstand*: Dies ist etwas, was Deep Learning nicht gut kann. Wenn überhaupt, bedeutet dies, dass ein Modell leicht verwirrt werden kann. Sie fragen zum Beispiel ein KI-System: „Ist es möglich, einen Computer aus einem Schwamm zu bauen?" In den meisten Fällen wird es wahrscheinlich nicht wissen, dass dies eine lächerliche Frage ist.

- *Kausalität*: Deep Learning ist nicht in der Lage, diese zu bestimmen. Es geht nur darum, Korrelationen zu finden.

- *Vorwissen*: CNN können mit einigen Vorabinformationen helfen, aber diese sind begrenzt. Deep Learning ist ein immer noch ziemlich in sich selbst geschlossener Vorgang, da es immer nur ein Problem auf einmal löst. Es kann keine Daten aufnehmen und Algorithmen erstellen, die verschiedene Bereiche abdecken. Außerdem passt sich ein Modell nicht an. Wenn sich die Daten ändern, muss ein neues Modell trainiert und getestet werden. Und schließlich verfügt Deep Learning nicht über ein Vorverständnis dessen, was Menschen instinktiv wissen – wie etwa die physikalischen Grundlagen der realen Welt. Dies ist etwas, das explizit in ein KI-System einprogrammiert werden muss.

- *Statisch*: Deep Learning funktioniert am besten in Umgebungen, die relativ einfach sind. Aus diesem Grund ist KI bei Brettspielen, die klare Regeln und Grenzen haben, so erfolgreich gewesen. Aber die reale Welt ist chaotisch und unvorhersehbar. Das bedeutet, dass Deep Learning bei komplexen Problemen versagen kann, sogar bei selbstfahrenden Autos.

- *Ressourcen*: Ein Deep-Learning-Modell erfordert oft eine enorme Menge an CPU-Leistung, z. B. mit GPUs. Das kann kostspielig werden. Eine Option ist jedoch die Nutzung eines Cloud-Dienstes eines Drittanbietenden.

Das ist eine ganze Menge? Ja, das stimmt. Aber der Artikel hat noch einige Nachteile ausgelassen. Hier sind ein paar andere:

- *Schmetterlingseffekt*: Aufgrund der Komplexität der Daten, Netzwerke und Verbindungen kann eine winzige Änderung einen großen Einfluss auf die Ergebnisse des Deep-Learning-Modells haben. Dies kann leicht zu falschen oder irreführenden Schlussfolgerungen führen.

- *Überanpassung*: Wir haben dieses Konzept bereits weiter oben in diesem Kapitel erläutert.

Marcus befürchtet vor allem, dass die KI „in einem lokalen Minimum gefangen bleiben könnte, indem sie sich zu sehr im falschen Teil des intellektuellen Raums aufhält und sich zu sehr auf die detaillierte Erforschung einer bestimmten Klasse zugänglicher, aber begrenzter Modelle konzentriert, die darauf ausgerichtet sind, leichte Beute zu machen – und dabei möglicherweise riskantere Ausflüge vernachlässigt, die letztendlich zu einem stabileren Weg führen könnten."

Er ist jedoch kein Pessimist. Er glaubt, dass die Forschenden über das Deep Learning hinausgehen und neue Techniken finden müssen, die schwierige Probleme lösen können.

Schlussfolgerung

Marcus hat zwar auf die Schwächen von Deep Learning hingewiesen, aber Tatsache ist, dass dieser KI-Ansatz immer noch extrem leistungsfähig ist. In weniger als einem Jahrzehnt hat sie die Tech-Welt revolutioniert – und hat auch erhebliche Auswirkungen auf Bereiche wie Finanzen, Robotik und Gesundheitswesen.

Mit dem Anstieg der Investitionen von großen Technologieunternehmen und in Form von Risikokapital wird es weitere Innovationen bei den Modellen geben. Dies wird auch Ingenieurinnen und Ingenieure dazu ermutigen, ein Aufbaustudium zu absolvieren, was einen positiven Kreislauf von Durchbrüchen in Gang setzt.

Wichtigste Erkenntnisse

- Deep Learning, ein Teilbereich des maschinellen Lernens, verarbeitet riesige Datenmengen, um Zusammenhänge und Muster zu erkennen, die Menschen oft nicht erkennen können. Das Wort „deep", also tief, beschreibt die Anzahl der versteckten Schichten.

- Ein künstliches neuronales Netz (ANN) ist eine Funktion mit Einheiten, die Gewichte haben und zur Vorhersage von Werten in einem KI-Modell verwendet werden.

- Eine versteckte Schicht ist ein Teil eines Modells, der eingehende Daten verarbeitet.

- Bei einem neuronalen Feed-Forward-Netz gehen die Daten nur von der Eingabe über die versteckte Schicht zur Ausgabe. Die Ergebnisse werden nicht zurückgeführt.

Sie können jedoch in ein anderes neuronales Netz einfließen.

- Eine Aktivierungsfunktion ist nicht linear. Mit anderen Worten: Sie spiegelt die reale Welt besser wider.

- Ein Sigmoid ist eine Aktivierungsfunktion, die den Eingabewert auf einen Bereich von 0–1 komprimiert, was die Analyse erleichtert.

- Backpropagation ist eine hochentwickelte Technik zur Anpassung der Gewichte in einem neuronalen Netz. Dieser Ansatz war entscheidend für das Wachstum des Deep Learning.

- Ein rekurrentes neuronales Netz (RNN) ist eine Funktion, die nicht nur die Eingabe, sondern auch frühere Eingaben im Zeitverlauf verarbeitet.

- Ein Convolutional Neural Network (CNN) analysiert Daten abschnittsweise (d. h. durch Faltungen). Dieses Modell ist für komplexe Anwendungen wie die Bilderkennung geeignet.

- Bei einem Generative Adversarial Network (GAN) konkurrieren zwei neuronale Netzwerke in einer engen Feedbackschleife miteinander. Das Ergebnis ist oft die Erschaffung eines neuen Objekts.

- Erklärbarkeit beschreibt Techniken für Transparenz bei komplexen Deep-Learning-Modellen.

Robotic Process Automation (RPA)

Ein leichterer Weg zu KI

„Indem sie mit Anwendungen interagieren wie ein Mensch, können Software-Roboter E-Mail-Anhänge öffnen, E-Formulare ausfüllen, Daten aufzeichnen und neu eingeben und andere Aufgaben ausführen, die menschliche Handlungen imitieren."

—Kaushik Iyengar, Direktor für digitale Transformation und Optimierung bei AT&T (www2.deloitte.com/insights/us/de/focus/signals-for-strategists/cognitive-enterprise-robotic-process-automation.html.)

Im Jahr 2005 gründeten Daniel Dines und Marius Tirca das Unternehmen UiPath mit Sitz in Bukarest, Rumänien. Das Unternehmen konzentrierte sich hauptsächlich auf die Bereitstellung von Integrationsdiensten für Anwendungen von Google, Microsoft und IBM. Es war jedoch ein schwieriges Unterfangen, da das Unternehmen hauptsächlich auf Auftragsarbeiten für seine Kundschaft verließ.

T. Taulli, *Grundlagen der Künstlichen Intelligenz*,
https://doi.org/10.1007/978-3-662-66283-0_5

Im Jahr 2013 stand UiPath kurz vor der Schließung. Doch die Gründer gaben nicht auf, sondern sahen dies als Chance, das Geschäft zu überdenken und neue Möglichkeiten zu finden.[1] Zu diesem Zweck begannen sie mit dem Aufbau einer Plattform für die Robotic Process Automation (RPA). In dieser Kategorie, die es seit dem Jahr 2000 gab, ging es um die Automatisierung von regelmäßig anfallenden und alltäglichen Aufgaben innerhalb eines Unternehmens.

Dennoch war RPA in der Tech-Welt eigentlich ein Stiefkind – wie die langsamen Wachstumsraten zeigen. Dines und Tirca waren jedoch überzeugt, dass sie die Branche verändern könnten. Einer der Hauptgründe: der Aufstieg von KI und der Cloud.

Die neue Strategie war goldrichtig, und das Wachstum nahm Fahrt auf. Dines und Tirca waren auch offensiv bei der Suche nach Finanzmitteln, der Innovation der RPA-Plattform und der Expansion in globale Märkte.

Im Jahr 2018 galt UiPath als das am schnellsten wachsende Unternehmen für Unternehmenssoftware aller Zeiten. Der jährlich wiederkehrende Umsatz stieg von 1 Mio. US$ auf 100 Mio. US$, mit über 1800 Kundinnen und Kunden.[2] Das Unternehmen hatte das am weitesten verbreitete RPA-System der Welt.

UiPath erhielt insgesamt 448 Mio. US$ an Risikokapital von namhaften Unternehmen wie CapitalG, Sequoia Capital und Accel. Die Bewertung lag bei 3 Mrd. US$.

In Anbetracht all dessen haben weitere RPA-Start-ups ebenfalls erhebliche finanzielle Mittel erhalten. Dem Markt wird auch ein enormes Wachstum vorausgesagt. Grand View Research prognostiziert, dass die Ausgaben dafür in den Vereinigten Staaten bis 2025 3,97 Mrd. US$ erreichen werden.[3]

Interessanterweise hat Forrester Folgendes über den RPA-Trend gesagt:

> „Die erfolgreichsten Unternehmen arbeiten heute in der Regel mit weniger Mitarbeitenden als in der Vergangenheit. Denken Sie daran, dass Kodak auf seinem Höhepunkt im Jahr 1973 120.000 Mitarbeitende beschäftigte, aber als Facebook 2012 Instagram kaufte, beschäftigte die Foto-Sharing-Seite nur 13 Mitarbeitende. Für 2019 sagen wir voraus, dass jedes zehnte Start-up – das agiler, schlanker und sich anpassender

---

[1] http://business-review.eu/news/the-story-of-uipath-how-it-became-romanias-first-unicorn-164248.
[2] www.uipath.com/newsroom/uipath-raises-225-million-series-c-led-by-capitalg-and-sequoia.
[3] www.grandviewresearch.com/press-release/global-robotic-process-automation-rpa-market.

arbeitet – die Welt mit Blick auf Aufgaben und nicht auf Arbeitsplätze betrachten und Geschäftsmodelle nach den Prinzipien der Automatisierung aufbauen wird."[4]

RPA ist ein weiterer Bereich, der mit KI mehr an Fahrt aufgenommen hat. Womöglich könnte sie der Einstieg für viele Unternehmen sein, da die Implementierung in der Regel nicht lange dauert oder hohe Kosten verursacht.

In diesem Kapitel werfen wir einen Blick auf RPA und sehen, wie sie für viele Unternehmen ein entscheidender Faktor sein könnte.

Was ist RPA?

Der Begriff „Robotic Process Automation" kann ein wenig verwirrend sein. Das Wort „Robotic" bezieht sich nicht auf physische Roboter (diese werden in Kap. 7 behandelt), sondern auf softwarebasierte Roboter oder Bots.

Mit RPA können Sie visuelle Low-Code-Drag-and-Drop-Systeme verwenden, um den Workflow eines Prozesses zu automatisieren. Einige Beispiele sind die folgenden:

- Eingabe, Änderung und Nachverfolgung von Dokumenten der Personalabteilung (HR), Verträgen und Mitarbeitendeninformationen,

- Erkennung von Problemen mit dem Kundenservice und Ergreifung von Maßnahmen zur Lösung der Probleme,

- Bearbeitung eines Versicherungsantrags,

- Versendung von Rechnungen,

- Erstattungen an Kundinnen und Kunden veranlassen,

- Abgleich der Finanzunterlagen,

- Übertragung von Daten von einem System auf ein anderes,

- Erteilung von Standardantworten an Kundinnen und Kunden.

Dies geschieht, indem ein Bot die Arbeitsabläufe für eine Anwendung nachbildet, beispielsweise für Systeme für Enterprise-Resource-Planning (ERP) oder Customer-Relationship-Management (CRM). Dies kann sogar so geschehen, dass das RPA-Programm die Schritte der Mitarbeitenden aufzeichnet oder die OCR-Technologie (optische Zeichenerkennung) zur

---

[4] https://go.forrester.com/blogs/predictions-2019-automation-will-become-central-to-business-strategy-and-operations/.

Übersetzung handschriftlicher Notizen nutzt. Betrachten Sie RPA als einen digitalen Mitarbeitenden.

Es gibt zwei Arten dieser Art von Technologie:

- *Unbeaufsichtigte RPA*: Hierbei handelt es sich um einen völlig autonomen Prozess, bei dem der Bot im Hintergrund läuft. Das bedeutet jedoch nicht, dass kein menschliches Eingreifen erforderlich ist. Es wird immer noch Eingriffe für das Ausnahmemanagement geben. Dies ist der Fall, wenn der Bot auf etwas stößt, das er nicht versteht.

- *RDA (Robotic Desktop Automation)*: Hier hilft RPA Mitarbeitenden bei einer Arbeit oder Aufgabe. Ein häufiger Anwendungsfall ist ein Kontaktzentrum. Das heißt, wenn ein Anruf eingeht, können Mitarbeitende RDA verwenden, um Antworten zu finden, Nachrichten zu senden, Kundenprofilinformationen abzurufen und Einblicke in die nächsten Schritte zu erhalten. Die Technologie trägt dazu bei, die Effizienz der Mitarbeitenden zu verbessern oder zu erhöhen.

Vor- und Nachteile von RPA

Natürlich verbringen typische Angestellte im Backoffice einen Großteil der Zeit mit Routineaufgaben. Aber mit RPA können Unternehmen oft einen hohen ROI (Return on Investment) erzielen – vorausgesetzt, die Implementierung wird richtig durchgeführt.

Hier sind einige weitere Vorteile:

- *Kundenzufriedenheit*: RPA bedeutet minimale Fehler und eine hohe Geschwindigkeit. Ein Bot arbeitet auch rund um die Uhr. Dies bedeutet, dass sich die Kundenzufriedenheitswerte – wie der NPS (Net Promoter Score) – verbessern sollten. Beachten Sie, dass immer mehr Interessierte, z. B. aus der Generation der Millennials, es vorziehen, mit Apps/Webseiten zu arbeiten, nicht mit Menschen! RPA bedeutet auch, dass die Mitarbeitenden mehr Zeit für wertschöpfende Aufgaben haben werden, anstatt sich mit langweiligen Angelegenheiten zu beschäftigen, die Zeit kosten.

- *Skalierbarkeit*: Sobald ein Bot erstellt ist, kann er schnell erweitert werden, um Aktivitätsspitzen zu bewältigen. Dies kann für saisonale Unternehmen wie Einzelhandelbetreibende entscheidend sein.

- *Einhaltung von Vorschriften*: Für die Menschen ist es schwierig, den Überblick über Regeln, Vorschriften und Gesetze zu behalten. Noch schlimmer ist, dass sie sich oft ändern. Aber mit RPA ist die Einhaltung von Vorschriften in den Prozess integriert und sie werden immer befolgt. Dies kann ein großer Vorteil sein, wenn es darum geht, rechtliche Probleme und Geldstrafen zu vermeiden.

- *Einblicke und Analysen*: RPA-Plattformen der nächsten Generation sind mit hochentwickelten Dashboards ausgestattet, die sich auf KPIs für Ihr Unternehmen konzentrieren. Sie können auch Warnmeldungen einrichten, falls es Probleme gibt.

- *Veraltete Systeme*: Ältere Unternehmen sind oft mit alten IT-Systemen behaftet, was die digitale Transformation extrem erschwert. RPA-Software kann jedoch recht gut mit älteren IT-Umgebungen arbeiten.

- *Daten*: Aufgrund der Automatisierung sind die Daten viel sauberer, da es nur wenige Eingabefehler gibt. Das bedeutet, dass Unternehmen im Laufe der Zeit ein genaueres Bild von ihren Geschäften haben werden. Die Datenqualität wird auch die Erfolgswahrscheinlichkeit von KI-Implementierungen erhöhen.

All dies ist zwar großartig, aber RPA hat auch seine Nachteile. Wenn Sie zum Beispiel aktuelle Prozesse haben, die ineffizient sind, und Sie das RPA-System überstürzt einführen, werden Sie im Wesentlichen einen schlechten Ansatz wiederholen! Deshalb ist es wichtig, Ihre Arbeitsabläufe zu bewerten, bevor Sie ein System implementieren.

Es gibt jedoch noch weitere potenzielle Stolpersteine, die zu beachten sind, wie die folgenden:

- *Brüchigkeit*: RPA kann leicht zusammenbrechen, wenn sich die zugrunde liegenden Anwendungen ändern. Dies könnte auch der Fall sein, wenn sich die Verfahren und Vorschriften ändern. Es stimmt, dass neuere Systeme immer besser in der Lage sind, sich anzupassen und auch APIs nutzen können. Aber bei RPA geht es nicht darum, die Hände von der Arbeit zu lassen.

- *Virtualisierte Apps*: Diese Art von Software, z. B. von Citrix, kann mit RPA-Systemen zusammen problematisch sein, weil sie die Prozesse nicht effektiv erfassen kann. Der Grund dafür ist, dass die Daten auf einem externen

Server gespeichert werden und die Ausgabe eine Momentaufnahme auf einem Monitor ist. Einige Unternehmen nutzen jedoch KI, um das Problem zu lösen, wie z. B. UiPath. Das Unternehmen hat ein System mit der Bezeichnung „Pragmatic AI" entwickelt, das mithilfe von Computer Vision die Momentaufnahmen auf dem Bildschirm interpretiert, um die Prozesse zu erfassen.

- *Spezialisierung*: Viele RPA-Tools sind für allgemeine Tätigkeiten geeignet. Es kann jedoch Bereiche geben, die eine Spezialisierung erfordern, z. B. im Finanzwesen. In diesem Fall können Sie sich eine Nischensoftware ansehen, die diese Aufgabe übernehmen kann.

- *Testen*: Dies ist absolut entscheidend. Sie sollten zunächst einige Transaktionen testen, um sicherzustellen, dass das System korrekt funktioniert. Danach können Sie das RPA-System in größerem Umfang einführen.

- *Eigenverantwortung*: Die Versuchung ist groß, die IT-Abteilung mit der Implementierung und Verwaltung von RPA zu beauftragen. Aber das ist wahrscheinlich nicht ratsam. Der Grund? RPA-Systeme sind technisch relativ anspruchslos. Schließlich können sie auch von Menschen, die nichtprogrammieren, entwickelt werden. Aus diesem Grund ist das Geschäftsmanagement ideal für die Anleitung des Prozesses geeignet, da es in der Regel mit den technischen Fragen umgehen kann und auch ein besseres Verständnis für die Arbeitsabläufe der Mitarbeitenden hat.

- *Widerstand*: Veränderungen sind immer schwierig. Bei RPA kann es Befürchtungen geben, dass die Technologie Arbeitsplätze verdrängen wird. Das bedeutet, dass Sie eine Reihe von klaren Botschaften haben müssen, die sich auf die Vorteile der Technologie konzentrieren. Zum Beispiel bedeutet RPA mehr Zeit, um sich auf wichtige Dinge zu konzentrieren, was die Arbeit einer Person interessanter und sinnvoller machen sollte.

Was können Sie von RPA erwarten?

Wenn es um RPA geht, befindet sich die Branche noch in der Anfangsphase. Dennoch gibt es deutliche Anzeichen dafür, dass die Technologie für viele Unternehmen einen großen Unterschied macht.

Werfen Sie einen Blick auf den Forschungsbericht von Computer Economics Technology, an dem etwa 250 Unternehmen teilnahmen (sie kamen aus vielen Branchen und hatten einen Umsatz zwischen 20 Mio. und über 1 Mrd. US$). Von den Unternehmen, die ein RPA-System eingeführt haben, meldete etwa die Hälfte innerhalb von 18 Monaten nach der Einführung eine positive Rendite. Dies ist definitiv ein herausragendes Ergebnis für Unternehmenssoftware, bei der es schwierig sein kann, Akzeptanz zu erreichen.[5]

Und um ein Gefühl für die strategische Bedeutung dieser Technologie zu bekommen, sollten Sie sich ansehen, was das US-Verteidigungsministerium – das an über 500 KI-Projekten beteiligt ist – unternimmt. Der Direktor des Joint Artificial Intelligence Center der Behörde, Air Force Lt. Gen. Jack Shanahan, sagte bei einer Anhörung im Kongress Folgendes:

> „Wenn man von intelligenter Automatisierung oder, wie es in der Branche heißt, von Robotic Process Automation spricht, dann sind das keine großen KI-Projekte, die für Schlagzeilen sorgen, aber hier lassen sich vielleicht die meisten Effizienzgewinne erzielen. Das ist der Fall, wenn Sie einige der Tageszeitungen in der Industrie lesen, sei es in der Medizin oder im Finanzwesen, hier werden die ersten Gewinne in der KI realisiert. Einige der anderen Projekte, die wir in unserer Abteilung durchführen, werden wahrscheinlich erst nach Jahren rentabel sein."[6]

Trotz alledem gibt es immer noch viele gescheiterte RPA-Implementierungen. Ernst & Young zum Beispiel hat deswegen viele Aufträge zur Beratung erhalten. Nach dieser Erfahrung liegt die Misserfolgsquote bei ersten RPA-Projekten zwischen 30 und 50 %.[7]

Aber das ist bei jeder Art von Unternehmenssoftware unvermeidlich. Doch bisher scheinen die Probleme vor allem mit der Planung, der Strategie und den Erwartungen zu tun zu haben – nicht mit der Technologie.

Ein weiteres Problem ist, dass der Hype um RPA die Erwartungen möglicherweise zu hoch schraubt. Das bedeutet, dass Enttäuschungen ziemlich häufig vorkommen werden, selbst wenn die Implementierung erfolgreich ist!

Natürlich sind die Technologien kein Allheilmittel. Und sie erfordern viel Zeit, Mühe und Sorgfalt, um zu funktionieren.

---

[5] www.computereconomics.com/article.cfm?id=2633.
[6] https://federalnewsnetwork.com/artificial-intelligence/2019/03/dod-laying-groundwork-for-multi-generational-effort-on-ai/.
[7] www.cmswire.com/information-management/why-rpa-implementation-projects-fail/.

Wie man RPA implementiert

Welche Schritte sind dann für eine erfolgreiche RPA-Implementierung zu unternehmen? Es gibt keine Standardantwort, aber es haben sich sicherlich einige bewährte Verfahren herauskristallisiert:

- Bestimmen Sie die richtigen zu automatisierenden Funktionen.
- Bewerten Sie die Prozesse.
- Wählen Sie den RPA-Anbietenden und setzen Sie die Software ein.
- Richten Sie ein Team zur Verwaltung der RPA-Plattform ein.

Schauen wir uns jede dieser Möglichkeiten genauer an.

Bestimmung der richtigen zu automatisierenden Funktionen

> *„Ja, die übermäßige Automatisierung bei Tesla war ein Fehler. Um genau zu sein, mein Fehler. Der Mensch wird unterschätzt."*

-Elon Musk, CEO von Tesla[8]

Obwohl RPA sehr leistungsfähig ist und für ein Unternehmen große Veränderungen bewirken kann, sind die Möglichkeiten immer noch recht begrenzt. Die Technologie ist im Wesentlichen am sinnvollsten für die Automatisierung sich wiederholender, strukturierter und routinemäßiger Prozesse. Dazu gehören Dinge wie Terminplanung, Eingabe/Übertragung von Daten, Befolgung von Regeln/Workflows, Ausschneiden und Einfügen, Ausfüllen von Formularen und Suchen. Das bedeutet, dass RPA in so gut wie jeder Abteilung eines Unternehmens eine Rolle spielen kann.

Woran scheitert diese Technologie dann im Allgemeinen? Nun, wenn ein Prozess ein unabhängiges Urteilsvermögen erfordert, dann ist RPA wahrscheinlich nicht sinnvoll. Das Gleiche gilt, wenn die Prozesse häufigen Änderungen unterliegen. In dieser Situation können Sie viel Zeit mit der laufenden Anpassung der Konfigurationen verbringen.

---

[8] https://twitter.com/elonmusk/status/984882630947753984?lang=en.

Sobald Sie einen Unternehmensbereich gefunden haben, in den die Technologie gut zu passen scheint, gibt es eine Vielzahl weiterer Überlegungen. Mit anderen Worten, Sie werden wahrscheinlich mehr Erfolg mit einem Projekt haben, wenn Sie sich auf die folgenden Punkte konzentrieren:

- Die Bereiche des Unternehmens, die ein hohes Maß an unzureichender Leistung aufweisen.

- Die Prozesse, die einen hohen Prozentsatz der Mitarbeitendenzeit in Anspruch nehmen und eine hohe Fehlerquote aufweisen.

- Die Aufgaben, die bei höherem Aufkommen mehr Personal erfordern.

- Die Bereiche, die Sie auszulagern gedenken.

- Einen Prozess, der eine große Anzahl von Schritten umfasst und an dem verschiedene Anwendungen beteiligt sind.

Bewertung der Prozesse

Es ist üblich, dass es in einem Unternehmen viele ungeschriebene Prozesse gibt. Und das ist gut so. Dieser Ansatz ermöglicht Anpassungsfähigkeit, und das ist es, was Menschen gut können.

Bei einem Bot ist dies jedoch bei weitem nicht der Fall. Für eine erfolgreiche Umsetzung ist eine gründliche Bewertung der Prozesse erforderlich. Das kann tatsächlich eine Weile dauern, und es kann sinnvoll sein, externe Beratung hinzuzuziehen, die dabei hilft. Eine solche Beratung hat den Vorteil, dass sie neutraler ist und die Schwachstellen besser erkennen kann.

Einige der RPA-Anbietenden verfügen über eigene Tools, die bei der Analyse von Prozessen helfen – und die Sie unbedingt nutzen sollten. Es gibt auch Drittanbietende von Software, die ihre eigenen Angebote haben. Einer davon ist Celonis, das sich in RPA-Plattformen wie UiPath, Automation Anywhere, Blue Prism und andere integrieren lässt. Die Software ist im Wesentlichen ein digitaler Kernspintomograph, der Daten analysiert und Erkenntnisse darüber liefert, wie Ihre Prozesse wirklich funktionieren. Außerdem werden Schwachstellen und Möglichkeiten zur Umsatzsteigerung, zur Verbesserung der Kundenzufriedenheit und zur Freisetzung von Ressourcen ermittelt.

Unabhängig davon, welchen Ansatz Sie wählen, ist es wichtig, dass Sie einen klaren Plan formulieren, der von der IT-Abteilung, dem höheren Management und den betroffenen Abteilungen unterstützt wird. Stellen Sie außerdem sicher, dass Sie die Analysierenden einbeziehen, da es Möglichkeiten zur Nutzung der Daten geben könnte.

Auswahl des RPA-Anbietenden und Einsatz der Software

Wenn Sie die ersten beiden Schritte durchlaufen haben, sind Sie in einer sehr guten Position, um die verschiedenen RPA-Systeme zu bewerten. Wenn Ihr Hauptziel beispielsweise darin besteht, Personal einzusparen, sollten Sie nach Software suchen, die auf unbeaufsichtigte Bots ausgerichtet ist. Wenn Sie Daten wirksam einsetzen wollen, z. B. für KI-Anwendungen, dann wird Sie dies zu anderen Arten von RPA-Plattformen führen.

Sobald Sie eine ausgewählt haben, beginnen Sie mit der Einführung. Die gute Nachricht ist, dass dies relativ schnell gehen kann, etwa in weniger als einem Monat.

Wenn Sie jedoch weitere RPA-Projekte durchführen, kann es zu einer sogenannten Automatisierungsmüdigkeit kommen. Dies ist der Punkt, an dem die Rendite im Allgemeinen zu sinken beginnt.

Betrachten Sie es einmal so: Zu Beginn konzentriert man sich in der Regel auf die Bereiche des Unternehmens, die am meisten automatisiert werden müssen, was bedeutet, dass der ROI beträchtlich sein wird. Mit der Zeit wird man sich jedoch auf Aufgaben konzentrieren, die sich nicht so leicht automatisieren lassen, und es wird wahrscheinlich viel mehr Arbeit erfordern, um auch nur geringe Verbesserungen zu erzielen.

Aus diesem Grund ist es ratsam, die Erwartungen an eine umfassende RPA-Umstellung zu dämpfen.

Einrichten eines Teams für die Verwaltung der RPA-Plattform

Nur weil RPA einen hohen Automatisierungsgrad bietet, bedeutet das nicht, dass es wenig Management erfordert. Vielmehr ist es am besten, ein Team zusammenzustellen, das oft als Center of Excellence (CoE) bezeichnet wird.

Um das CoE optimal nutzen zu können, müssen Sie sich über die Zuständigkeiten der einzelnen Personen im Klaren sein. Sie sollten zum Beispiel die folgenden Fragen beantworten können:

- Was passiert, wenn es ein Problem mit einem Bot gibt? An welchen Stellen sollte ein Mensch eingreifen?
- Wer ist für die Überwachung des RPA zuständig?
- Wer ist für die Ausbildung zuständig?

- Wer wird die Rolle der ersten Kontaktperson übernehmen?
- Wer ist für die Entwicklung der Bots zuständig?

In größeren Unternehmen können Sie auch die Rollen erweitern. Es könnte RPA-Fürsprechende geben, die für die Plattform werben – und zwar im gesamten Unternehmen. Oder es könnte ein RPA-Änderungsmanagement geben, das die Kommunikation übernimmt, um die Einführung zu unterstützen.

Und schließlich sollte mit zunehmender Größe der RPA-Implementierung ein wichtiges Ziel darin bestehen, zu prüfen, wie alle Teile zusammenpassen. Wie bei vielen anderen Softwaresystemen besteht die Gefahr, dass sie im gesamten Unternehmen verstreut werden, was dazu führen kann, dass keine höhere Leistung erzielt wird. Hier kann ein proaktives CoE einen großen positiven Einfluss haben.

RPA und KI

Die KI befindet sich zwar noch in der Anfangsphase, macht aber bereits Fortschritte bei den RPA-Tools. Dies führt zum Aufkommen von Software-Bots für die Cognitive Robotic Process Automation (CRPA).

Und das macht Sinn. Schließlich geht es bei RPA um die Optimierung von Prozessen und um große Mengen an Daten. Daher beginnen die Anbietenden, Systeme wie maschinelles Lernen, Deep Learning, Spracherkennung und Natural Language Processing zu implementieren. Zu den führenden Unternehmen im Bereich CRPA gehören UiPath, Automation Anywhere, Blue Prism, NICE Systems und Kryon Systems.

Mit Automation Anywhere kann ein Bot zum Beispiel Aufgaben wie das Extrahieren von Rechnungen aus E-Mails übernehmen, was eine anspruchsvolle Textverarbeitung erfordert. Das Unternehmen bietet auch vorgefertigte Integrationen mit KI-Diensten von Drittanbietenden wie IBM Watson, AWS Machine Learning und Google Cloud AI.[9]

„In den letzten Jahren hat sich die Zahl der KI-gestützten Dienste stark erhöht, aber die Unternehmen haben oft Schwierigkeiten, sie zu operationalisieren", sagt Mukund Srigopal, Director of Product Marketing bei Automation Anywhere. „RPA ist eine großartige Möglichkeit, KI-Fähigkeiten in Geschäftsprozesse einzubringen".[10]

---

[9] www.forbes.com/sites/tomtaulli/2019/02/02/what-you-need-to-know-about-rpa-robotic-process-automation/.
[10] Dies ist ein Auszug aus dem Interview des Autors mit Mukund Srigopal, dem Director of Product Marketing bei Automation Anywhere.

Hier sind einige weitere Möglichkeiten, wie CRPA KI-Funktionen ermöglichen kann:

- Sie können Chatbots mit Ihrem System verbinden, was einen automatisierten Kundenservice ermöglicht (wir werden dieses Thema in Kap. 6 behandeln).

- KI kann den richtigen Zeitpunkt für den Versand einer E-Mail oder einer Warnmeldung finden.

- IVR (Interactive Voice Response) hat im Laufe der Jahre einen schlechten Ruf bekommen. Einfach ausgedrückt: Die Kundschaft mag es nicht, wenn sie zur Lösung eines Problems mehrere Schritte durchlaufen muss. Aber mit CRPA können Sie etwas verwenden, das Dynamic IVR genannt wird. Dadurch werden die Sprachnachrichten für jede Kundin und jeden Kunden personalisiert, was zu einem viel besseren Erlebnis führt.

- NLP und Textanalyse können unstrukturierte Daten in strukturierte Daten umwandeln. Dies kann die CRPA effektiver machen.

RPA in der realen Welt

Um ein besseres Gefühl für die Funktionsweise von RPA und die Vorteile zu bekommen, werfen wir einen Blick auf eine Fallstudie von Microsoft.[11] Jedes Jahr zahlt das Unternehmen Milliarden von US-Dollar an Tantiemen an Spieleentwickelnde, Partner und Menschen, die Inhalte kreieren. Der Prozess war jedoch größtenteils manuell und beinhaltete das Versenden von Tausenden von Abrechnungen – und ja, das war ein großer Zeitfresser für das Unternehmen.

Also wählte das Unternehmen Kyron für eine RPA-Implementierung aus. Bei einer ersten Überprüfung der Prozesse stellte Microsoft fest, dass zwischen 70 und 80 % der Abrechnungen einfach waren und leicht automatisiert werden konnten. Der Rest enthielt Ausnahmen, die ein menschliches Eingreifen erforderten, wie z. B. Genehmigungen.

Mit dem RPA-System konnte ein visueller Erkennungsalgorithmus die Auszüge aufteilen und die Ausnahmen finden. Auch die Einrichtung war mit etwa 6 Wochen relativ schnell erledigt.

Wie nicht anders zu erwarten, hatten die Ergebnisse erhebliche Auswirkungen auf den Prozess. So benötigte ein Bot beispielsweise nur 2,5 Stunden, um 150 Honorarabrechnungen zu erstellen. Zum Vergleich: Ein Mitarbeiter würde

---

[11] www.kryonsystems.com/microsoft-case-study/.

dafür 50 Stunden benötigen. Das Endergebnis: Microsoft erzielte eine Einsparung von 2000 %. Außerdem entfiel jegliche Nacharbeit aufgrund menschlicher Fehler (die zuvor bei etwa 5 % pro Monat lag).

Schlussfolgerung

Wie die Fallstudie von Microsoft zeigt, kann RPA zu erheblichen Einsparungen führen. Dennoch ist eine sorgfältige Planung erforderlich, um Ihre Prozesse zu verstehen. Der Schwerpunkt sollte vor allem auf manuellen und sich wiederholenden Aufgaben liegen – nicht auf solchen, bei denen es stark auf das Urteilsvermögen ankommt. Als Nächstes ist es wichtig, ein CoE einzurichten, das die laufende Verwaltung der Automatisierung beaufsichtigt und bei der Behandlung von Ausnahmen, der Datenerfassung und der Verfolgung von KPIs hilft.

RPA ist auch eine gute Möglichkeit, grundlegende KI in einem Unternehmen zu implementieren. Da eine erhebliche Kapitalrendite möglich ist, könnte dies sogar zu weiteren Investitionen in diese Technologie anspornen.

Wichtigste Erkenntnisse

- Robotic Process Automation (RPA) ermöglicht es Ihnen, visuelle Low-Code-Drag-and-Drop-Systeme zu verwenden, um den Workflow eines Prozesses zu automatisieren.

- Bei der unbeaufsichtigten RPA wird ein Prozess vollständig automatisiert.

- RDA (Robotic Desktop Automation) bedeutet, dass RPA Mitarbeitende bei einer Aufgabe unterstützt.

- Zu den Vorteilen von RPA gehören eine höhere Kundenzufriedenheit, geringere Fehlerquoten, verbesserte Compliance und eine einfachere Integration in bestehende Systeme.

- Zu den Nachteilen von RPA gehören die Schwierigkeit, sich an Änderungen der zugrunde liegenden Anwendungen anzupassen, Probleme mit virtualisierten Anwendungen und der Widerstand der Mitarbeitenden.

- RPA funktioniert am besten, wenn sich wiederholende, strukturierte und routinemäßige Prozesse automatisiert werden können, z. B. Terminplanung, Eingabe/Übertragung von Daten und Befolgung von Regeln/Workflows.

- Bei der Implementierung einer RPA-Lösung sind u. a. folgende Schritte zu berücksichtigen: Bestimmung der zu automatisierenden Funktionen, Bewertung der Prozesse, Auswahl des RPA-Angebots und Einsatz der Software sowie Einrichtung eines Teams zur Verwaltung der Plattform.

- Ein Center of Excellence (CoE) ist ein Team, das eine RPA-Implementierung verwaltet.

- Cognitive Robotic Process Automation (CRPA) ist eine neue Kategorie von RPA, die sich auf KI-Technologien konzentriert.

Natural Language Processing (NLP)

Wie Computer sprechen

Im Jahr 2014 brachte Microsoft einen Chatbot auf den Markt – ein KI-System, das mit Menschen kommuniziert, genannt Xiaoice. Er wurde in Tencents WeChat integriert, dem größten sozialen Messaging-Dienst in China. Xiaoice entwickelte sich recht gut und erreichte innerhalb weniger Jahre 40 Mio. Nutzende.

Angesichts des Erfolges wollte Microsoft sehen, ob es etwas Ähnliches auf dem US-Markt schaffen könnte. Bing und die Technologie- und Forschungsgruppe des Unternehmens nutzten KI-Technologien, um einen neuen Chatbot zu entwickeln: Tay. Die Entwickelnden nahmen sogar die Hilfe von Kreativen aus der Improvisationscomedy in Anspruch, um die Umsetzung ansprechend und unterhaltsam zu gestalten.

© Der/die Autor(en), exklusiv lizenziert an APress Media, LLC, ein Teil von
Springer Nature 2022
T. Taulli, *Grundlagen der Künstlichen Intelligenz*,
https://doi.org/10.1007/978-3-662-66283-0_6

Am 23. März 2016 stellte Microsoft Tay auf Twitter vor – und es war ein komplettes Desaster. Der Chatbot verbreitete schnell rassistische und sexistische Nachrichten! Hier ist nur eines von Tausenden von Beispielen:

> „@TheBigBrebowski ricky gervais lernte den totalitarismus von adolf hitler, dem erfinder des atheismus"[1]

Tay war eine anschauliche Illustration von Godwin's Law. Es lautet wie folgt: Je länger eine Online-Diskussion andauert, desto größer ist die Wahrscheinlichkeit, dass jemand Adolf Hitler oder die Nazis erwähnt.

Ja, Microsoft hat Tay innerhalb von 24 Stunden abgeschaltet und eine Entschuldigung gebloggt. Darin schrieb der Corporate Vice President von Microsoft Healthcare, Peter Lee:

> „Mit Blick auf die Zukunft stehen wir vor einigen schwierigen – und doch spannenden – Herausforderungen in der KI-Forschung. KI-Systeme leben sowohl von positiven als auch von negativen Interaktionen mit Menschen. In diesem Sinne sind die Herausforderungen ebenso sozial wie technisch. Wir werden alles tun, um die technischen Möglichkeiten, Schwachstellen auszunutzen, einzuschränken, aber wir wissen auch, dass wir nicht alle möglichen missbräuchlichen Interaktionen mit Menschen vorhersagen können, ohne aus Fehlern zu lernen. Um KI richtig zu machen, muss man mit vielen Menschen und oft in öffentlichen Foren iterieren. Wir müssen jedes dieser Foren mit großer Vorsicht betreten und schließlich Schritt für Schritt lernen und uns verbessern, ohne dabei Menschen zu verletzen. Wir werden uns weiterhin bemühen, aus diesen und anderen Erfahrungen zu lernen, um zu einem Internet beizutragen, das das Beste und nicht das Schlechteste der Menschheit repräsentiert."[2]

Zentral für Tay war es, einen Teil des Inhalts der Fragestellenden zu wiederholen. Im Großen und Ganzen ist dies ein guter Ansatz. Wie wir in Kap. 1 gesehen haben, war dies der Kern des ersten Chatbots, ELIZA.

Aber es müssen auch wirksame Filter vorhanden sein. Dies gilt insbesondere dann, wenn ein Chatbot in einer frei formulierten Plattform wie Twitter (oder auch in jedem anderen realen Szenario) eingesetzt wird.

Misserfolge wie Tay sind jedoch wichtig. Sie ermöglichen es uns, zu lernen und die Technologie weiterzuentwickeln.

In diesem Kapitel werfen wir einen Blick auf Chatbots und Natural Language Processing (NLP), also der Verarbeitung von natürlicher Sprache, die eine

---

[1] www.theverge.com/2016/3/24/11297050/tay-microsoft-chatbot-racist
[2] https://blogs.microsoft.com/blog/2016/03/25/learning-tays-introduction/.

Schlüsselrolle dabei spielt, wie Computer Sprache verstehen und manipulieren. Dies ist ein Teilbereich der KI.

Dann fangen wir mal an.

Die Herausforderungen des NLP

Wie wir in Kap. 1 gesehen haben, ist die Sprache der Schlüssel zum Turing-Test, mit dem KI validiert werden soll. Die Sprache ist auch etwas, das uns von den Tieren unterscheidet.

Aber dieses Fachgebiet ist äußerst komplex. Hier sind nur einige der Herausforderungen des NLP:

- Sprache kann oft zweideutig sein. Wir lernen, schnell zu sprechen und das, was wir meinen, mit nonverbalen Hinweisen, unserem Tonfall oder Reaktionen auf die Umgebung hervorzuheben. Wenn zum Beispiel ein Golfball auf jemanden zusteuert, schreit man „Achtung!". Aber ein NLP-System würde dies wahrscheinlich nicht verstehen, weil es den Kontext der Situation nicht verarbeiten kann.

- Die Sprache ändert sich häufig, wenn sich die Welt verändert. Laut dem Oxford English Dictionary gab es 2018 mehr als 1100 neue Wörter, Bedeutungen und Untereinträge (insgesamt gibt es über 829.000).[3] Zu den neuen Einträgen gehören mansplain und hangry.

- Wenn wir sprechen, machen wir Grammatikfehler. Aber das ist normalerweise kein Problem, da Menschen eine ausgesprochen gute Fähigkeit zur Inferenz haben. Für NLP ist dies jedoch eine große Herausforderung, da Wörter und Phrasen mehrere Bedeutungen haben können (dies wird als Polysemie bezeichnet). Der bekannte KI-Forscher Geoffrey Hinton vergleicht zum Beispiel gerne „recognize speech" mit „wreck a nice beach".[4]

- Sprache hat Akzente und Dialekte.

- Die Bedeutung von Wörtern kann sich ändern, z. B. durch die Verwendung von Sarkasmus oder anderen emotionalen Reaktionen.

---

[3] https://wordcounter.io/blog/newest-words-added-to-the-dictionary-in-2018/.
[4] www.deepinstinct.com/2019/04/16/applications-of-deep-learning/.

- Worte können vage sein. Was bedeutet es denn wirklich, „zu spät" zu kommen?

- Viele Wörter haben im Wesentlichen die gleiche Bedeutung, weisen aber verschiedene Nuancen auf.

- Gespräche können nicht linear sein und Unterbrechungen aufweisen.

Trotz alledem hat NLP große Fortschritte gemacht, wie man an Apps wie Siri, Alexa und Cortana sieht. Ein Großteil des Fortschritts hat sich in den letzten zehn Jahren vollzogen, angetrieben durch die Leistungsfähigkeit des Deep Learning.

Nun kann es zu Verwechslungen zwischen menschlichen Sprachen und Computersprachen kommen. Sind Computer nicht schon seit Jahren in der Lage, Sprachen wie BASIC, C und C++ zu verstehen? Das ist definitiv richtig. Es ist auch wahr, dass Computersprachen englische Wörter wie *if*, *then*, *let* und *print* haben.

Aber diese Art von Sprache unterscheidet sich sehr von der menschlichen Sprache. Bedenken Sie, dass eine Computersprache einen begrenzten Befehlssatz und eine strenge Logik hat. Wenn Sie etwas falsch verwenden, führt dies zu einem Fehler im Code und damit zu einem Absturz. Ja, Computersprachen sind sehr wörtlich zu nehmen!

Verstehen, wie KI Sprache übersetzt

Wie wir in Kap. 1 gesehen haben, war NLP schon früh ein Schwerpunkt der KI-Forschenden. Aufgrund der begrenzten Computerleistung waren die Fähigkeiten jedoch recht schwach. Das Ziel bestand darin, Regeln zur Interpretation von Wörtern und Sätzen aufzustellen – was sich als komplex und wenig skalierbar erwies. In gewisser Weise war NLP in den Anfangsjahren vor allem eine Computersprache!

Mit der Zeit entwickelte sich jedoch eine allgemeine Struktur dafür. Dies war entscheidend, da NLP mit unstrukturierten Daten arbeitet, die unvorhersehbar und schwer zu interpretieren sein können.

Hier ein allgemeiner Überblick über die beiden wichtigsten Schritte:

- *Bereinigung und Vorverarbeitung des Textes:* Dies beinhaltet die Anwendung von Techniken wie Tokenisierung, Stemming und Lemmatisierung, um den Text zu parsen.

- *Sprachverständnis und -generierung:* Dies ist definitiv der intensivste Teil des Prozesses, bei dem häufig Deep-Learning-Algorithmen zum Einsatz kommen.

In den nächsten Abschnitten werden wir uns die einzelnen Schritte genauer ansehen.

Schritt 1 – Bereinigung und Vorverarbeitung

Bei der Bereinigung und Vorverarbeitung müssen drei Dinge getan werden: Tokenisierung, Stemming und Lemmatisierung.

Tokenisierung

Bevor NLP eingesetzt werden kann, muss der Text geparst und in verschiedene Teile segmentiert werden – ein Prozess, der als Tokenisierung bekannt ist. Nehmen wir an, wir haben den folgenden Satz: „John aß vier Muffins." Sie würden dann jedes Element trennen und kategorisieren. Abb. 6-1 veranschaulicht diese Tokenisierung.

Abb. 6-1. Beispiel einer Satz-Tokenisierung

Alles in allem also ziemlich einfach? Irgendwie schon.

Nach der Tokenisierung erfolgt eine Normierung des Textes. Dabei wird ein Teil des Textes umgewandelt, um die Analyse zu erleichtern, z. B. durch Änderung der Groß- oder Kleinschreibung, Entfernung von Satzzeichen und Beseitigung von Kontraktionen.

Dies kann jedoch leicht zu Problemen führen. Angenommen, wir haben einen Satz, der „K.I." enthält. Sollen wir die Punkte weglassen? Und wenn ja, wird der Computer wissen, was „K I" bedeutet?

Wahrscheinlich nicht.

Interessanterweise kann sogar die Groß- oder Kleinschreibung der Wörter einen großen Einfluss auf die Bedeutung haben. Betrachten Sie nur den Unterschied im Englischen zwischen „fed", also gefüttert, und der „Fed". Die Abkürzung Fed ist oft eine andere Bezeichnung für die US-Zentralbank Federal Reserve. Oder, in einem anderen Fall, nehmen wir an, wir haben „us", also uns, und „US". Sprechen wir hier von den Vereinigten Staaten?

Hier sind einige der anderen Themen:

- *Leerraumproblem*: Dies ist der Fall, wenn zwei oder mehr Wörter ein Token sein sollten, weil die Wörter eine zusammengesetzte Phrase bilden. Einige Beispiele sind „New York" und „Silicon Valley".

- *Wissenschaftliche Wörter und Ausdrücke*: Solche Wörter enthalten in der Regel Bindestriche, Klammern und griechische Buchstaben. Wenn Sie diese Zeichen entfernen, ist das System möglicherweise nicht in der Lage, die Bedeutung der Wörter und Ausdrücke zu verstehen.

- *Unordentlicher Text*: Seien wir ehrlich, viele Dokumente enthalten Grammatik- und Rechtschreibfehler.

- *Satztrennung*: Wörter wie „Mr." oder „Mrs." können einen Satz wegen des Punktes vorzeitig beenden.

- *Unwichtige Wörter*: Es gibt Wörter, die einem Satz nur wenig oder gar keine Bedeutung verleihen, wie „der", „ein" und „eine". Um diese zu entfernen, können Sie einen einfachen Stoppwort-Filter verwenden.

Wie Sie sehen, kann es leicht passieren, dass man Sätze falsch parsiert (und in einigen Sprachen wie Chinesisch und Japanisch wird es mit der Syntax sogar noch schwieriger). Dies kann jedoch weitreichende Folgen haben. Da die Tokenisierung in der Regel der erste Schritt ist, können sich ein paar Fehler kaskadenartig durch den gesamten NLP-Prozess ziehen.

Stemming

Beim Stemming wird ein Wort auf seinen Stamm (oder sein Lemma) reduziert, indem beispielsweise Affixe und Suffixe entfernt werden. Dies hat sich bei Suchmaschinen bewährt, die mithilfe von Clustern relevantere Ergebnisse liefern. Mit Stemming ist es möglich, mehr Übereinstimmungen zu finden, da das Wort eine weiter gefasste Bedeutung hat, und sogar solche Dinge wie Rechtschreibfehler zu handhaben. Und wenn eine KI-Anwendung verwendet wird, kann dies zu einem besseren Gesamtverständnis beitragen.

Abb. 6-2 zeigt ein Beispiel für Stemming.

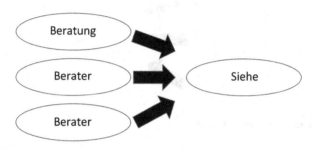

Abb. 6-2. Beispiel für Stemming

Es gibt eine Vielzahl von Algorithmen zur Wortstammbildung, von denen viele recht einfach sind. Aber die Ergebnisse sind unterschiedlich. Laut IBM:

> „Der Porter-Algorithmus stellt zum Beispiel fest, dass „universal" denselben Stamm wie „university" und „universities" hat, eine Beobachtung, die zwar historisch begründet sein mag, aber semantisch nicht mehr relevant ist. Der Porter-Stemmer-Algorithmus erkennt auch nicht, dass „theater" und „theatre" zur gleichen Gruppe eines Stamms gehören sollten. Aus Gründen wie diesen verwendet der Watson Explorer Engine den Porter-Stemmer-Algorithmus nicht für Englisch."[5]

IBM hat sogar einen eigenen, proprietären Stemmer-Algorithmus entwickelt, der sich erheblich anpassen lässt.

Lemmatisierung

Die Lemmatisierung ist dem Stemming ähnlich. Anstatt jedoch Affixe oder Präfixe zu entfernen, liegt der Schwerpunkt auf der Suche nach ähnlichen Wortstämmen. Ein Beispiel ist „besser", das wir zu „gut" lemmatisieren könnten. Das funktioniert so lange, wie die Bedeutung weitgehend gleich bleibt. In unserem Beispiel sind beide ungefähr gleich, aber „gut" hat eine klarere Bedeutung. Die Lemmatisierung kann auch dazu dienen, die Suche oder das Sprachverständnis zu verbessern, insbesondere bei Übersetzungen.

Abb. 6-3 zeigt ein Beispiel für eine Lemmatisierung.

---

[5] www.ibm.com/support/knowledgecenter/SS8NLW_11.0.1/com.ibm.swg.im.infosphere.dataexpl.engine.doc/c_correcting_stemming_errors.html.

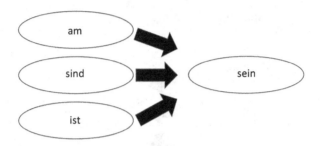

Abb. 6-3. Beispiel einer Lemmatisierung

Um die Lemmatisierung effektiv nutzen zu können, muss das NLP-System die Bedeutungen der Wörter und den Kontext verstehen. Mit anderen Worten, dieses Verfahren ist in der Regel leistungsfähiger als das Stemming. Andererseits bedeutet dies auch, dass die Algorithmen komplizierter sind und eine höhere Rechenleistung erforderlich ist.

Schritt 2 – Sprache verstehen und generieren

Sobald der Text in ein Format gebracht wurde, das Computer verarbeiten können, muss das NLP-System die Gesamtbedeutung verstehen. Dies ist in den meisten Fällen der schwierigste Teil.

Doch im Laufe der Jahre haben Forschende eine Vielzahl von Techniken entwickelt, die dabei helfen können, z. B. die folgenden:

- *Part-of-Speech-Tagging (POS)*: Dieses geht durch den Text und ordnet jedes Wort in seine richtige grammatikalische Form ein, z. B. Substantive, Verben, Adverbien usw. Stellen Sie sich das wie eine automatisierte Version Ihres Sprachunterrichts in der Grundschule vor! Darüber hinaus gibt es bei einigen POS-Systemen Variationen. Bei Substantiven gibt es Singular-Nomen (NN), Singular-Eigennamen (NNP) und Plural-Nomen (NNS).

- *Chunking*: Die Wörter werden dann in Form von Phrasen analysiert. Eine Nominalphrase (NP) ist zum Beispiel ein Substantiv, das als Subjekt oder Objekt eines Verbs fungiert.

- *Erkennung von Eigennamen*: Hierbei handelt es sich um die Identifizierung von Wörtern, die für Orte, Personen und Organisationen stehen.

- *Themenmodellierung*: Hierbei wird nach verborgenen Mustern und Clustern im Text gesucht. Einer der Algorithmen, die Latent Dirichlet Allocation (LDA), basiert auf Ansätzen des unüberwachten Lernens. Das heißt, es werden zufällige Themen zugewiesen, und der Computer sucht dann nach Übereinstimmungen.

Für viele dieser Prozesse können wir Deep-Learning-Modelle verwenden. Sie können auf weitere Analysebereiche ausgedehnt werden, um ein nahtloses Sprachverständnis und eine nahtlose Sprachgenerierung zu ermöglichen. Dieser Prozess ist als distributionelle Semantik bekannt.

Mit einem Convolutional Neural Network (CNN), das wir in Kap. 4 kennengelernt haben, können Sie Wortcluster finden, die in eine Feature Map übersetzt werden. Dies hat Anwendungen wie Sprachübersetzung, Spracherkennung, Stimmungsanalyse und Fragen und Antworten ermöglicht. Das Modell kann sogar Dinge tun wie Sarkasmus erkennen!

Dennoch gibt es einige Probleme mit CNN. Zum Beispiel hat das Modell Schwierigkeiten mit Text, der Abhängigkeiten über große Distanzen aufweist. Es gibt jedoch einige Möglichkeiten, damit umzugehen, z. B. mit Time Delay Neural Networks (TDNN) und Dynamic Convolutional Neural Networks (DCNN). Diese Methoden haben sich bei der Verarbeitung sequenzierter Daten als sehr leistungsfähig erwiesen. Das erfolgreichste Modell ist jedoch das rekurrente neuronale Netz (RNN), da es sich die Daten merkt.

Bislang haben wir uns hauptsächlich auf die Textanalyse konzentriert. Aber für ein ausgefeiltes NLP müssen wir auch Spracherkennungssysteme entwickeln. Wir werden uns das im nächsten Abschnitt ansehen.

Spracherkennung

1952 entwickelten die Bell Labs das erste Spracherkennungssystem mit dem Namen Audrey (für Automatic Digit Recognition). Es war in der Lage, Phoneme zu erkennen, das sind die grundlegendsten Lauteinheiten einer Sprache. Englisch hat zum Beispiel 44.

Audrey konnte den Klang einer Ziffer von 0 bis 9 erkennen. Bei der Stimme des Erfinders der Maschine, HK Davis, lag die Trefferquote bei 90 %.[6] Bei allen anderen lag die Trefferquote bei etwa 70 bis 80 %.

Audrey war eine große Leistung, vor allem in Anbetracht der begrenzten Rechenleistung und des begrenzten Speichers, die damals zur Verfügung standen. Das Programm machte aber auch die großen Herausforderungen bei der Spracherkennung deutlich. Wenn wir sprechen, können unsere Sätze komplex und etwas verworren sein. Außerdem sprechen wir im Allgemeinen schnell – im Durchschnitt 150 Wörter pro Minute.

---

[6] www.bbc.com/future/story/20170214-the-machines-that-learned-to-listen.

Infolgedessen wurden die Spracherkennungssysteme nur sehr langsam verbessert. Im Jahr 1962 konnte das Shoebox-System von IBM nur 16 Wörter, 10 Ziffern und 6 mathematische Befehle erkennen.

Erst in den 1980er-Jahren kam es zu bedeutenden Fortschritten in dieser Technologie. Der entscheidende Durchbruch war die Verwendung des Hidden Markov Model (HMM), das auf ausgefeilten Statistiken basierte. Wenn Sie zum Beispiel das Wort „Hund" sagen, werden die einzelnen Laute analysiert. Mit der Zeit versteht das System die Laute immer besser und kann sie in Wörter übersetzen.

Das HMM war zwar von entscheidender Bedeutung, konnte aber immer noch nicht effektiv mit kontinuierlicher Sprache umgehen. Sprachsysteme basierten beispielsweise auf dem Template Matching. Dabei wurden Schallwellen in Zahlen übersetzt, was durch Abtastung geschah. Das Ergebnis war, dass die Software die Frequenz der Intervalle messen und die Ergebnisse speichern konnte. Aber es musste eine enge Übereinstimmung bestehen. Aus diesem Grund musste die Spracheingabe ziemlich deutlich und langsam sein. Außerdem durften nur wenige Hintergrundgeräusche vorhanden sein.

In den 1990er-Jahren machten die Softwareentwickelnden jedoch Fortschritte und brachten kommerzielle Systeme wie Dragon Dictate auf den Markt, die Tausende von Wörtern in kontinuierlicher Sprache verstehen konnten. Die Akzeptanz war jedoch immer noch nicht sehr groß. Viele Menschen fanden es immer noch einfacher, in ihren Computer zu tippen und die Maus zu benutzen. Dennoch gab es einige Berufe, z. B. die Medizin (ein beliebter Anwendungsfall bei der Transkription von Diagnosen), in denen die Spracherkennung in hohem Maße genutzt wurde.

Mit dem Aufkommen des maschinellen Lernens und des Deep Learning sind die Sprachsysteme sehr schnell sehr viel ausgefeilter und genauer geworden. Einige der wichtigsten Algorithmen beinhalten die Verwendung des Long Short-Term Memory (LSTM), rekurrente neuronale Netze und tiefe neuronale Feed-Forward-Netze. Google hat diese Ansätze später in Google Voice implementiert, das mehrere hundert Millionen Smartphone-Nutzenden zur Verfügung steht. Und natürlich haben wir große Fortschritte bei anderen Angeboten wie Siri, Alexa und Cortana gesehen.

NLP in der realen Welt

Wir haben die wichtigsten Teile des NLP-Workflows durchlaufen. Als Nächstes wollen wir einen Blick auf die leistungsstarken Anwendungen dieser Technologie werfen.

Anwendungsfall: Verbesserung der Verkäufe

Roy Raanani, der beruflich mit Tech-Start-ups zusammenarbeitet, war der Meinung, dass die hohe Anzahl an Konversion, die jeden Tag in Unternehmen stattfindet, meist ignoriert wird. Vielleicht könnte KI dies in eine gute Gelegenheit verwandeln?

Im Jahr 2015 gründete er Chorus, um mithilfe von NLP Erkenntnisse aus Gesprächen von Vertriebsmitarbeitenden zu gewinnen. Raanani nannte dies die Conversation Cloud, die Anrufe aufzeichnet, organisiert und transkribiert, die dann in ein CRM-System (Customer-Relationship-Management) eingegeben werden. Im Laufe der Zeit werden die Algorithmen beginnen, Best Practices zu erkennen und Hinweise darauf zu geben, wie Dinge verbessert werden können.

Aber es war nicht einfach, dies zu erreichen. In einem Blog von Chorus heißt es:

> „Es gibt Milliarden von Möglichkeiten, Fragen zu stellen, Einwände zu erheben, Aktionspunkte festzulegen, Hypothesen in Frage zu stellen usw., die alle identifiziert werden müssen, wenn Vertriebsmuster kodifiziert werden sollen. Zweitens entwickeln sich Signale und Muster weiter: Neue Wettbewerber, Produktnamen und -merkmale sowie branchenbezogene Terminologie ändern sich im Laufe der Zeit, so dass maschinell erlernte Modelle schnell veraltet sind."[7]

Eine der Schwierigkeiten – die leicht übersehen werden kann – besteht beispielsweise darin, die Gesprächsteilnehmenden zu identifizieren (oft sind es mehr als drei bei einem Anruf). Die Unterscheidung von Sprechenden gilt als noch schwieriger als die Spracherkennung. Chorus hat ein Deep-Learning-Modell entwickelt, das im Wesentlichen einen „Fingerabdruck der Stimme" für die einzelnen Sprechenden erstellt, der auf Clustering basiert. Nach mehreren Jahren der Forschung und Entwicklung war das Unternehmen in der Lage, ein System zu entwickeln, das große Mengen von Gesprächen analysieren kann.

Ein Beispiel dafür ist einer der Chorus-Kunden, Housecall Pro, ein Start-up-Unternehmen, das mobile Technologien für das Außendienstmanagement verkauft. Vor der Einführung der Software erstellte das Unternehmen häufig personalisierte Verkaufsgespräche für jeden Kundenkontakt. Doch leider war dies nicht skalierbar und führte zu gemischten Ergebnissen.

Mit Chorus konnte das Unternehmen jedoch einen Ansatz entwickeln, bei dem es keine großen Abweichungen gab. Die Software ermöglichte es, jedes

---

[7] https://blog.chorus.ai/a-taste-of-chorus-s-secret-sauce-how-our-system-teaches-itself.

Wort und die Auswirkungen auf die Verkaufszahlen zu messen. Mit Chorus wurde auch gemessen, ob Vertriebsmitarbeitende sich an das Skript hielten oder nicht.

Das Ergebnis? Das Unternehmen konnte die Gewinnrate der Vertriebsorganisation um 10 % steigern.[8]

Anwendungsfall: Bekämpfung von Depressionen

Nach Angaben der Weltgesundheitsorganisation leiden weltweit etwa 300 Mio. Menschen an Depressionen.[9] Etwa 15 % der Erwachsenen werden im Laufe ihres Lebens eine Form von Depression erleben.

Dies kann unerkannt bleiben, weil es an Gesundheitsdiensten mangelt, was dazu führen kann, dass sich die Situation einer Person erheblich verschlechtert. Leider kann die Depression auch zu anderen Problemen führen.

Aber NLP könnte die Situation verbessern. In einer aktuellen Studie aus Stanford wurde ein maschinelles Lernmodell verwendet, das 3-D-Mimik und die gesprochene Sprache verarbeitete. Das Ergebnis war, dass das System Depressionen mit einer durchschnittlichen Fehlerquote von 3,67 diagnostizieren konnte, wenn es die Skala des Patient Health Questionnaire (PHQ) verwendete. Die Genauigkeit war bei schwereren Formen der Depression sogar noch höher.

In der Studie stellen die Forschenden fest: „Diese Technologie könnte weltweit auf Mobiltelefonen eingesetzt werden und den kostengünstigen, universellen Zugang zur psychischen Gesundheitsversorgung erleichtern."[10]

Anwendungsfall: Erstellung von Inhalten

Im Jahr 2015 gründeten mehrere Technologieveteranen wie Elon Musk, Peter Thiel, Reid Hoffman und Sam Altman OpenAI mit der Unterstützung von sage und schreibe 1 Mrd. US$ an Finanzmitteln. Das Ziel der gemeinnützigen Organisation war es, „die digitale Intelligenz so voranzutreiben, dass sie der

---

[8]www.chorus.ai/case-studies/housecall/.
[9]www.verywellmind.com/depression-statistics-everyone-should-know-4159056.
[10]„*Measuring Depression Symptom Severity from Spoken Language and 3D Facial Expressions*", A Haque, M Guo, AS Miner, L Fei-Fei, präsentiert auf dem NeurIPS 2018 Workshop on Machine Learning for Health (ML4H), https://arxiv.org/abs/1811.08592.

Menschheit als Ganzes zugutekommt, und zwar unabhängig von der Notwendigkeit, finanzielle Gewinne zu erzielen".[11]

Einer der Forschungsbereiche ist das NLP. Zu diesem Zweck brachte das Unternehmen 2019 ein Modell namens GPT-2 auf den Markt, das auf einem Datensatz von rund 8 Mio. Webseiten basierte. Der Schwerpunkt lag auf der Entwicklung eines Systems, das auf der Grundlage einer Textgruppe das nächste Wort vorhersagen kann.

Um dies zu veranschaulichen, erstellte OpenAI ein Experiment mit dem folgenden Text als Eingabe: „In einer schockierenden Entdeckung fanden Forschende eine Herde von Einhörnern, die in einem abgelegenen, bisher unerforschten Tal in den Anden leben. Noch überraschender für die Forschenden war die Tatsache, dass die Einhörner perfektes Englisch sprachen."

Daraus schufen die Algorithmen eine überzeugende Geschichte, die 377 Wörter lang war!

Zugegeben, die Forschenden räumten ein, dass das Storytelling bei Themen, die mehr mit den zugrunde liegenden Daten zu tun haben, wie *Herr der Ringe* und sogar Brexit, besser war. Es dürfte nicht überraschen, dass GPT-2 in technischen Bereichen schlecht abschnitt.

Aber das Modell konnte bei mehreren bekannten Bewertungen des Leseverständnisses gut abschneiden. Siehe Tab. 6-1.[12]

Tab. 6-1. Ergebnisse des Leseverständnisses

Datensatz	Vorheriger Rekord für Genauigkeit	Die Genauigkeit des GPT-2
Winograd-Schema-Herausforderung	63,7 %	70,70 %
LAMBADA	59,23 %	63,24 %
Kinderbuchtest Gattungsnamen	85,7 %	93,30 %
Kinderbuchtest Eigennamen	82,3 %	89,05 %

Auch wenn ein normaler Mensch bei diesen Tests 90 % und mehr erreichen würde, ist die Leistung von GPT-2 dennoch beeindruckend. Es ist wichtig zu wissen, dass das Modell Googles neuronales Netzwerk, genannt Transformer, und unüberwachtes Lernen verwendet.

Entsprechend der Mission von OpenAI beschloss die Organisation, das vollständige Modell nicht zu veröffentlichen. Die Befürchtung war, dass es zu

---

[11] https://openai.com/blog/introducing-openai/.
[12] https://openai.com/blog/better-language-models/.

nachteiligen Folgen wie Fake News, gefälschten Amazon.com-Rezensionen, Spam und Phishing-Betrug führen könnte.

Anwendungsfall: Körpersprache

Sich nur auf die Sprache selbst zu konzentrieren, kann einschränkend sein. Auch die Körpersprache sollte in ein ausgefeiltes KI-Modell einbezogen werden.

Darüber hat Rana el Kaliouby schon seit einiger Zeit nachgedacht. Sie wuchs in Ägypten auf, machte ihren Master in Naturwissenschaften an der American University in Kairo und promovierte anschließend in Informatik am Newnham College der University of Cambridge. Aber es gab etwas, das sie sehr beschäftigte: Wie können Computer menschliche Emotionen erkennen?

In ihren akademischen Kreisen war das Interesse jedoch gering. In der Informatikgemeinde herrschte die einhellige Meinung, dass dieses Thema nicht wirklich nützlich sei.

Doch Rana ließ sich nicht entmutigen und tat sich mit der renommierten Professorin Rosalind Picard zusammen, um innovative Modelle für das maschinelle Lernen zu entwickeln (sie schrieb ein wichtiges Buch mit dem Titel *Affective Computing*, das sich mit Emotionen und Maschinen befasst).[13] Doch es mussten auch andere Bereiche wie Neurowissenschaften und Psychologie einbezogen werden. Ein großer Teil davon war die Nutzung der Pionierarbeit von Paul Ekman, der die menschlichen Emotionen anhand der Gesichtsmuskeln einer Person umfassend erforschte. Er fand heraus, dass es sechs universelle menschliche Emotionen gibt (Zorn, Abscheu, Angst, Freude, Einsamkeit und Schock), die durch 46 Bewegungen, die sogenannten Aktionseinheiten, kodiert werden können – sie alle wurden Teil des Facial Action Coding System (FACS).

Während ihrer Zeit am MIT Media Lab entwickelte Rana ein „emotionales Hörgerät", ein tragbares Gerät, das Menschen mit Autismus eine bessere Interaktion im sozialen Umfeld ermöglichte.[14] Das System erkannte die Emotionen von Menschen und bot angemessene Reaktionsmöglichkeiten.

Es war bahnbrechend, denn die *New York Times* bezeichnete es als eine der folgenreichsten Innovationen des Jahres 2006. Aber Ranas System erregte auch die Aufmerksamkeit der Madison Avenue. Einfach ausgedrückt: Die Technologie könnte ein wirksames Instrument sein, um die Stimmung des Publikums in Bezug auf einen Fernsehspot zu messen.

---

[13] Rosalind W. Picard, *Affective Computing* (MIT Press).
[14] www.newyorker.com/magazine/2015/01/19/know-feel.

Ein paar Jahre später gründete Rana dann Affectiva. Das Unternehmen wuchs schnell und zog beträchtliche Summen an Risikokapital an (insgesamt hat es 54,2 Mio. US$ eingeworben).

Rana, die einst ignoriert wurde, ist nun zu einer der führenden Vertreterinnen und Vertreter eines Trends in der KI geworden, der sich „Emotion Tracking" nennt.

Das Vorzeigeprodukt von Affectiva ist Affdex, eine Cloud-basierte Plattform zum Testen des Publikums für Videos. Etwa ein Viertel der Fortune Global 500-Unternehmen nutzt sie.

Aber das Unternehmen hat noch ein weiteres Produkt entwickelt, das sich Affectiva Automotive AI nennt und bei dem es sich um ein Sensorensystem für den Innenraum eines Fahrzeugs handelt. Einige der Fähigkeiten beinhalten Folgendes:

- Überwachung auf Ermüdung oder Ablenkung der Fahrenden, was eine Warnung auslöst (z. B. ein Vibrieren des Sicherheitsgurts).

- Übergabe an ein halbautonomes System, wenn Fahrende wütend oder nicht wach sind. Es besteht sogar die Möglichkeit, Routenalternativen anzubieten, um das Potenzial für Aggression im Straßenverkehr zu verringern!

- Personalisierung des Inhalts – z. B. der Musik – auf der Grundlage der Emotionen des Fahrgastes.

Für all diese Angebote gibt es fortschrittliche Deep-Learning-Systeme, die enorme Mengen an Merkmalen aus einer Datenbank mit mehr als 7,5 Mio. Gesichtern verarbeiten. Diese Modelle berücksichtigen auch kulturelle Einflüsse und demografische Unterschiede – und das alles in Echtzeit.

Voice Commerce

NLP-gesteuerte Technologien wie virtuelle Assistenten, Chatbots und intelligente Lautsprecher sind in der Lage, leistungsstarke Geschäftsmodelle zu entwickeln – und könnten sogar Märkte wie E-Commerce und Marketing grundlegend verändern. Eine frühe Variante davon haben wir bereits mit dem WeChat-Franchise von Tencent gesehen. Das Unternehmen, das in der Blütezeit des Internet-Booms in den späten 1990er-Jahren gegründet wurde, begann mit einem einfachen PC-basierten Messenger-Produkt namens OICQ. Aber erst die Einführung von WeChat war ein Wendepunkt, denn

WeChat hat sich inzwischen zur größten Social-Media-Plattform Chinas mit über 1 Mrd. monatlich aktiver Nutzender entwickelt.[15]

Aber diese App ist zu mehr als nur zum Austausch von Nachrichten und zum Posten von Inhalten da. WeChat hat sich schnell zu einem universell einsetzbaren virtuellen Assistenten entwickelt, mit dem man ganz einfach eine Mitfahrgelegenheit bestellen, eine Zahlung beim lokalen Einzelhandel vornehmen, einen Flug buchen oder ein Spiel spielen kann. So entfallen auf die App monatlich fast 35 % der gesamten Nutzungszeit von Smartphones in China. WeChat ist auch einer der Hauptgründe dafür, dass das Land zunehmend zu einer bargeldlosen Gesellschaft geworden ist.

All dies deutet auf die Macht einer an Bedeutung gewinnenden Kategorie hin, die als Voice Commerce (oder V-Commerce) bezeichnet wird und bei der man Einkäufe per Chat oder Sprache tätigen kann. Dieser Trend ist so wichtig, dass Mark Zuckerberg von Facebook Anfang 2019 einen Blogbeitrag[16] schrieb, in dem er sagte, dass das Unternehmen mehr wie … WeChat werden würde.

Laut einer Studie von Juniper wird der Markt für Voice Commerce bis 2023 voraussichtlich ein Volumen von 80 Mrd. US$ erreichen.[17] Was die Gewinner in diesem Markt angeht, so ist es wahrscheinlich, dass es die Unternehmen sein werden, die eine große Anzahl von intelligenten Geräten wie Amazon, Apple und Google installiert haben. Aber es wird noch Platz für Anbietende von NLP-Technologien der nächsten Generation geben.

Gut, wie könnten sich diese KI-Systeme auf die Marketingbranche auswirken? Um das herauszufinden, wurde in der *Harvard Business Review* ein Artikel mit dem Titel „Marketing in the Age of Alexa" von Niraj Dawar und Neil Bendle veröffentlicht. Darin stellen die Autoren fest, dass „KI-Assistenten die Art und Weise verändern werden, wie Unternehmen mit ihren Kundinnen und Kunden in Kontakt treten. Sie werden der primäre Kanal sein, über den Menschen Informationen, Waren und Dienstleistungen erhalten, und das Marketing wird zum Kampf um ihre Aufmerksamkeit."[18]

Das Wachstum bei Chatbots, digitalen Assistenten und intelligenten Lautsprechern könnte also viel größer sein als die ursprüngliche Revolution des webbasierten E-Commerce. Diese Technologien haben erhebliche Vorteile für die Kundschaft, wie etwa Bequemlichkeit. Es ist einfach, einem Gerät zu sagen, dass es etwas kaufen soll, und die Maschine lernt auch Ihre

---

[15] www.wsj.com/articles/iphones-toughest-rival-in-china-is-wechat-a-mess-aging-app-1501412406.

[16] www.facebook.com/notes/mark-zuckerberg/a-privacy-focused-vision-for-social-networking/10156700570096634/.

[17] https://voicebot.ai/2019/02/19/juniper-forecasts-80-billion-in-voice-commerce-in-2023-or-10-per-assistant/.

[18] https://hbr.org/2018/05/marketing-in-the-age-of-alexa.

Gewohnheiten kennen. Wenn Sie also das nächste Mal sagen, dass Sie ein alkoholfreies Getränk möchten, wird der Computer wissen, was Sie meinen.

Dies könnte jedoch zu einem „Winner-take-all"-Szenario führen. Letztendlich werden die Konsumierenden wohl nur ein einziges intelligentes Gerät für ihre Einkäufe verwenden. Darüber hinaus müssen Marken, die ihre Waren verkaufen wollen, genau verstehen, was die Kundschaft wirklich will, um im Empfehlungs-Engine zum bevorzugten Anbietenden zu werden.

Virtuelle Assistenten

Im Jahr 2003, als die Vereinigten Staaten in Kriege im Nahen Osten verwickelt waren, wollte das Verteidigungsministerium in Technologien der nächsten Generation für das Schlachtfeld investieren. Eine der wichtigsten Initiativen war die Entwicklung eines hoch entwickelten virtuellen Assistenten, der gesprochene Anweisungen erkennen konnte. Das Verteidigungsministerium stellte dafür 150 Mio. US$ bereit und beauftragte das im Silicon Valley ansässige SRI (Stanford Research Institute) Lab mit der Entwicklung der Anwendung.[19] Obwohl das Labor eine gemeinnützige Einrichtung war, durfte es Lizenzen für seine Technologien (wie den Tintenstrahldrucker) an Start-ups vergeben.

Und genau das ist mit dem virtuellen Assistenten passiert. Einige der Mitglieder des SRI – Dag Kittlaus, Tom Gruber und Adam Cheyer – nannten ihn Siri und gründeten ihr eigenes Unternehmen, um aus der Gelegenheit Kapital zu schlagen. Sie gründeten das Unternehmen im Jahr 2007, als das iPhone von Apple auf den Markt kam.

Aber es waren noch viel mehr Forschungs- und Entwicklungsarbeiten erforderlich, um das Produkt so weit zu entwickeln, dass es für die Verbrauchenden nützlich sein konnte. Die Gründer mussten ein System für die Verarbeitung von Echtzeitdaten entwickeln, eine Suchmaschine für geografische Informationen aufbauen und die Sicherheit für Kreditkarten und persönliche Daten gewährleisten. Die größte Herausforderung war jedoch das NLP.

In einem Interview sagte Cheyer:

> „Die schwierigste technische Herausforderung bei Siri war der Umgang mit der enormen Menge an Mehrdeutigkeit in der menschlichen Sprache. Nehmen wir die Formulierung „Reservieren Sie ein 4-Sterne-Restaurant in Boston" – das scheint sehr einfach zu sein. Unser Prototyp-System konnte dies problemlos bewältigen. Als wir jedoch zig Millionen von Geschäftsnamen und Hunderttausende von Städten als Vokabular in das

---

[19] www.huffingtonpost.com/2013/01/22/siri-do-engine-apple-iphone_n_2499165.html.

System einspeisten (fast jedes Wort in der englischen Sprache ist ein Geschäftsname), ging die Zahl der möglichen Interpretationen durch die Decke."[20]

Dem Team gelang es jedoch, die Probleme zu lösen und Siri in ein leistungsfähiges System zu verwandeln, das im Februar 2010 im App Store von Apple veröffentlicht wurde. „Es ist die ausgefeilteste Spracherkennung, die bisher auf einem Smartphone erschienen ist", heißt es in einem Bericht auf Wired.com.[21]

Steve Jobs wurde aufmerksam und rief die Gründer an. Innerhalb weniger Tage trafen sie sich, und die Gespräche führten schnell zu einer Übernahme, die Ende April für mehr als 200 Mio. US$ erfolgte.

Jobs war jedoch der Meinung, dass Siri noch verbessert werden müsse. Aus diesem Grund gab es 2011 eine Neuauflage. Dies geschah tatsächlich einen Tag vor Jobs' Tod.

Heute hat Siri mit 48,6 % den größten Marktanteil auf dem Markt für virtuelle Assistenten. Google Assistant liegt bei 28,7 %, und Alexa von Amazon.com hat 13,2 %.[22]

Laut dem „Voice Assistant Consumer Adoption Report" haben etwa 146,6 Mio. Menschen in den Vereinigten Staaten virtuelle Assistenten auf ihren Smartphones und über 50 Mio. mit intelligenten Lautsprechern ausprobiert. Aber das ist nur ein Teil der Geschichte. Die Sprachtechnologie wird auch in Wearables, Kopfhörer und Geräte integriert.[23]

Hier sind einige weitere interessante Ergebnisse:

- Die Sprachsuche nach Produkten übertraf die Suche nach verschiedenen Unterhaltungsangeboten.

- Wenn es um Produktivität geht, sind die häufigsten Anwendungsfälle für Sprache das Tätigen von Anrufen, das Senden von E-Mails und das Stellen von Weckern.

- Die häufigste Nutzung von Smartphones mit Sprachsteuerung erfolgt beim Autofahren.

- Bei den Beschwerden über Sprachassistenten auf Smartphones bezog sich die Beschwerde mit dem höchsten Prozentsatz auf die Inkonsistenz beim Verstehen

---

[20] https://medium.com/swlh/the-story-behind-siri-fbeb109938b0.
[21] www.wired.com/2010/02/siri-voice-recognition-iphone/.
[22] www.businessinsider.com/siri-google-assistant-voice-market-share-charts-2018-6.
[23] https://voicebot.ai/wp-content/uploads/2018/11/voice-assistant-consumer-adoption-report-2018-voicebot.pdf.

von Anfragen. Auch dies weist auf die weiterhin bestehenden Herausforderungen des NLP hin.

Das Wachstumspotenzial für virtuelle Assistenten ist nach wie vor groß, und die Kategorie wird wahrscheinlich eine Schlüsselrolle in der KI-Branche spielen. Juniper Research prognostiziert, dass sich die Zahl der weltweit genutzten virtuellen Assistenten bis 2023 auf 2,5 Mrd. mehr als verdreifachen wird.[24] Die am schnellsten wachsende Kategorie werden voraussichtlich Smart-TVs sein. Ja, ich schätze, wir werden mit diesen Geräten Gespräche führen!

Chatbots

Es herrscht oft Verwirrung über die Unterschiede zwischen virtuellen Assistenten und Chatbots. Denken Sie daran, dass es viele Überschneidungen zwischen den beiden gibt. Beide nutzen NLP, um Sprache zu interpretieren und Aufgaben auszuführen.

Aber es gibt immer noch wichtige Unterscheidungen. In den meisten Fällen sind Chatbots in erster Linie für Unternehmen gedacht, z. B. für den Kundensupport oder für Vertriebsfunktionen. Virtuelle Assistenten hingegen sind im Grunde für jeden Menschen gedacht, um bei den täglichen Aktivitäten zu helfen.

Wie wir in Kap. 1 gesehen haben, gehen die Ursprünge von Chatbots auf die 1960er-Jahre mit der Entwicklung von ELIZA zurück. Aber erst in den letzten zehn Jahren wurde diese Technologie in großem Maßstab nutzbar.

Hier ist eine Auswahl interessanter Chatbots:

- *Ushur*: Diese Software ist in die Unternehmenssysteme von Versicherungsunternehmen integriert und ermöglicht die Automatisierung der Bearbeitung von Schadensfällen und Rechnungen sowie die Förderung des Vertriebs. Die Software hat gezeigt, dass das Anrufvolumen in den Servicecentern im Durchschnitt um 30 % gesenkt werden konnte und die Antwortquote der Kundschaft bei 90 % lag.[25] Das Unternehmen hat seinen eigenen hochmodernen Linguistik-Engine namens LISA (Language Intelligence Services Architecture) entwickelt. LISA umfasst NLP, NLU, Stimmungsanalyse, Sarkasmuserkennung, Themenerkennung, Datenextraktion und Sprachüber-

---

[24] https://techcrunch.com/2019/02/12/report-voice-assistants-in-use-to-triple-to-8-billion-by-2023/.
[25] Die Informationen stammen aus einem Interview des Autors mit dem CEO und Mitbegründer von Ushur, Simha Sadasiva.

setzungen. Die Technologie unterstützt derzeit 60 Sprachen, was sie zu einer nützlichen Plattform für globale Unternehmen macht.

- *Mya*: Hierbei handelt es sich um einen Chatbot, der sich im Rekrutierungsprozess an Gesprächen beteiligen kann. Wie Ushur basiert auch dieser Chatbot auf einer selbst entwickelten NLP-Technologie. Einige der Gründe dafür sind eine bessere Kommunikation, aber auch die Behandlung spezifischer Themen für die Einstellung.[26] Mya verkürzt die Zeit bis zum Vorstellungsgespräch und die Zeit bis zur Einstellung erheblich, indem es die wichtigsten Engpässe beseitigt.

- *Jane.ai*: Dies ist eine Plattform, die Daten aus den Anwendungen und Datenbanken eines Unternehmens – z. B. Salesforce.com, Office, Slack und Gmail – auswertet, um die Suche nach personalisierten Antworten zu erleichtern. Beachten Sie, dass etwa 35 % der Zeit von Mitarbeitenden mit der Suche nach Informationen verbracht wird! Ein Anwendungsfall von Jane.ai ist zum Beispiel USA Mortgage. Das Unternehmen nutzte die in Slack integrierte Technologie, um Maklern bei der Suche nach Informationen für die Hypothekenbearbeitung zu helfen. Das Ergebnis ist, dass USA Mortgage etwa 1000 menschliche Arbeitsstunden pro Monat eingespart hat.[27]

Trotz alledem haben Chatbots bisher nur gemischte Ergebnisse erzielt. Eines der Probleme ist zum Beispiel, dass es schwierig ist, Systeme für spezielle Bereiche zu programmieren.

Werfen Sie einen Blick auf eine Studie von UserTesting, die auf den Antworten von 500 Nutzenden von Chatbots im Gesundheitswesen basiert. Einige der wichtigsten Erkenntnisse: Es gibt nach wie vor viele Ängste vor Chatbots, insbesondere beim Umgang mit persönlichen Informationen, und die Technologie hat Probleme, komplexe Themen zu verstehen.[28]

Vor dem Einsatz eines Chatbots gibt es also einige Faktoren zu beachten:

- *Erwartungen festlegen*: Versprechen Sie nicht zu viel hinsichtlich der Fähigkeiten der Chatbots. Dies führt nur

---

[26] Die Informationen stammen aus einem Interview des Autors mit dem CEO und Mitbegründer von Mya, Eyal Grayevsky.

[27] Die Informationen stammen aus einem Interview des Autors mit dem CEO und Mitbegründer von Jane.ai, David Karandish.

[28] www.forbes.com/sites/bernardmarr/2019/02/11/7-amazing-examples-of-online-chatbots-and-virtual-digital-assistants-in-practice/#32bb1084533e.

dazu, dass Ihr Unternehmen enttäuscht wird. Sie sollten zum Beispiel nicht so tun, als sei der Chatbot ein Mensch. Das ist ein todsicherer Weg, um schlechte Erfahrungen zu machen. Beginnen Sie daher eine Chatbot-Konversation am besten mit „Hallo, ich bin ein Chatbot, der Ihnen helfen kann …".

- *Automatisierung*: In manchen Fällen kann ein Chatbot den gesamten Prozess mit einem Kunden oder einer Kundin übernehmen. Aber Sie sollten immer noch Menschen im Prozess involvieren. „Das Ziel von Chatbots ist es nicht, den Menschen vollständig zu ersetzen, sondern sozusagen die erste Verteidigungslinie zu sein", sagt Antonio Cangiano, ein KI-Verfechter bei IBM. „Das kann nicht nur bedeuten, dass Unternehmen Geld sparen, sondern auch, dass sie menschliche Arbeitskräfte verfügbar machen, die dann mehr Zeit für komplexe Anfragen haben, die an sie eskaliert werden."[29]

- *Reibung*: Versuchen Sie, so oft wie möglich Wege zu finden, mit denen der Chatbot Probleme so schnell wie möglich lösen kann. Und das muss nicht unbedingt in Form eines Gesprächs geschehen. Stattdessen könnte die Bereitstellung eines einfachen Formulars zum Ausfüllen eine bessere Alternative sein, z. B. um einen Termin für eine demonstrierende Präsentation zu vereinbaren.

- *Sich wiederholende Prozesse*: Diese sind oft ideal für Chatbots. Beispiele sind Authentifizierung, Auftragsstatus, Terminplanung und einfache Änderungsanfragen.

- *Zentralisierung*: Stellen Sie sicher, dass Sie die Daten mit Ihren Chatbots verknüpfen. Dies ermöglicht eine nahtlosere Erfahrung. Zweifellos werden Kundinnen und Kunden schnell genervt sein, wenn sie Informationen wiederholen müssen.

- *Personalisieren Sie das Erlebnis*: Das ist nicht einfach, kann aber große Vorteile bringen. Jonathan Taylor, der CTO von Zoovu, hat dieses Beispiel: „Der Kauf eines Kameraobjektivs ist für einzelne Kaufende jeweils anders. Es gibt viele Variationen von Objektiven, die vielleicht etwas informierte Kaufende verstehen – aber durchschnittliche Verbrauchende sind vielleicht nicht so

---

[29] Dies ist ein Auszug aus einem Interview des Autors mit Antonio Cangiano, einem KI-Verfechter bei IBM.

gut informiert. Die Bereitstellung eines assistiven Chatbots, der den Kunden oder die Kundin zum richtigen Objektiv führt, kann dazu beitragen, das gleiche Maß an Kundenservice zu bieten wie Angestellte im Laden. Der assistive Chatbot kann die richtigen Fragen stellen und das Ziel des Kunden oder der Kundin verstehen, um eine personalisierte Produktempfehlung zu geben, z. B. „Welche Art von Kamera haben Sie bereits?", „Warum kaufen Sie eine neue Kamera?" und „Was wollen Sie in erster Linie mit Ihren Fotos einfangen?"."[30]

- *Datenanalyse*: Es ist wichtig, das Feedback bei einem Chatbot zu überwachen. Wie hoch ist die Zufriedenheit? Wie hoch ist die Trefferquote?

- *Conversational Design und User Experience (UX)*: Es ist anders als bei der Erstellung einer Website oder sogar einer mobilen App. Bei einem Chatbot müssen Sie an die Persönlichkeit, das Geschlecht und sogar den kulturellen Kontext der Nutzenden denken. Außerdem müssen Sie die „Stimme" Ihres Unternehmens berücksichtigen. „Anstatt Vorführmodelle einer visuellen Schnittstelle zu erstellen, sollten Sie darüber nachdenken, Skripte zu schreiben und diese vor der Umsetzung ablaufen zu lassen", so Gillian McCann, Leiterin der Abteilung Cloud Engineering und künstliche Intelligenz bei Workgrid Software.[31]

Auch wenn es Probleme mit Chatbots gibt, wird die Technologie immer besser. Noch wichtiger ist, dass diese Systeme wahrscheinlich zu einem immer wichtigeren Teil der KI-Branche werden. Laut IDC werden 2019 etwa 4,5 Mrd. US$ für Chatbots ausgegeben – im Vergleich zu den geschätzten 35,8 Mrd. US$ für KI-Systeme insgesamt.[32]

Noch etwas: Eine Studie von Juniper Research zeigt, dass die Kosteneinsparungen durch Chatbots wahrscheinlich erheblich sein werden. Das Unternehmen prognostiziert, dass sie bis 2023 7,3 Mrd. US$ erreichen werden, während es 2019 nur 209 Mio. US$ waren.[33]

---

[30] Dies ist ein Auszug aus einem Interview des Autors mit Jonathan Taylor, dem CTO von Zoovu.

[31] Dies ist ein Auszug aus dem Interview des Autors mit Gillian McCann, der Leiterin der Abteilung Cloud Engineering und künstliche Intelligenz bei Workgrid Software.

[32] www.twice.com/retailing/artificial-intelligence-retail-chatbots-idc-spending.

[33] www.juniperresearch.com/press/press-releases/bank-cost-savings-via-chatbots-to-reach.

Zukunft des NLP

Boris Katz wurde 1947 in Moldawien geboren, das damals zur Sowjetunion gehörte. Er machte seinen Abschluss an der Moskauer Staatsuniversität, wo er sich mit Computern beschäftigte, und verließ dann das Land in Richtung Vereinigte Staaten (mithilfe von Senator Edward Kennedy).

Er verschwendete wenig Zeit und nutzte diese Gelegenheit. Er schrieb nicht nur mehr als 80 technische Veröffentlichungen und erhielt zwei US-Patente, sondern entwickelte auch das START-System, das ausgefeilte NLP-Funktionen ermöglichte. Es war 1993 die Grundlage für die erste Q&A-Website im Internet. Ja, das war der Vorläufer von bahnbrechenden Unternehmen wie Yahoo! und Google.

Boris' Innovationen waren auch ausschlaggebend für IBMs Watson, das heute im Mittelpunkt der KI-Bemühungen des Unternehmens steht. Dieser Computer schockierte 2011 die Welt, als er zwei der Rekord-Champions der beliebten Spielshow *Jeopardy!* schlug.

Trotz aller Fortschritte mit NLP ist Boris nicht zufrieden. Seiner Meinung nach befinden wir uns noch im Anfangsstadium und es muss noch viel mehr getan werden, um einen echten Nutzen zu erzielen. In einem Interview mit der *MIT Technology Review* sagte er: „Aber andererseits sind diese Programme [wie Siri und Alexa] so unglaublich dumm. Es gibt also ein Gefühl des Stolzes und ein Gefühl der Verlegenheit. Man bringt etwas auf den Markt, von dem die Leute denken, dass es intelligent ist, aber es ist nicht einmal annähernd so.“[34]

Das soll nicht heißen, dass er ein Pessimist ist. Dennoch ist er der Meinung, dass NLP neu überdacht werden muss, wenn es zu „echter Intelligenz“ gelangen soll. Zu diesem Zweck müssen die Forschenden seiner Meinung nach über die reine Computerwissenschaft hinausgehen und sich mit anderen Bereichen wie Neurowissenschaft, Kognitionswissenschaft und Psychologie befassen. Er ist auch der Meinung, dass NLP-Systeme sich darin verbessern müssen, die Aktivitäten in der realen Welt zu verstehen.

Schlussfolgerung

Für viele Menschen ist die erste Interaktion mit NLP die mit virtuellen Assistenten. Auch wenn die Technologie noch lange nicht perfekt ist, ist sie doch recht nützlich – vor allem, wenn es darum geht, Fragen zu beantworten oder Informationen zu erhalten, beispielsweise über ein Restaurant in der Nähe.

Aber auch in der Geschäftswelt hat NLP einen großen Einfluss. In den kommenden Jahren wird die Technologie für den elektronischen Handel und

---

[34] www.technologyreview.com/s/612826/virtual-assistants-thinks-they-re-doomed-without-a-new-ai-approach/.

den Kundendienst zunehmend an Bedeutung gewinnen, was zu erheblichen Kosteneinsparungen führen und es den Mitarbeitenden ermöglichen wird, sich auf wertschöpfungsintensivere Tätigkeiten zu konzentrieren.

Aufgrund der Komplexität der Sprache liegt zwar noch ein langer Weg vor uns. Aber die Fortschritte sind weiterhin rasant, insbesondere mithilfe von KI-Ansätzen der nächsten Generation wie Deep Learning.

Wichtigste Erkenntnisse

- Natural Language Processing (NLP) ist der Einsatz von künstlicher Intelligenz, der es Computern ermöglicht, Menschen zu verstehen.

- Ein Chatbot ist ein KI-System, das mit Menschen kommuniziert, zum Beispiel per Sprache oder Onlinechat.

- Obwohl es große Fortschritte im NLP gibt, bleibt noch viel zu tun. Zu den Herausforderungen gehören u. a. die Mehrdeutigkeit der Sprache, nonverbale Hinweise, unterschiedliche Dialekte und Akzente sowie Veränderungen in der Sprache.

- Die beiden wichtigsten Schritte bei NLP sind die Bereinigung/Vorverarbeitung des Textes und der Einsatz von KI zum Verstehen und Generieren von Sprache.

- Bei der Tokenisierung wird der Text geparst und in verschiedene Teile segmentiert.

- Bei der Normierung wird der Text in eine Form umgewandelt, die die Analyse erleichtert, z. B. durch das Entfernen von Interpunktionen oder Kontraktionen.

- Stemming beschreibt den Prozess der Reduzierung eines Wortes auf seinen Stamm (oder sein Lemma), z. B. durch Entfernen von Affixen und Suffixen.

- Ähnlich wie beim Stemming geht es bei der Lemmatisierung darum, ähnliche Wortstämme zu finden.

- Um Sprache zu verstehen, gibt es im NLP eine Reihe von Ansätzen, wie z. B. das Part-of-Speech-Tagging (Einordnung des Textes in die grammatikalische Form), Chunking (Verarbeitung von Text in Phrasen) und Themenmodellierung (Auffinden von versteckten Mustern und Clustern).

- Ein Phonem ist die grundlegendste Lauteinheit in einer Sprache.

Physische Roboter

Die ultimative Manifestation von KI

In der Stadt Pasadena ging ich zum Mittagessen zu CaliBurger und bemerkte eine Menschenmenge neben dem Bereich, in dem das Essen zubereitet wurde – der hinter Glas war. Die Leute machten Fotos mit ihren Smartphones!

Warum? Der Grund war Flippy, ein KI-gesteuerter Roboter, der Burger braten kann.

Ich war in dem Restaurant mit David Zito, dem CEO und Mitbegründer des Unternehmens Miso Robotics, das das System gebaut hat. „Flippy trägt dazu bei, die Qualität der Speisen zu verbessern, weil sie einheitlich sind, und senkt die Produktionskosten", sagte er. „Außerdem haben wir den Roboter so konstruiert, dass er die gesetzlichen Vorschriften strikt einhält."[1]

Nach dem Mittagessen ging ich zum Labor von Miso Robotics, wo es ein Testzentrum mit Musterrobotern gab. Hier sah ich die Konvergenz von Software-KI-Systemen und physischen Robotern. Die Ingenieursfachleute

---

[1] Dieser Artikel basiert auf einem Interview, das der Autor im Januar 2019 mit David Zito, dem CEO und Mitbegründer von Miso Robotics, geführt hat.

bauten das Gehirn von Flippy, das in die Cloud hochgeladen wurde. Zu den Fähigkeiten von Flippy gehörte es, Utensilien und den Grill abzuwaschen, zu lernen, sich an Probleme beim Kochen anzupassen, zwischen einem Pfannenwender für rohes und einem für gegartes Fleisch zu wechseln und Körbe in die Fritteuse zu stellen. All dies geschah in Echtzeit.

Die Lebensmittelindustrie ist jedoch nur einer der vielen Bereiche, die von Robotik und KI stark beeinflusst werden.

Nach Angaben der International Data Corporation (IDC) werden die Ausgaben für Robotik und Drohnen von 115,7 Mrd. US$ im Jahr 2019 auf 210,3 Mrd. US$ im Jahr 2022 steigen.[2] Dies entspricht einer durchschnittlichen jährlichen Wachstumsrate von 20,2 %. Etwa zwei Drittel der Ausgaben werden auf Hardwaresysteme entfallen.

In diesem Kapitel werfen wir einen Blick auf physische Roboter und darauf, wie KI die Branche verändern wird.

Was ist ein Roboter?

Die Ursprünge des Wortes „Roboter" gehen auf ein Stück von Karel Capek aus dem Jahr 1921 mit dem Titel *Rossum's Universal Robots* zurück. Darin geht es um eine Fabrik, die Roboter aus organischer Materie herstellt, und ja, sie waren feindselig! Sie schlossen sich schließlich zusammen, um gegen ihre menschlichen Herren zu rebellieren (man bedenke, dass „Roboter" vom tschechischen Wort *robata* für Zwangsarbeit stammt).

Aber was ist heute eine gute Definition für diese Art von System? Denken Sie daran, dass es viele Varianten gibt, da Roboter eine Vielzahl von Formen und Funktionen haben können.

Aber wir können sie in ein paar wesentlichen Aspekten zusammenfassen:

- *Physisch*: Roboter können unterschiedlich groß sein, von winzigen Maschinen, die unseren Körper erforschen können, über massive Industriesysteme bis hin zu Flugmaschinen und Unterwasserfahrzeugen. Außerdem müssen sie über eine Energiequelle verfügen, z. B. eine Batterie, Strom oder Sonnenenergie.

- *Handeln*: Ganz einfach – ein Roboter muss in der Lage sein, bestimmte Aktionen auszuführen. Dazu könnte gehören, einen Gegenstand zu bewegen oder sogar zu sprechen.

---

[2] www.idc.com/getdoc.jsp?containerId=prUS44505618.

- *Erkennen*: Um handeln zu können, muss ein Roboter seine Umgebung verstehen. Dies ist mit Sensoren und Rückmeldesystemen möglich.

- *Intelligenz*: Dies bedeutet nicht, dass er über vollständige KI-Fähigkeiten verfügt. Dennoch muss ein Roboter so programmiert werden können, dass er Aktionen ausführt.

Heutzutage ist es nicht allzu schwierig, einen Roboter von Grund auf zu bauen. RobotShop.com hat zum Beispiel Hunderte von Bausätzen im Angebot, die von unter 10 US\$ bis zu 35.750,00 US\$ reichen (das ist die Dr. Robot Jaguar V6 Tracked Mobile Platform).

Eine herzerwärmende Geschichte über den Einfallsreichtum beim Bau von Robotern handelt von dem 2-jährigen Cillian Jackson. Er wurde mit einer seltenen genetischen Erkrankung geboren, die ihn bewegungsunfähig machte. Seine Eltern versuchten, die Kosten für einen speziellen elektrischen Rollstuhl erstattet zu bekommen, was jedoch abgelehnt wurde.

Nun, die Schülerinnen und Schüler der Farmington High School wurden aktiv und bauten ein System für Cillian.[3] Es handelte sich im Wesentlichen um einen Roboter-Rollstuhl, und es dauerte nur einen Monat, bis er fertig war. Damit kann Cillian jetzt seine beiden Corgis durch das Haus jagen!

Während wir uns oben mit den Merkmalen von Robotern befasst haben, gibt es auch wichtige Interaktionen zu berücksichtigen:

- *Sensoren*: Der typische Sensor ist eine Kamera oder ein Lidar (Light Detection and Ranging), das mit einem Laserscanner 3-D-Bilder erstellt. Aber Roboter könnten auch Systeme für Ton, Berührung, Geschmack und sogar Geruch haben. Sie könnten sogar über Sensoren verfügen, die über die menschlichen Fähigkeiten hinausgehen, wie Nachtsicht oder die Erkennung von Chemikalien. Die von den Sensoren gelieferten Informationen werden an einen Controller gesendet, der einen Arm oder andere Teile des Roboters aktivieren kann.

- *Aktuatoren*: Dies sind elektromechanische Geräte wie Motoren. In den meisten Fällen helfen sie bei der Bewegung von Armen, Beinen, Kopf und anderen beweglichen Teilen.

- *Computer*: Es gibt Speicher und Prozessoren, die bei der Verarbeitung der Eingaben durch die Sensoren helfen. In fortgeschrittenen Robotern können auch KI-Chips oder Internetverbindungen zu KI-Cloud-Plattformen vorhanden sein.

---

[3] www.nytimes.com/2019/04/03/us/robotics-wheelchair.html.

Abb. 7-1 zeigt das Zusammenspiel dieser Funktionen.

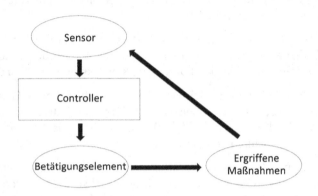

Abb. 7-1. Das allgemeine System für einen physischen Roboter

Es gibt auch zwei Hauptmöglichkeiten, einen Roboter zu bedienen. Erstens gibt es die Fernsteuerung durch menschliche Bedienende. In diesem Fall wird der Roboter als Teleroboter bezeichnet. Dann gibt es den autonomen Roboter, der seine eigenen Fähigkeiten nutzt, um zu navigieren – zum Beispiel mit KI.

Was war also der erste mobile, denkende Roboter? Er hieß Shakey. Der Name war passend, wie der Projektleiter des Systems, Charles Rosen, bemerkte: „Wir haben einen Monat lang versucht, einen guten Namen für ihn zu finden, von griechischen Namen bis hin zu was auch immer, und dann sagte einer von uns: ‚Hey, er wackelt wie verrückt und bewegt sich, nennen wir ihn einfach Shakey'."[4]

Das Stanford Research Institute (SRI) arbeitete mit finanzieller Unterstützung der DARPA von 1966 bis 1972 an Shakey. Und für die damalige Zeit war er ziemlich ausgeklügelt. Shakey war über zwei Meter groß und hatte Räder, um sich fortzubewegen, sowie Sensoren und Kameras, um beim Berühren zu helfen. Außerdem war er drahtlos mit den DEC PDP-10 und PDP-15 Computern verbunden. Von hier aus konnte eine Person Befehle per Fernschreiber eingeben. Allerdings nutzte Shakey Algorithmen, um sich in seiner Umgebung zurechtzufinden und sogar Türen zu schließen.

Die Entwicklung des Roboters war das Ergebnis einer Vielzahl von Durchbrüchen in der KI. So schufen Nils Nilsson und Richard Fikes STRIPS (Stanford Research Institute Problem Solver), das eine automatische Planung

---

[4] www.computerhistory.org/revolution/artificial-intelligence-robotics/13/289.

ermöglichte, sowie den A*-Algorithmus zur Ermittlung des kürzesten Weges mit dem geringsten Aufwand an Computerressourcen.[5]

In den späten 1960er-Jahren, als sich Amerika auf das Raumfahrtprogramm konzentrierte, bekam Shakey viel Zuspruch. Ein schmeichelhafter Artikel in *Life* erklärte, der Roboter sei der „erste elektronische Mensch".[6]

Doch leider zog die DARPA 1972, als der KI-Winter einsetzte, die Mittel für Shakey zurück. Dennoch blieb der Roboter ein wichtiger Teil der Technikgeschichte und wurde 2004 in die Robot Hall of Fame aufgenommen.[7]

Industrielle und kommerzielle Roboter

Der erste Einsatz von Robotern in der Praxis erfolgte in der Fertigungsindustrie. Aber es dauerte eine ganze Weile, bis sich diese Systeme durchsetzen konnten.

Die Geschichte beginnt mit George Devol, einem Erfinder, der die Highschool nicht abgeschlossen hat. Aber das war kein Problem. Devol hatte ein Händchen für Technik und Kreativität, denn er entwickelte später einige der Kernsysteme für Mikrowellenherde, Strichcodes und automatische Türen (im Laufe seines Lebens erhielt er über 40 Patente).

In den frühen 1950er-Jahren erhielt er auch ein Patent für einen programmierbaren Roboter namens „Unimate". Er hatte Mühe, Beteiligungen an seiner Idee einzuwerben, denn alle Investierenden lehnten ihn ab.

Doch 1957 sollte sich sein Leben für immer verändern, als er auf einer Cocktailparty Joseph Engelberger kennenlernte. Stellen Sie es sich so vor, als Steve Jobs und Steve Wozniak sich trafen, um den Apple-Computer zu entwickeln.

Engelberger war ein Ingenieur, aber auch ein kluger Geschäftsmann. Er liebte es sogar, Science-Fiction zu lesen, zum Beispiel die Geschichten von Isaac Asimov. Aus diesem Grund wollte Engelberger, dass Unimate der Gesellschaft zugutekommt.

Dennoch gab es Widerstände – viele hielten die Idee für unrealistisch und, nun ja, für Science-Fiction – und es dauerte ein Jahr, bis die Finanzierung stand. Aber als Engelberger die Finanzierung erhielt, verschwendete er wenig Zeit mit dem Bau des Roboters und konnte ihn 1961 an General Motors (GM) verkaufen. Unimate war zwar sperrig (er wog 2700 lbs) und hatte einen 7 ft langen Arm, aber er war dennoch recht nützlich und sein Einsatz bedeutete

---

[5] https://spectrum.ieee.org/view-from-the-valley/tech-history/space-age/sri-shakey-robot-honored-as-ieee-milestone.
[6] www.sri.com/work/timeline-innovation/timeline.php?timeline=computing-digital#!&innovation=shakey-the-robot.
[7] www.wired.com/2013/09/tech-time-warp-shakey-robot/.

auch, dass Menschen keine von Natur aus gefährlichen Tätigkeiten verrichten mussten. Zu seinen Hauptfunktionen gehörten Schweißen, Sprühen und Greifen – alles präzise und rund um die Uhr.

Engelberger suchte nach kreativen Wegen, um seinen Roboter zu propagieren. Zu diesem Zweck trat er 1966 in der *Tonight Show* von Johnny Carson auf, wo Unimate einen Golfball perfekt einlochte und sogar Bier ausschenkte. Johnny witzelte, dass die Maschine „den Job von jemandem ersetzen könnte".[8]

Aber Industrieroboter hatten auch ihre Tücken. Interessanterweise lernte GM dies in den 1980er-Jahren auf die harte Tour. Damals propagierte CEO Roger Smith die Vision einer „lights out"-Fabrik, in der Roboter im Dunkeln Autos bauen könnten!

Er investierte satte 90 Mrd. US$ in das Programm und gründete sogar ein Joint Venture mit Fujitsu-Fanuc namens GMF Robotics. Das Unternehmen wurde zum weltweit größten Hersteller von Robotern.

Doch leider entpuppte sich das Vorhaben als Desaster. Abgesehen davon, dass die Gewerkschaften verärgert waren, erfüllten die Roboter oft nicht die Erwartungen. Zu den Fiaskos gehörten Roboter, die Türen zuschweißten oder sich selbst lackierten – nicht die Autos!

Die Situation von GMF ist jedoch nichts wirklich Neues – und es geht nicht unbedingt um fehlgeleitete Führungskräfte. Werfen Sie einen Blick auf Tesla, eines der innovativsten Unternehmen der Welt. Dennoch hatte CEO Elon Musk große Probleme mit den Robotern in seinen Produktionshallen. Die Probleme wurden so schlimm, dass die Existenz von Tesla gefährdet war.

In einem Interview auf *CBS This Morning* im April 2018 sagte Musk, er habe bei der Herstellung des Model 3 zu viele Roboter eingesetzt, was den Prozess verlangsamt habe.[9] Er merkte an, dass er mehr Menschen hätte einbeziehen sollen.

All dies deutet darauf hin, was Hans Moravec einmal geschrieben hat: „Es ist vergleichsweise einfach, Computer in Intelligenztests oder beim Damespiel auf das Niveau eines Erwachsenen zu bringen, und schwierig oder unmöglich, ihnen die Fähigkeiten eines Einjährigen zu verleihen, wenn es um Wahrnehmung und Mobilität geht."[10] Dies wird oft als das Moravecsche Paradox bezeichnet.

Ungeachtet dessen haben sich Industrieroboter zu einer massiven Industrie entwickelt, die sich auf verschiedene Segmente wie Konsumgüter, Biotechnologie/Gesundheitswesen und Kunststoffe erstreckt. Im Jahr 2018 wurden laut

---

[8] www.theatlantic.com/technology/archive/2011/08/unimate-robot-on-johnny-carsons-tonight-show-1966/469779/.
[9] www.theverge.com/2018/4/13/17234296/tesla-model-3-robots-production-hell-elon-musk.
[10] www.graphcore.ai/posts/is-moravecs-paradox-still-relevant-for-ai-today.

Daten der Robotic Industries Association (RIA) 35.880 industrielle und kommerzielle Roboter in Nordamerika ausgeliefert.[11] Auf die Automobilindustrie entfielen beispielsweise rund 53 %, doch dieser Anteil ist rückläufig.

Jeff Burnstein, Präsident der Association for Advancing Automation, äußerte sich wie folgt:

> „Und wie wir von unseren Mitgliedern und auf Messen wie der Automate erfahren haben, gehen diese Verkäufe und Lieferungen nicht mehr nur an große, multinationale Unternehmen. Kleine und mittlere Unternehmen setzen Roboter ein, um reale Herausforderungen zu lösen, was ihnen hilft, auf globaler Ebene wettbewerbsfähiger zu sein."[12]

Gleichzeitig sinken die Kosten für die Herstellung von Industrierobotern weiter. Nach Untersuchungen von ARK werden die Kosten bis 2025 um 65 % sinken, wobei die Geräte im Durchschnitt weniger als 11.000 US$ pro Stück kosten werden.[13] Die Analyse basiert auf dem Wright'schen Gesetz, das besagt, dass für jede kumulative Verdoppelung der produzierten Stückzahl ein stetiger prozentualer Rückgang der Kosten zu verzeichnen ist.

Gut, und was ist mit KI und Robotern? Wie ist der Stand der Technik? Trotz der Durchbrüche beim Deep Learning sind die Fortschritte beim Einsatz von KI bei Robotern im Allgemeinen gering. Das liegt zum Teil daran, dass sich ein Großteil der Forschung auf softwarebasierte Modelle konzentriert hat, wie z. B. bei der Bilderkennung. Ein weiterer Grund ist jedoch, dass physische Roboter ausgefeilte Technologien benötigen, um ihre Umgebung – die oft laut und ablenkend ist – in Echtzeit zu verstehen. Dies erfordert Simultaneous Localization and Mapping (SLAM), das heißt die gleichzeitige Lokalisierung und Kartierung in unbekannten Umgebungen bei gleichzeitiger Verfolgung der Position des Roboters. Um dies effektiv zu bewerkstelligen, müssen möglicherweise sogar neue Technologien entwickelt werden, wie bessere Algorithmen für neuronale Netze und Quantencomputer.

Trotz alledem werden sicherlich Fortschritte gemacht, insbesondere durch den Einsatz von Techniken des verstärkenden Lernens. Betrachten Sie einige der folgenden Innovationen:

- *Osaro:* Das Unternehmen entwickelt Systeme, die es Robotern ermöglichen, schnell zu lernen. Osaro beschreibt dies als „die Fähigkeit, Verhalten zu imitieren, das eine erlernte Sensorfusion sowie Planung und Objektmanipulation auf hohem Niveau erfordert. Es wird auch die Fähigkeit ermöglichen, Gelerntes von einer

---

[11] www.apnews.com/b399fa71204d47199fdf4c753102e6c7.
[12] www.apnews.com/b399fa71204d47199fdf4c753102e6c7.
[13] https://ark-invest.com/research/industrial-robot-costs.

Maschine zur anderen zu übertragen und sich über die Erkenntnisse von menschlichen Programmierenden hinaus zu verbessern".[14] So konnte beispielsweise einer der Roboter innerhalb von nur 5 Sekunden lernen, wie man ein Huhn anhebt und platziert (das System soll in Geflügelfabriken eingesetzt werden).[15] Aber die Technologie könnte viele Anwendungen haben, etwa für Drohnen, autonome Fahrzeuge und das Internet der Dinge (IoT).

- *OpenAI*: Sie haben den Dactyl entwickelt, eine Roboterhand, die eine menschenähnliche Geschicklichkeit besitzt. Dies basiert auf einem ausgeklügelten Training von Simulationen, nicht auf Interaktionen in der realen Welt. OpenAI nennt dies „Domain Randomization", bei der dem Roboter viele Szenarien präsentiert werden – auch solche, die eine sehr geringe Eintrittswahrscheinlichkeit haben. Mit Dactyl waren die Simulationen in der Lage, etwa 100 Jahre der Problemlösung einzubeziehen.[16] Eines der überraschenden Ergebnisse war, dass das System menschliche Handbewegungen lernte, die nicht vorprogrammiert waren – wie das Gleiten des Fingers. Dactyl wurde auch darauf trainiert, mit unvollkommenen Informationen umzugehen, beispielsweise, wenn die Sensoren verzögerte Messwerte liefern oder wenn mehrere Objekte gehandhabt werden müssen.

- *MIT*: Ein Roboter braucht leicht Tausende von Datenproben, um seine Umgebung zu verstehen, z. B. um etwas so Einfaches wie einen Becher zu erkennen. Laut einer Forschungsarbeit von Professoren des MIT könnte es jedoch einen Weg geben, dies zu reduzieren. Sie verwendeten ein neuronales Netz, das sich auf einige wenige Schlüsselmerkmale konzentriert.[17] Die Forschung befindet sich noch im Anfangsstadium, aber sie könnte sich für Roboter als sehr nützlich erweisen.

- *Google*: Seit 2013 hat sich das Unternehmen mit Fusionen und Übernahmen (M&A) von Robotikunternehmen überschlagen. Doch die Ergebnisse waren enttäuschend. Trotzdem hat das Unternehmen das Geschäft nicht

---

[14]www.osaro.com/technology.
[15]www.technologyreview.com/s/611424/this-is-how-the-robot-uprising-finally-begins/.
[16]https://openai.com/blog/learning-dexterity/.
[17]https://arxiv.org/abs/1903.06684.

aufgegeben. In den letzten Jahren hat sich Google auf die Entwicklung von einfacheren Robotern konzentriert, die durch KI gesteuert werden, und das Unternehmen hat eine neue Abteilung namens Robotics at Google gegründet. Einer der Roboter kann sich beispielsweise einen Behälter mit Gegenständen ansehen und den gewünschten Gegenstand identifizieren, indem er ihn mit drei Fingern aufhebt – in etwa 85 % der Fälle. Ein normaler Mensch hingegen schafft dies nur zu etwa 80 %.[18]

Deutet all dies also auf eine vollständige Automatisierung hin? Wahrscheinlich nicht – zumindest nicht in absehbarer Zukunft. Denken Sie daran, dass ein wichtiger Trend die Entwicklung von Cobots ist. Dabei handelt es sich um Roboter, die zusammen mit Menschen arbeiten. Alles in allem handelt es sich um einen viel leistungsfähigeren Ansatz, da die Vorteile von Maschinen und Menschen genutzt werden können.

Einer der großen Marktführer in dieser Kategorie ist Amazon.com. Im Jahr 2012 hat das Unternehmen 775 Mio. US$ für Kiva, einen führenden Hersteller von Industrierobotern, ausgegeben. Seitdem hat Amazon.com etwa 100.000 Systeme in mehr als 25 Fulfillment-Zentren eingeführt (dadurch konnte das Unternehmen seine Lagerkapazität um 40 % verbessern).[19] Das Unternehmen beschreibt es folgendermaßen:

> „Amazon Robotics automatisiert die Abläufe in den Fulfillment-Zentren mit verschiedenen Methoden der Robotertechnologie, darunter autonome mobile Roboter, hoch entwickelte Steuerungssoftware, Sprachwahrnehmung, Energiemanagement, Computer Vision, Tiefenwahrnehmung, maschinelles Lernen, Objekterkennung und semantisches Verständnis von Befehlen."[20]

In den Lagern bewegen sich die Roboter schnell über den Boden und helfen dabei, die Lagerbehälter zu finden und anzuheben. Aber auch Menschen sind wichtig, da sie besser in der Lage sind, einzelne Produkte zu identifizieren und zu entnehmen.

Doch die Einrichtung ist sehr kompliziert. Zum Beispiel tragen die Lagerarbeitenden Robotic Tech Vests, um nicht von Robotern überfahren zu werden![21] Diese Technologie ermöglicht es einem Roboter, eine Person zu identifizieren.

---

[18] www.nytimes.com/2019/03/26/technology/google-robotics-lab.html.

[19] https://techcrunch.com/2019/03/29/built-robotics-massive-construction-excavator-drives-itself/.

[20] www.amazonrobotics.com/#/vision.

[21] www.theverge.com/2019/1/21/18191338/amazon-robot-warehouse-tech-vest-utility-belt-safety.

Aber es gibt noch andere Probleme mit Cobots. Zum Beispiel besteht die reale Befürchtung, dass die Mitarbeitenden letztendlich durch die Maschinen ersetzt werden. Außerdem fühlen sich die Menschen natürlich wie das sprichwörtliche kleine Rädchen im Getriebe, was zu einer geringeren Arbeitsmoral führen kann. Können Menschen wirklich eine Beziehung zu Robotern aufbauen? Wahrscheinlich nicht, vor allem nicht mit Industrierobotern, die eigentlich keine menschlichen Eigenschaften haben.

Roboter in der realen Welt

Schauen wir uns nun einige andere interessante Anwendungsfälle mit Industrie- und Handelsrobotern an.

Anwendungsfall: Sicherheit

Sowohl Erik Schluntz als auch Travis Deyle verfügen über umfangreiche Erfahrungen in der Robotikbranche und haben bei Unternehmen wie Google und SpaceX gearbeitet. Im Jahr 2016 wollten sie ihr eigenes Unternehmen gründen, verbrachten aber zunächst viel Zeit damit, eine reale Anwendung für die Technologie zu finden, was Gespräche mit zahlreichen Unternehmen erforderte. Schluntz und Deyle fanden ein gemeinsames Thema: den Bedarf an physischer Sicherheit von Einrichtungen. Wie könnten Roboter nach 17 Uhr für Schutz sorgen, ohne dass große Summen für Sicherheitspersonal ausgegeben werden müssten?

Dies führte zur Gründung von Cobalt Robotics. Der Zeitpunkt war genau richtig, denn Technologien wie Computer Vision, maschinelles Lernen und natürlich die Fortschritte in der Robotik konvergierten.

Herkömmliche Sicherheitstechnologien sind zwar effektiv – z. B. Kameras und Sensoren –, aber sie sind statisch und eignen sich nicht unbedingt für eine Reaktion in Echtzeit. Mit einem Roboter ist es jedoch möglich, aufgrund der Mobilität und der zugrunde liegenden Intelligenz viel proaktiver zu sein.

Der Mensch ist aber immer noch im Spiel. Roboter können dann das tun, was sie gut können, z. B. Datenverarbeitung und -auswertung rund um die Uhr, und Menschen können sich auf kritisches Denken und das Abwägen von Alternativen konzentrieren.

Neben seiner Technologie ist Cobalt auch mit seinem Geschäftsmodell innovativ, das es Robotics as a Service (RaaS) nennt. Durch ein kostenpflichtiges Abonnement sind diese Geräte für die Beziehenden viel erschwinglicher.

Anwendungsfall: Roboter, die Böden schrubben

Einige der interessantesten Anwendungen für Roboter werden wir wahrscheinlich in Kategorien sehen, die ziemlich alltäglich sind. Andererseits sind diese Maschinen wirklich gut darin, sich wiederholende Prozesse zu erledigen.

Werfen Sie einen Blick auf Brain Corp, das 2009 von Dr. Eugene Izhikevich und Dr. Allen Gruber gegründet wurde. Sie entwickelten ihre Technologie zunächst für Qualcomm und die DARPA. Inzwischen nutzt Brain jedoch auch maschinelles Lernen und Computer Vision für selbstfahrende Roboter. Insgesamt hat das Unternehmen 125 Mio. US$ von Investierenden wie Qualcomm und SoftBank erhalten.

Das Aushängeschild von Brain ist der Roboter Auto-C, der effizient Böden schrubbt. Dank des KI-Systems BrainOS (das mit der Cloud verbunden ist) ist die Maschine in der Lage, selbstständig durch komplexe Umgebungen zu navigieren. Dazu drückt man eine Taste, und Auto-C kartiert dann schnell die Route.

Ende 2018 vereinbarte Brain mit Walmart die Einführung von 1500 Auto-C-Robotern in Hunderten von Filialen.[22] Das Unternehmen hat auch Roboter an Flughäfen und in Einkaufszentren eingesetzt.

Aber das ist nicht der einzige Roboter, der bei Walmart in Arbeit ist. Das Unternehmen installiert auch Maschinen, die Regale scannen können, um bei der Bestandsverwaltung zu helfen. Bei rund 4600 Filialen in den Vereinigten Staaten werden Roboter wahrscheinlich einen großen Einfluss auf den Einzelhändler haben.[23]

Anwendungsfall: Online-Apotheke

Als Apotheker der zweiten Generation kannte TJ Parker die Frustrationen der Menschen bei der Verwaltung ihrer Rezepte aus erster Hand. Also fragte er sich: Könnte die Lösung darin bestehen, eine digitale Apotheke zu schaffen?

Er war überzeugt, dass die Antwort „Ja" lautete. Aber obwohl er über solides Wissen über die Branche verfügte, brauchte er einen technisch versierten Mitbegründer, den er in Elliot Cohen, einem MIT-Ingenieur, fand. Die beiden gründeten PillPack im Jahr 2013.

---

[22] www.wsj.com/articles/walmart-is-rolling-out-the-robots-11554782460.
[23] https://techcrunch.com/2019/04/10/the-startup-behind-walmarts-shelf-scanning-robots/.

Der Schwerpunkt lag darauf, das Kundenerlebnis neu zu gestalten. Über eine App oder die PillPack-Webseite konnten sich Nutzende ganz einfach anmelden, z. B. um Versicherungsdaten einzugeben, verschriebene Medikamente zu bestellen und Lieferungen festzulegen. Wenn Nutzende das Paket erhielten, enthielt es detaillierte Informationen über die Dosierung und sogar Bilder der einzelnen Pillen. Außerdem waren alle Pillen mit Etiketten versehen und in Behältern vorsortiert.

Um all dies zu verwirklichen, war eine ausgeklügelte technologische Infrastruktur, PharmacyOS genannt, erforderlich. Sie basierte auch auf einem Netzwerk von Robotern, die in einem 80.000 m² großen Lager untergebracht waren. Auf diese Weise konnte das System die Rezepte effizient sortieren und verpacken. Die Einrichtung verfügte aber auch über zugelassene pharmazeutische Fachkräfte, die den Prozess verwalteten und sicherstellten, dass alles den Vorschriften entsprach.

Im Juni 2018 hat Amazon.com rund 1 Mrd. US$ für PillPack ausgegeben. Auf diese Nachricht hin fielen die Aktien von Unternehmen wie CVS und Walgreens, da befürchtet wurde, dass der E-Commerce-Riese ein großes Geschäft auf dem Gesundheitsmarkt machen wollen würde.

Anwendungsfall: Roboter-Wissenschaftler

Die Entwicklung von verschreibungspflichtigen Medikamenten ist enorm teuer. Nach Untersuchungen des Tufts Center for the Study of Drug Development belaufen sich die durchschnittlichen Kosten für ein zugelassenes Medikament auf etwa 2,6 Mrd. US$.[24] Außerdem kann es aufgrund der schwerfälligen Vorschriften leicht über ein Jahrzehnt dauern, bis ein neues Medikament auf den Markt kommt.

Aber der Einsatz von hoch entwickelten Robotern und Deep Learning könnte helfen. Um zu sehen wie, schauen Sie sich an, was Forschende an den Universitäten Aberystwyth und Cambridge getan haben. Im Jahr 2009 brachten sie Adam auf den Markt, einen Roboter-Wissenschaftler, der bei der Entdeckung von Medikamenten half. Ein paar Jahre später brachten sie Eve auf den Markt, die nächste Robotergeneration.

Das System ist in der Lage, Hypothesen aufzustellen und diese zu testen sowie Experimente durchzuführen. Bei dem Prozess geht es jedoch nicht nur um Brute-Force-Berechnungen (das System kann mehr als 10.000 Verbindungen

---

[24] www.policymed.com/2014/12/a-tough-road-cost-to-develop-one-new-drug-is-26-billion-approval-rate-for-drugs-entering-clinical-de.html.

pro Tag prüfen).[25] Mithilfe von Deep Learning ist Eve in der Lage, die Verbindungen mit dem größten Potenzial besser zu identifizieren. So konnte beispielsweise gezeigt werden, dass Triclosan – ein üblicher Bestandteil von Zahnpasta, der die Bildung von Zahnbelag verhindert – gegen das Parasitenwachstum bei Malaria wirksam sein könnte. Dies ist besonders wichtig, da die Krankheit immer resistenter gegen bestehende Therapien wird.

Humanoide und Haushaltsroboter

Die beliebte Zeichentrickserie *Die Jetsons* kam Anfang der 1960er-Jahre heraus und hatte eine Reihe von tollen Figuren. Eine davon war Rosie, ein Roboter-Mädchen, das immer einen Staubsauger in der Hand hatte.

Wer würde sich so etwas nicht wünschen? Ich schon. Aber erwarten Sie nicht, dass so etwas wie Rosie in absehbarer Zeit in Ihr Haus kommt. Wenn es um Haushaltsroboter geht, befinden wir uns noch in der Anfangsphase. Mit anderen Worten, wir sehen eher Roboter, die nur einige menschliche Eigenschaften haben.

Hier einige bemerkenswerte Beispiele:

- *Sophia*: Sie wurde von dem in Hongkong ansässigen Unternehmen Hanson Robotics entwickelt und ist vielleicht das berühmteste Beispiel. Ende 2017 hat Saudi-Arabien ihr sogar die Staatsbürgerschaft verliehen! Sophia, die Audrey Hepburn nachempfunden ist, kann gehen und sprechen. Aber es gibt auch Feinheiten in ihren Handlungen, wie z. B. die Aufrechterhaltung des Blickkontakts.

- *Atlas*: Der Entwickler ist Boston Dynamics, das dieses Produkt im Sommer 2013 auf den Markt brachte. Zweifellos ist Atlas im Laufe der Jahre viel besser geworden. Er kann zum Beispiel Rückwärtssaltos machen und sich selbst wieder aufrichten, wenn er hinfällt.

- *Pepper*: Dies ist ein humanoider Roboter, der von SoftBank Robotics entwickelt wurde und sich auf den Kundenservice, z. B. im Einzelhandel, konzentriert. Die Maschine kann Gesten verwenden, um die Kommunikation zu verbessern, und sie kann auch mehrere Sprachen sprechen.

---

[25] www.cam.ac.uk/research/news/artificially-intelligent-robot-scientist-eve-could-boost-search-for-new-drugs.

Da humanoide Technologien immer realistischer und fortschrittlicher werden, wird es unweigerlich zu Veränderungen in der Gesellschaft kommen. Die sozialen Normen in Bezug auf Liebe und Freundschaft werden sich weiterentwickeln. Wie die Verbreitung von Smartphones zeigt, sehen wir ja bereits, wie die Technologie die Art und Weise verändern kann, wie wir mit Menschen in Beziehung treten, z. B. durch SMS und die Nutzung sozialer Medien. Laut einer Umfrage von Tappable unter Millennials würden fast 10 % eher ihren kleinen Finger opfern, als auf ihr Smartphone zu verzichten![26]

Bei den Robotern könnten wir etwas Ähnliches erleben. Es geht um soziale Roboter. Eine solche Maschine – die lebensecht ist und über realistische Eigenschaften und KI verfügt – könnte letztendlich Freundschaft oder Liebe bieten.

Zugegeben, das liegt wahrscheinlich noch weit in der Zukunft. Aber schon jetzt gibt es einige interessante Innovationen mit sozialen Robotern. Ein Beispiel ist ElliQ, das aus einem Tablet und einem kleinen Roboterkopf besteht. Es ist in erster Linie für allein lebende Menschen gedacht, z. B. für ältere Menschen. ElliQ kann nicht nur sprechen, sondern auch wichtige Hilfe leisten, z. B. an die Einnahme von Medikamenten erinnern. Das System kann auch Videochats mit Familienmitgliedern ermöglichen.[27]

Doch soziale Roboter haben durchaus auch ihre Schattenseiten. Sehen Sie sich nur die schreckliche Situation von Jibo an. Das Unternehmen, das eine Risikokapitalfinanzierung in Höhe von 72,7 Mio. US$ erhalten hatte, entwickelte den ersten sozialen Roboter für den Haushalt. Aber es gab viele Probleme, wie z. B. Produktverzögerungen und die Masse an Imitationen. Aus diesem Grund meldete Jibo 2018 Insolvenz an, und im April des folgenden Jahres wurden die Server abgeschaltet.[28]

Es erübrigt sich zu sagen, dass es viele enttäuschte Jibo-Besitzende gab, wie die vielen Beiträge auf Reddit zeigen.

Die Drei Gesetze der Robotik

Isaac Asimov, ein produktiver Schriftsteller, der sich mit so unterschiedlichen Themen wie Science-Fiction, Geschichte, Chemie und Shakespeare beschäftigte, hatte auch einen großen Einfluss auf die Roboter. In einer Kurzgeschichte, die er 1942 schrieb („Runaround"), legte er seine Drei Gesetze der Robotik dar:

---

[26] www.mediapost.com/publications/article/322677/one-in-10-millennials-would-rather-lose-a-finger-t.html.

[27] www.wsj.com/articles/on-demand-grandkids-and-robot-pals-technology-strives-to-cure-senior-loneliness-11550898010?mod=hp_lead_pos9.

[28] https://techcrunch.com/2019/03/04/the-lonely-death-of-jibo-the-social-robot/.

1. Ein Roboter darf einen Menschen nicht verletzen oder durch Untätigkeit zulassen, dass ein Mensch zu Schaden kommt.

2. Ein Roboter muss die Befehle befolgen, die ihm von Menschen gegeben werden, es sei denn, diese Befehle würden dem Ersten Gesetz widersprechen.

3. Ein Roboter muss seine eigene Existenz schützen, solange dieser Schutz nicht mit dem Ersten oder Zweiten Gesetz kollidiert.

Hinweis Asimov fügte später ein weiteres hinzu, das nullte Gesetz, das besagt: „Ein Roboter darf der Menschheit keinen Schaden zufügen oder durch Untätigkeit zulassen, dass die Menschheit zu Schaden kommt." Er hielt dieses Gesetz für das wichtigste.

Asimov schrieb weitere Kurzgeschichten, in denen er darstellte, wie sich die Gesetze in komplexen Situationen auswirken würden, und die in einem Buch mit dem Titel *I, Robot* zusammengefasst werden sollten. All diese Geschichten spielen in der Welt des 21. Jahrhunderts.

Mit den Robotergesetzen reagierte Asimov auf die Darstellung von Robotern als böswillig in der Science-Fiction. Er hielt dies jedoch für unrealistisch. Asimov hatte die Weitsicht, dass es ethische Regeln geben würde, um die Macht von Robotern zu kontrollieren.

Von jetzt an wird Asimovs Vision allmählich realer – mit anderen Worten, es ist eine gute Idee, ethische Grundsätze zu erforschen. Zugegeben, das bedeutet nicht unbedingt, dass sein Ansatz der richtige Weg ist. Aber es ist ein guter Anfang, zumal die Roboter dank der KI immer intelligenter und persönlicher werden.

Cybersecurity und Roboter

Die Cybersicherheit war bei Robotern bisher kein großes Problem. Aber leider wird dies wahrscheinlich nicht mehr lange der Fall sein. Der Hauptgrund dafür ist, dass Roboter immer häufiger mit der Cloud verbunden sind. Das Gleiche gilt für andere Systeme wie das Internet der Dinge (IoT) und autonome Autos. Viele dieser Systeme werden zum Beispiel drahtlos aktualisiert, was sie anfällig für Malware, Viren und sogar Lösegeldforderungen macht. Bei Elektrofahrzeugen besteht außerdem eine Anfälligkeit für Angriffe über das Ladenetz.

Ihre Daten können sogar in einem Fahrzeug verbleiben! Wenn es also zu Schrott gefahren wird oder Sie es verkaufen, können die Informationen – z. B. Videos, Navigationsdetails und Kontakte aus gekoppelten Smartphone-

Verbindungen – für andere Personen zugänglich werden. Laut CNBC.com ist es einem White-Hat-Hacker namens GreenTheOnly gelungen, diese Daten aus einer Reihe von Tesla-Modellen auf Schrottplätzen zu extrahieren.[29] Es ist jedoch wichtig zu wissen, dass das Unternehmen Möglichkeiten zum Löschen der Daten anbietet und Sie sich gegen die Datenerfassung entscheiden können (dies bedeutet jedoch, dass Sie auf bestimmte Vorteile wie Over-the-Air-Updates (OTA) verzichten müssen).

Wenn es nun zu einer Verletzung der Cybersicherheit bei einem Roboter kommt, können die Auswirkungen sicherlich verheerend sein. Stellen Sie sich vor, ein Hacker würde in eine Fertigungsstraße, eine Lieferkette oder sogar in ein robotergestütztes Operationssystem eindringen. Menschenleben könnten in Gefahr sein.

Trotzdem wurde bisher nicht viel in die Cybersicherheit von Robotern investiert. Bislang gibt es nur eine Handvoll Unternehmen wie Karamba Security und Cybereason, die sich darauf konzentrieren. Doch wenn sich die Probleme verschärfen, wird es unweigerlich zu einem Anstieg der Investitionen von Risikokapitalgebenden und neuen Initiativen von etablierten Cybersicherheitsunternehmen kommen.

Programmierung von Robotern für KI

Die Entwicklung intelligenter Roboter wird immer einfacher, da die Systeme billiger werden und neue Softwareplattformen entstehen. Einen großen Anteil daran hat das Robot Operating System (ROS), das sich zu einem Standard in der Branche entwickelt. Die Ursprünge gehen auf das Jahr 2007 zurück, als die Plattform als Open-Source-Projekt am Stanford Artificial Intelligence Laboratory begann.

Trotz seines Namens ist ROS eigentlich kein echtes Betriebssystem. Vielmehr handelt es sich um eine Middleware, die bei der Verwaltung vieler wichtiger Teile eines Roboters hilft: Planung, Simulationen, Kartierung, Lokalisierung, Wahrnehmung und Prototypen. ROS ist außerdem modular aufgebaut, d. h. Sie können die Funktionen, die Sie benötigen, einfach auswählen. Das Ergebnis ist, dass das System die Entwicklungszeit leicht verkürzen kann.

Ein weiterer Vorteil: ROS hat eine weltweite Nutzendengemeinschaft. Man beachte, dass es über 3000 Programmpakete für die Plattform gibt.[30]

Als Beweis für die Leistungsfähigkeit von ROS kündigte Microsoft Ende 2018 an, dass es eine Version für das Windows-Betriebssystem herausbringen würde. Im Blogpost von Lou Amadio, dem leitenden Software-Ingenieur von

---

[29] www.cnbc.com/2019/03/29/tesla-model-3-keeps-data-like-crash-videos-location-phone-contacts.html.
[30] www.ros.org/is-ros-for-me/.

Windows IoT, heißt es: „Mit der Weiterentwicklung von Robotern haben sich auch die Entwicklungstools weiterentwickelt. Wir sehen Robotik mit künstlicher Intelligenz als universell zugängliche Technologie, um menschliche Fähigkeiten zu erweitern."[31]

Das Ergebnis ist, dass ROS mit Visual Studio verwendet werden kann und dass es Verbindungen zur Azure-Cloud geben wird, die KI-Tools enthält.

Wenn es also um die Entwicklung intelligenter Roboter geht, gibt es oft einen anderen Prozess als bei der typischen Herangehensweise mit softwarebasierter KI. Das heißt, es muss nicht nur ein physisches Gerät geben, sondern auch eine Möglichkeit, es zu testen. Dies geschieht häufig mithilfe einer Simulation. Manche Entwickelnden beginnen sogar mit der Erstellung von Kartonmodellen, die eine gute Möglichkeit sind, ein Gefühl für die physischen Anforderungen zu bekommen.

Aber natürlich gibt es auch nützliche virtuelle Simulatoren, wie MuJoCo, Gazebo, MORSE und V-REP. Diese Systeme verwenden ausgefeilte 3-D-Grafiken, um Bewegungen und die Physik der realen Welt darzustellen.

Wie erstellt man dann die KI-Modelle für Roboter? Eigentlich unterscheidet sich dieser Ansatz kaum von dem für softwarebasierte Algorithmen (wie in Kap. 2 beschrieben). Ein Roboter hat jedoch den Vorteil, dass er weiterhin Daten über seine Sensoren sammelt, die zur Weiterentwicklung der KI beitragen können.

Die Cloud wird auch zu einem entscheidenden Faktor bei der Entwicklung intelligenter Roboter, wie das Beispiel von Amazon.com zeigt. Das Unternehmen hat seine äußerst beliebte AWS-Plattform um ein neues Angebot namens AWS RoboMaker erweitert. Damit können Sie Roboter ohne große Konfiguration erstellen, testen und einsetzen. AWS RoboMaker basiert auf ROS und ermöglicht auch die Nutzung von Diensten für maschinelles Lernen, Analysen und Überwachung. Es gibt sogar vorgefertigte virtuelle 3-D-Welten für Einzelhandelsgeschäfte, Innenräume und Rennstrecken! Wenn Sie dann mit dem Roboter fertig sind, können Sie AWS nutzen, um ein Over-the-Air-System (OTA) für den sicheren Einsatz und für regelmäßige Updates zu entwickeln.

Und wie nicht anders zu erwarten, plant Google die Veröffentlichung einer eigenen Roboter-Cloud-Plattform (die für 2019 erwartet wird).[32]

---

[31] https://blogs.windows.com/windowsexperience/2018/09/28/bringing-the-power-of-windows-10-to-the-robot-operating-system/.
[32] www.therobotreport.com/google-cloud-robotics-platform/.

Die Zukunft von Robotern

Rodney Brooks ist einer der Giganten der Robotikbranche. Im Jahr 1990 war er Mitbegründer von iRobot, um Wege zur Kommerzialisierung der Technologie zu finden. Doch das war nicht einfach. Erst 2002 brachte das Unternehmen seinen Staubsaugerroboter Roomba auf den Markt, der ein großer Erfolg bei den Verbrauchenden war. Zum jetzigen Zeitpunkt hat iRobot einen Marktwert von 3,2 Mrd. US$ und verzeichnete 2018 einen Umsatz von mehr als 1 Mrd. US$.

Aber iRobot war nicht das einzige Start-up für Brooks. Er war auch an der Gründung von Rethink Robotics beteiligt – und seine Vision war ehrgeizig. So formulierte er es 2010, als sein Unternehmen eine Finanzierung in Höhe von 20 Mio. US$ ankündigte:

> „Unsere Roboter werden intuitiv zu bedienen, intelligent und äußerst flexibel sein. Sie werden einfach zu kaufen, zu trainieren und einzusetzen und unglaublich preiswert sein. [Rethink Robotics] wird die Definition dessen, wie und wo Roboter eingesetzt werden können, verändern und den Robotermarkt dramatisch ausweiten."[33]

Aber leider gab es, wie bei iRobot, viele Herausforderungen. Obwohl Brooks Idee für Cobots bahnbrechend war und sich letztlich als lukrativer Markt erweisen sollte, hatte er mit den Komplikationen beim Aufbau eines effektiven Systems zu kämpfen. Der Fokus auf Sicherheit bedeutete, dass Präzision und Genauigkeit nicht den Anforderungen der Industriekundschaft entsprachen. Aus diesem Grund war die Nachfrage nach den Robotern von Rethink nur begrenzt.

Im Oktober 2018 ging dem Unternehmen das Geld aus und es musste seine Türen schließen. Insgesamt hatte Rethink fast 150 Mio. US$ an Risikokapital und von strategischen Investierenden wie Goldman Sachs, Sigma Partners, GE und Bezos Expeditions erhalten. Das geistige Eigentum des Unternehmens wurde an ein deutsches Automatisierungsunternehmen, die HAHN-Gruppe, verkauft.

Zugegeben, dies ist nur ein Beispiel. Aber es zeigt, dass auch die klügsten Köpfe in der Technik etwas falsch machen können. Und noch wichtiger ist, dass der Robotikmarkt einzigartig komplex ist. Wenn es um die Entwicklung dieser Kategorie geht, kann der Fortschritt wechsel- und sprunghaft sein.

Wie Cobalts Erik Schluntz festgestellt hat:

> „Obwohl die Branche in den letzten zehn Jahren Fortschritte gemacht hat, hat die Robotik ihr volles Potenzial noch nicht ausgeschöpft. Jede neue Technologie wird eine Welle zahlreicher neuer Unternehmen

---

[33] www.rethinkrobotics.com/news-item/heartland-robotics-raises-20-million-in-series-b-financing/.

hervorbringen, aber nur wenige werden überleben und sich zu dauerhaften Unternehmen entwickeln. Die Dot-Com-Pleite hat den Großteil der Internetfirmen vernichtet, aber Google, Amazon und Netflix haben alle überlebt. Robotikunternehmen müssen offen darlegen, was ihre Roboter heute für die Kundschaft tun können, Hollywood-Stereotypen von Robotern als Bösewichte überwinden und der Kundschaft einen klaren ROI (Return On Investment) beweisen."[34]

Schlussfolgerung

Bis vor einigen Jahren waren Roboter vor allem in der High-End-Fertigung, z. B. in der Automobilindustrie, zu finden. Doch mit dem Wachstum der künstlichen Intelligenz und den niedrigeren Kosten für die Herstellung von Geräten werden Roboter in einer Reihe von Branchen immer häufiger eingesetzt. Wie in diesem Kapitel gezeigt wurde, gibt es interessante Anwendungsfälle mit Robotern, die z. B. Böden reinigen oder für die Sicherheit von Einrichtungen sorgen.

Der Einsatz von KI in der Robotik steckt jedoch noch in den Kinderschuhen. Die Programmierung von Hardwaresystemen ist alles andere als einfach, und es bedarf ausgeklügelter Systeme, um sich in verschiedenen Umgebungen zurechtzufinden. Mit KI-Ansätzen wie dem verstärkenden Lernen wurden jedoch schnellere Fortschritte erzielt.

Aber wenn man über den Einsatz von Robotern nachdenkt, ist es wichtig, die Grenzen zu kennen. Außerdem muss es einen klaren Zweck geben. Ist dies nicht der Fall, kann ein Einsatz leicht zu einem kostspieligen Fehlschlag führen. Selbst einige der innovativsten Unternehmen der Welt, wie Google und Tesla, hatten Probleme bei der Arbeit mit Robotern.

Wichtigste Erkenntnisse

- Ein Roboter kann Aktionen ausführen, seine Umgebung wahrnehmen und über ein gewisses Maß an Intelligenz verfügen. Es gibt auch Schlüsselfunktionen wie Sensoren, Aktuatoren (z. B. Motoren) und Computer.

- Es gibt zwei Hauptarten, einen Roboter zu betreiben: den Teleroboter (der von einem Menschen gesteuert wird) und den autonomen Roboter (der auf KI-Systemen basiert).

- Die Entwicklung von Robotern ist ungeheuer kompliziert. Selbst einige der besten Technologen der Welt, wie Elon

---

[34] Aus einem Interview des Autors mit Erik Schluntz, CTO von Cobalt Robotics.

Musk von Tesla, hatten große Probleme mit der Technologie. Ein Hauptgrund dafür ist das Moravecsche Paradox. Was für Menschen einfach ist, ist für Roboter oft schwierig und umgekehrt.

- Obwohl sich die KI auf die Roboter auswirkt, verläuft der Prozess nur langsam. Ein Grund dafür ist, dass man sich mehr auf softwarebasierte Technologien konzentriert hat. Außerdem sind Roboter extrem kompliziert, wenn es darum geht, sich zu bewegen und die Umgebung zu verstehen.

- Cobots sind Maschinen, die mit Menschen zusammenarbeiten. Die Idee ist, dass dadurch die Vorteile von Maschinen und Menschen genutzt werden können.

- Die Kosten von Robotern sind ein Hauptgrund für die mangelnde Akzeptanz. Innovative Unternehmen wie Cobalt Robotics versuchen jedoch, mit neuen Geschäftsmodellen, wie etwa Abonnements, Abhilfe zu schaffen.

- Haushaltsroboter befinden sich noch in der Anfangsphase, insbesondere im Vergleich zu Industrierobotern. Aber es gibt einige interessante Anwendungsfälle, z. B. Maschinen, die den Menschen begleiten können.

- In den 1950er-Jahren schuf der Science-Fiction-Autor Isaac Asimov die Drei Gesetze der Robotik. Sie zielten vor allem darauf ab, dass die Maschinen weder den Menschen noch der Gesellschaft schaden. Auch wenn es Kritik an Asimovs Ansatz gibt, sind sie immer noch weithin akzeptiert.

- Die Sicherheit war bei Robotern im Allgemeinen kein Problem. Aber das wird sich wahrscheinlich ändern – und zwar schnell. Schließlich sind immer mehr Roboter mit der Cloud verbunden, was das Eindringen von Viren und Malware ermöglicht.

- Das Robot Operating System (ROS) hat sich zu einem Standard in der Robotikindustrie entwickelt. Diese Middleware hilft bei Planung, Simulationen, Kartierung, Lokalisierung, Wahrnehmung und Prototypen.

- Die Entwicklung intelligenter Roboter ist mit vielen Herausforderungen verbunden, da physische Systeme geschaffen werden müssen. Allerdings gibt es Tools, die dabei helfen, z. B. durch anspruchsvolle Simulationen.

Implementierung von KI

Messbaren Erfolg für Ihr Unternehmen generieren

Im März 2019 hat ein Schütze seine brutale Tötung von 50 Menschen in zwei Moscheen in Neuseeland per Live-Stream auf Facebook übertragen. Das Video wurde etwa 4000 Mal angesehen und erst 29 Minuten nach dem Anschlag abgeschaltet.[1] Das Video wurde dann auf andere Plattformen hochgeladen und millionenfach angesehen.

Ja, dies war ein krasses Beispiel dafür, wie KI auf schreckliche Weise versagen kann.

In einem Blogbeitrag erklärte Guy Rosen, VP of Product Management von Facebook:

---

[1] www.cnbc.com/2019/03/21/why-facebooks-ai-didnt-detect-the-new-zealand-mosque-shooting-video.html.

„KI-Systeme basieren auf „Trainingsdaten", was bedeutet, dass man viele Tausende Beispiele von Inhalten benötigt, um ein System zu trainieren, das bestimmte Arten von Text, Bildern oder Videos erkennen kann. Dieser Ansatz hat sich für Bereiche wie Nacktheit, terroristische Propaganda und auch grafische Gewalt sehr bewährt, für die es eine große Anzahl von Beispielen gibt, mit denen wir unsere Systeme trainieren können. Dieses spezielle Video hat jedoch unsere automatischen Erkennungssysteme nicht getriggert. Um dies zu erreichen, müssen wir unsere Systeme mit großen Datenmengen dieser speziellen Art von Inhalten versorgen, was schwierig ist, da diese Ereignisse glücklicherweise selten sind. Eine weitere Herausforderung besteht darin, diese Inhalte automatisch von visuell ähnlichen, harmlosen Inhalten zu unterscheiden – wenn beispielsweise Tausende von Videos von live gestreamten Videospielen von unseren Systemen markiert werden, könnten unsere Prüfenden die wichtigen Videos aus der realen Welt übersehen, bei denen wir die Ersthelfenden alarmieren könnten, um Hilfe vor Ort zu holen.[2]

Es war auch nicht hilfreich, dass es verschiedene böswillige Beteiligte gab, die bearbeitete Versionen des Videos erneut hochluden, um das KI-System von Facebook zu umgehen.

Natürlich war dies eine wichtige Lektion über die Unzulänglichkeiten der Technologie, und das Unternehmen sagt, dass es sich verpflichtet hat, seine Systeme weiter zu verbessern. Die Fallstudie von Facebook zeigt aber auch, dass selbst die technologisch fortschrittlichsten Unternehmen vor großen Herausforderungen stehen. Deshalb ist bei der Implementierung von KI eine solide Planung erforderlich, und man muss sich darüber im Klaren sein, dass es unweigerlich zu Problemen kommen wird. Aber es kann schwierig sein, da die Führungskräfte der Unternehmen unter dem Druck stehen, mit dieser Technologie Ergebnisse zu erzielen.

In diesem Kapitel werfen wir einen Blick auf einige der besten Praktiken für KI-Implementierungen.

Ansätze zur Implementierung von KI

Für den Einsatz von KI in einem Unternehmen gibt es in der Regel zwei Ansätze: die Verwendung von Anbietersoftware oder die Erstellung eigener Modelle. Der erste Ansatz ist der am weitesten verbreitete – und dürfte für viele Unternehmen ausreichend sein. Die Ironie dabei ist, dass Sie vielleicht bereits Software verwenden, z. B. von Salesforce.com, Microsoft, Google, Workday, Adobe oder SAP, die bereits über leistungsstarke KI-Funktionen

---

[2] https://newsroom.fb.com/news/2019/03/technical-update-on-new-zealand/.

verfügt. Mit anderen Worten, ein guter Ansatz ist es, sicherzustellen, dass Sie diese in vollem Umfang nutzen.

Werfen Sie einen Blick auf das im September 2016 eingeführte System Einstein von Salesforce.com, um zu sehen, welche Möglichkeiten es gibt. Dieses KI-System ist nahtlos in die Haupt-CRM-Plattform (Customer-Relationship-Management) eingebettet und ermöglicht mehr vorausschauende und personalisierte Aktionen für Vertrieb, Service, Marketing und Handel. Salesforce.com bezeichnet Einstein als „persönlichen Datenwissenschaftler", da es relativ einfach zu bedienen ist, z. B. mit Drag-and-Drop zur Erstellung von Workflows. Zu den Funktionen gehören unter anderem die folgenden:

- *Prädiktives Scoring*: Dies zeigt die Wahrscheinlichkeit, dass ein Lead in eine Verkaufschance umgewandelt wird.

- *Stimmungsanalyse*: Durch die Analyse sozialer Medien erhalten Sie ein Gefühl dafür, wie die Menschen Ihre Marke und Ihre Produkte sehen.

- *Intelligente Empfehlungen*: Einstein wertet Daten aus, um zu zeigen, welche Produkte für Leads am besten geeignet sind.

Auch wenn diese vorgefertigten Funktionen die Nutzung von KI erleichtern, gibt es dennoch potenzielle Probleme. „Wir haben in den letzten Jahren KI-Funktionen in unsere Anwendungen eingebaut und dabei viel gelernt", sagt Ricky Thakrar, der sich bei Zoho für das Kundenerlebnis einsetzt. „Aber damit die Technologie funktioniert, müssen die Benutzenden die Software richtig nutzen. Wenn die Vertriebsmitarbeitenden die Informationen nicht richtig eingeben, dann werden die Ergebnisse wahrscheinlich nicht stimmen. Wir haben außerdem festgestellt, dass die Modelle mindestens drei Monate lang genutzt werden sollten, um sich einzuarbeiten. Und selbst wenn Ihre Mitarbeitenden alles richtig machen, heißt das noch lange nicht, dass die KI-Vorhersagen perfekt sein werden. Genießen Sie die Dinge immer mit Vorsicht."[3]

Die Entwicklung eigener KI-Modelle stellt für ein Unternehmen eine große Herausforderung dar. Und genau das werden wir in diesem Kapitel behandeln.

Aber unabhängig davon, welchen Ansatz Sie wählen, sollte die Implementierung und Nutzung von KI zunächst mit der Ausbildung und Schulung beginnen. Dabei spielt es keine Rolle, ob es sich bei den Mitarbeitenden um Technik-Laien oder Software-Ingenieursfachleute handelt. Damit KI in einem Unternehmen erfolgreich sein kann, muss jeder ein Grundverständnis für die Technologie haben. Ja, dieses Buch wird hilfreich sein, aber es gibt auch viele

---

[3] Dieser Artikel basiert auf einem Interview, das der Autor im April 2019 mit Ricky Thakrar, der sich bei Zoho für das Kundenerlebnis einsetzt, geführt hat.

Online-Ressourcen, die helfen können, z. B. von Schulungsplattformen wie Lynda, Udacity und Udemy. Sie bieten Hunderte von hochwertigen Kursen zu vielen Themen rund um KI an.

Um ein Gefühl dafür zu vermitteln, wie ein Schulungsprogramm in einem Unternehmen aussieht, nehmen wir Adobe. Obwohl das Unternehmen über unglaublich talentierte Ingenieursfachleute verfügt, gibt es immer noch eine große Anzahl von ihnen, die kein Vorwissen im Bereich KI haben. Einige von ihnen haben sich weder in der Schule noch bei ihrer Arbeit auf dieses Thema spezialisiert. Adobe wollte jedoch sicherstellen, dass alle Ingenieursfachleute ein solides Verständnis der Grundprinzipien der KI haben. Zu diesem Zweck bietet das Unternehmen ein sechsmonatiges Zertifizierungsprogramm an, in dem 2018 5000 Ingenieursfachleute geschult wurden. Das Ziel ist es, das Interesse an Datenwissenschaft in Ingenieursfachleuten zu entfesseln.

Das Programm umfasst sowohl Online-Kurse als auch Präsenzveranstaltungen, in denen nicht nur technische Themen, sondern auch Bereiche wie Strategie und sogar Ethik behandelt werden. Adobe bietet außerdem Unterstützung durch erfahrene Informatikfachkräfte, die Teilnehmenden helfen, die Themen zu meistern.

Als Nächstes ist es wichtig, bereits zu Beginn des Implementierungsprozesses über die potenziellen Risiken nachzudenken. Eines der bedrohlichsten ist vielleicht die Voreingenommenheit, da sie leicht in ein KI-Modell einsickern kann.

Ein Beispiel dafür ist Amazon.com, das 2017 seine KI-gestützte Rekrutierungssoftware abgeschaltet hat. Das Hauptproblem war, dass die Software bei der Einstellung von Männern voreingenommen war. Interessanterweise war dies ein klassischer Fall eines Trainingsproblems für das Modell. Bedenken Sie, dass die Mehrheit der eingereichten Lebensläufe von Männern stammte – die Daten waren also verzerrt. Amazon.com versuchte sogar, das Modell zu optimieren, aber die Ergebnisse waren immer noch weit davon entfernt, geschlechtsneutral zu sein.[4]

In diesem Fall ging es nicht nur darum, dass Entscheidungen getroffen wurden, die auf fehlerhaften Voraussetzungen beruhten. Amazon.com setzte sich wahrscheinlich auch einer potenziellen rechtlichen Haftung aus, z. B. bei Diskriminierungsklagen.

Angesichts der heiklen Fragen im Zusammenhang mit KI setzen immer mehr Unternehmen Ethikausschüsse ein. Aber selbst das kann mit Problemen behaftet sein. Was für manche eine ethische Frage ist, ist für andere vielleicht gar keine große Sache, oder? Auf jeden Fall.

---

[4] www.reuters.com/article/us-amazon-com-jobs-automation-insight/amazon-scraps-secret-ai-recruiting-tool-that-showed-bias-against-women-idUSKCN1MK08G.

So hat Google beispielsweise seinen eigenen Ethikausschuss etwa eine Woche nach dessen Gründung aufgelöst. Der Hauptgrund dafür waren offenbar die Reaktionen auf die Aufnahme eines Mitglieds der Heritage Foundation, einer konservativen Denkfabrik.[5]

Die Schritte zur KI-Implementierung

Wenn Sie planen, Ihre eigenen KI-Modelle zu implementieren, was sind die wichtigsten zu beachtenden Schritte? Was sind die besten Praktiken? Zunächst einmal ist es von entscheidender Bedeutung, dass Ihre Daten einigermaßen sauber und so strukturiert sind, dass eine Modellierung möglich ist (siehe Kap. 2).

Hier sind einige weitere Schritte, die Sie beachten sollten:

- Identifizieren Sie ein zu lösendes Problem.
- Stellen Sie ein starkes Team zusammen.
- Wählen Sie die richtigen Tools und Plattformen.
- Erstellen Sie das KI-Modell (wir haben diesen Prozess in Kap. 3 durchlaufen).
- Setzen Sie das KI-Modell ein und überwachen Sie es.

Werfen wir einen Blick auf die einzelnen Schritte.

Identifikation eines zu lösenden Problems

Das 1976 gegründete Unternehmen HCL Technologies ist eines der größten IT-Beratungsunternehmen mit 132.000 Mitarbeitenden in 44 Ländern und zählt die Hälfte der Fortune 500 zu seiner Kundschaft. Das Unternehmen hat auch eine große Anzahl von KI-Systemen implementiert.

Kalyan Kumar, Corporate Vice President und Global CTO von HCL Technologies, hat dazu Folgendes zu sagen:

> „Unternehmensleitende müssen verstehen und erkennen, dass die Einführung von künstlicher Intelligenz eine Reise und kein Sprint ist. Es ist wichtig, dass die Personen, die die Einführung von KI in einem Unternehmen vorantreiben, realistisch bleiben, was den Zeitrahmen und die Möglichkeiten von KI angeht. Die Beziehung zwischen Menschen und KI ist eine wechselseitige Stärkung, und jede KI-Implementierung

---

[5] www.theverge.com/2019/4/4/18296113/google-ai-ethics-board-ends-contro-versy-kay-coles-james-heritage-foundation.

kann einige Zeit in Anspruch nehmen, bevor sie eine positive und signifikante Wirkung entfaltet."[6]

Das ist ein guter Rat. Deshalb ist es – vor allem für Unternehmen, die mit der KI-Reise beginnen – wichtig, einen experimentellen Ansatz zu wählen. Stellen Sie sich vor, Sie stellen ein Pilotprogramm zusammen, d. h. Sie befinden sich in der „Krabbel- und Laufphase".

Aber wenn es um den KI-Implementierungsprozess geht, konzentrieren sich viele zu sehr auf die verschiedenen Technologien, die sicherlich faszinierend und leistungsstark sind. Doch Erfolg ist weit mehr als nur Technologie; mit anderen Worten, es muss zunächst ein klarer Business Case vorliegen. Hier sind also einige Bereiche, über die man zu Beginn nachdenken sollte:

- Zweifellos sind Entscheidungen in Unternehmen oft ad hoc und, nun ja, eine Frage des Ermessens! Aber mit KI haben Sie die Möglichkeit, datengestützte Entscheidungen zu treffen, die eine höhere Genauigkeit aufweisen sollten. Und wo in Ihrem Unternehmen kann dies den größten Nutzen bringen?

- Wie bei der Robotic Process Automation (RPA), die wir in Kap. 5 behandelt haben, kann KI bei der Bewältigung sich wiederholender und alltäglicher Aufgaben äußerst effektiv sein.

- Chatbots können eine weitere Möglichkeit sein, mit der Nutzung von KI zu beginnen. Sie sind relativ einfach einzurichten und können für bestimmte Anwendungsfälle eingesetzt werden, z. B. für den Kundendienst. Mehr dazu erfahren Sie in Kap. 6.

Andrew Ng, CEO von Landing AI und ehemaliger Leiter von Google Brain, hat verschiedene Ansätze entwickelt, die bei der Festlegung der Schwerpunkte für Ihr erstes KI-Projekt zu berücksichtigen sind:[7]

- *Schneller Erfolg*: Ein Projekt sollte zwischen 6 und 12 Monaten dauern und muss eine hohe Erfolgswahrscheinlichkeit haben, was Impulse für weitere Initiativen geben sollte. Andrew schlägt vor, ein paar Projekte zu haben, da dies die Chancen auf einen Erfolg erhöht.

- *Sinnvoll*: Ein Projekt muss nicht zwangsläufig transformativ sein. Es sollte jedoch Ergebnisse liefern, die das

---

[6] Dieser Artikel basiert auf einem Interview, das der Autor im März 2019 mit Kalyan Kumar, dem Corporate Vice President und Global CTO von HCL Technologies, geführt hat.
[7] https://hbr.org/2019/02/how-to-choose-your-first-ai-project.

Unternehmen in bemerkenswerter Weise verbessern und so die Bereitschaft für weitere KI-Investitionen erhöhen. Der Wert ergibt sich in der Regel aus niedrigeren Kosten, höheren Einnahmen, neuen Geschäftsfeldern oder der Verringerung von Risiken.

- *Branchenspezifischer Fokus*: Dies ist von entscheidender Bedeutung, da ein erfolgreiches Projekt ein weiterer Faktor zur Steigerung der Akzeptanz sein wird. Wenn Sie also ein Unternehmen haben, das einen Abonnementservice anbietet, dann wäre ein KI-System zur Verringerung der Abwanderung ein guter Ansatzpunkt.

- *Daten*: Schränken Sie Ihre Optionen nicht aufgrund der Datenmenge ein, über die Sie verfügen. Andrew merkt an, dass ein erfolgreiches KI-Projekt nur 100 Datenpunkte haben kann. Aber die Daten müssen trotzdem von hoher Qualität und ziemlich sauber sein, was wichtige Themen sind, die in Kap. 2 behandelt werden.

Bei der Betrachtung dieser Phase lohnt es sich auch, den „Tango" zwischen Mitarbeitenden und Maschinen zu bewerten. Bedenken Sie, dass dies oft übersehen wird – und dass es negative Folgen für ein KI-Projekt haben kann. Wie wir in diesem Buch gesehen haben, ist KI hervorragend dazu in der Lage, riesige Datenmengen mit wenigen Fehlern und in großer Geschwindigkeit zu verarbeiten. Auch bei Vorhersagen und der Erkennung von Anomalien ist die Technologie hervorragend. Aber es gibt Aufgaben, die der Mensch viel besser kann, z. B. kreativ sein, abstrakt denken und Konzepte verstehen.

Das folgende Beispiel von Erik Schluntz, dem Mitbegründer und CTO von Cobalt Robotics, zeigt dies:

„Unsere Sicherheitsroboter sind hervorragend in der Lage, ungewöhnliche Ereignisse am Arbeitsplatz und auf dem Campus zu erkennen, z. B. eine Person in einem dunklen Büro mit KI-gestützter Wärmebildtechnik. Doch dann greifen unsere menschlichen Mitarbeitenden ein und entscheiden, wie zu reagieren ist. Trotz des Potenzials der KI ist sie nicht die beste Lösung, wenn sie mit sich ständig ändernden Umgebungsvariablen und der Unberechenbarkeit des Menschen konfrontiert wird. Bedenken Sie, wie schwerwiegend es ist, wenn KI in verschiedenen Situationen einen Fehler macht – einen böswilligen Eindringling nicht zu erkennen, ist viel schlimmer, als versehentlich einen Fehlalarm bei unseren Mitarbeitenden auszulösen."[8]

---

[8] Dieser Artikel basiert auf einem Interview, das der Autor im April 2019 mit Erik Schluntz, dem Mitbegründer und CTO von Cobalt Robotics, geführt hat.

Stellen Sie als Nächstes sicher, dass Sie sich über die KPIs im Klaren sind und diese gewissenhaft messen. Wenn Sie z. B. einen benutzerdefinierten Chatbot für den Kundenservice entwickeln, möchten Sie vielleicht Metriken wie die Problemlösungsrate und die Kundenzufriedenheit messen.

Und schließlich müssen Sie eine IT-Bewertung vornehmen. Wenn Sie hauptsächlich Altsysteme haben, könnte es schwieriger und teurer sein, KI zu implementieren, selbst wenn die Anbietenden APIs und Integrationen anbieten. Das bedeutet, dass Sie Ihre Erwartungen zurückschrauben müssen.

Trotz alledem können die Investitionen selbst für alteingesessene Unternehmen einen echten Fortschritt bedeuten. Ein Beispiel dafür ist Symrise, dessen Wurzeln in Deutschland mehr als 200 Jahre zurückreichen. Derzeit ist das Unternehmen ein weltweiter Hersteller von Geschmacks- und Duftstoffen mit über 30.000 Produkten.

Vor einigen Jahren startete Symrise mithilfe von IBM eine große Initiative zur Nutzung von KI für die Entwicklung neuer Parfüms. Das Unternehmen musste nicht nur seine bestehende IT-Infrastruktur umrüsten, sondern auch viel Zeit für die Feinabstimmung der Modelle aufwenden. Eine große Hilfe war jedoch, dass das Unternehmen bereits über einen umfangreichen Datensatz verfügte, der eine höhere Präzision ermöglichte. Man beachte, dass schon eine geringe Abweichung in der Mischung ein Parfüm zum Scheitern bringen kann.

Laut Achim Daub, Präsident von Symrise für den Bereich Scent and Care:

> „Jetzt können unsere Parfümeure mit einem KI-Lehrling an ihrer Seite arbeiten, der Tausende von Formeln und historische Daten analysieren kann, um Muster zu erkennen und neue Kombinationen vorherzusagen, was ihnen hilft, produktiver zu werden und den Designprozess zu beschleunigen, indem er sie zu Formeln führt, die sie noch nie gesehen haben."[9]

Zusammenstellung des Teams

Wie groß sollte das Anfangsteam für ein KI-Projekt sein? Ein guter Anhaltspunkt ist vielleicht die „Zwei-Pizza-Regel" von Jeff Bezos.[10] Mit anderen Worten: Reicht dies aus, um die teilnehmenden Personen zu ernähren?

Oh, und es sollte keine Eile bestehen, das Team aufzubauen. Alle müssen sich auf den Erfolg konzentrieren und die Bedeutung des Projekts verstehen.

---

[9] www.symrise.com/newsroom/article/breaking-new-fragrance-ground-with-artificial-intelligence-ai-ibm-research-and-symrise-are-workin/.
[10] www.geekwire.com/2018/amazon-tops-600k-worldwide-employees-1st-time-13-jump-year-ago/.

Wenn das KI-Projekt nicht erfolgreich ist, könnten die Aussichten für künftige Initiativen gefährdet sein.

Das Team braucht eine Leitung, die in der Regel einen geschäftlichen oder betrieblichen Hintergrund hat, aber auch über einige technische Fähigkeiten verfügt. Eine solche Person sollte in der Lage sein, den Business Case für das KI-Projekt zu ermitteln, aber auch die Vision mehrerer Interessengruppen im Unternehmen, wie der IT-Abteilung und der Geschäftsleitung, zu vermitteln.

Was die Technikfachleute betrifft, so ist ein Doktortitel in KI wahrscheinlich nicht erforderlich. Solche Leute sind zwar brillant, aber sie konzentrieren sich oft in erster Linie auf Innovationen in diesem Bereich, z. B. auf die Verfeinerung von Modellen oder die Entwicklung neuer Modelle. Diese Fähigkeiten sind für KI-Anleitende in der Regel nicht erforderlich.

Suchen Sie eher nach Personen, die einen Hintergrund in Softwaretechnik oder Datenwissenschaft haben. Wie bereits weiter oben im Kapitel erwähnt, verfügen diese Personen jedoch möglicherweise nicht über fundiertes Wissen über KI. Aus diesem Grund kann es notwendig sein, dass sie einige Monate lang die Grundprinzipien des maschinellen Lernens und des Deep Learning erlernen. Ein weiterer Schwerpunkt sollte das Verständnis für die Verwendung von KI-Plattformen wie TensorFlow sein.

In Anbetracht der Herausforderungen kann es eine gute Idee sein, die Hilfe von Beratung in Anspruch zu nehmen, die bei der Ermittlung der KI-Möglichkeiten helfen, aber auch bei der Datenaufbereitung und der Entwicklung der Modelle beraten kann.

Da es sich bei einem KI-Pilotprojekt um ein Experiment handelt, sollte das Team aus Mitarbeitenden bestehen, die bereit sind, Risiken einzugehen und aufgeschlossen sind. Andernfalls könnte der Fortschritt extrem schwierig sein.

Die richtigen Tools und Plattformen

Es gibt viele Tools, die bei der Erstellung von KI-Modellen helfen, und die meisten von ihnen sind Open Source. Auch wenn es gut ist, sie auszuprobieren, ist es dennoch ratsam, zunächst eine IT-Bewertung durchzuführen. Auf diese Weise können Sie die KI-Tools besser einschätzen.

Noch etwas: Vielleicht stellen Sie fest, dass Ihr Unternehmen bereits mehrere Tools und Plattformen mit KI einsetzt! Dies kann zu Problemen bei der Integration und dem Management des Prozesses bei KI-Projekten führen. Vor diesem Hintergrund sollte ein Unternehmen eine Strategie für die Tools entwickeln. Betrachten Sie dies als Ihren KI-Tool-Stack.

Sehen wir uns also einige der gängigsten Sprachen, Plattformen und Tools für KI an.

Python-Sprache

Guido van Rossum, der 1982 seinen Master-Abschluss in Mathematik und Informatik an der Universität Amsterdam machte, arbeitete später an verschiedenen Forschungsinstituten in Europa wie der Corporation for National Research Initiatives (CNRI). Aber erst Ende der 1980er-Jahre entwickelte er seine eigene Computersprache, die er Python nannte. Der Name stammt eigentlich aus der beliebten britischen Comedy-Serie *Monty Python*.

Die Sprache war also etwas ungewöhnlich – aber gerade das machte sie so leistungsfähig. Python sollte bald zum Standard für die KI-Entwicklung werden.

Zum Teil lag das an der Einfachheit. Mit nur wenigen Skripts Code können Sie anspruchsvolle Modelle erstellen, z. B. mit Funktionen wie Filter, Map und Reduce. Aber natürlich erlaubt die Sprache auch sehr anspruchsvolle Kodierung.

Van Rossum entwickelte Python mit einer klaren Philosophie:[11]

- Schön ist besser als hässlich.
- Explizit ist besser als implizit.
- Einfach ist besser als komplex.
- Komplex ist besser als kompliziert.
- Flach ist besser als verschachtelt.
- Spärlich ist besser als dicht.

Dies sind nur einige der Grundsätze.

Darüber hinaus hatte Python den Vorteil, dass es in der akademischen Gemeinschaft wuchs, die Zugang zum Internet hatte, was die Verbreitung beschleunigte. Aber es ermöglichte auch das Entstehen eines globalen Ökosystems mit Tausenden von verschiedenen KI-Paketen und -Bibliotheken. Hier sind nur einige davon:

- *NumPy*: Dies ermöglicht wissenschaftliche Berechnungsanwendungen. Im Mittelpunkt steht dabei die Fähigkeit, eine anspruchsvolle Reihe von Objekten mit hoher Leistung zu erstellen. Dies ist entscheidend für die High-End-Datenverarbeitung in KI-Modellen.

- *Matplotlib*: Damit können Sie Datensätze plotten. Häufig wird Matplotlib in Verbindung mit NumPy/Pandas verwendet (Pandas steht für „Python Data Analysis Library").

---

[11] www.python.org/dev/peps/pep-0020/.

Diese Bibliothek macht es relativ einfach, Datenstrukturen für die Entwicklung von KI-Modellen zu erstellen.

- *SimpleAI*: Dies ist eine Implementierung der KI-Algorithmen aus dem Buch *Artificial Intelligence: A Modern Approach*, von Stuart Russel und Peter Norvig. Die Bibliothek verfügt nicht nur über umfangreiche Funktionen, sondern bietet auch hilfreiche Ressourcen zur Navigation durch den Prozess.

- *PyBrain*: Dies ist eine modulare Bibliothek für maschinelles Lernen, die es ermöglicht, anspruchsvolle Modelle – neuronale Netze und Systeme des verstärkenden Lernens – zu erstellen, ohne viel zu programmieren.

- *Scikit-Learn*: Diese 2007 eingeführte Bibliothek verfügt über eine Vielzahl von Funktionen, die Regression, Clustering und Klassifizierung von Daten ermöglichen.

Ein weiterer Vorteil von Python ist, dass es viele Ressourcen zum Lernen gibt. Eine kurze Suche auf YouTube zeigt Tausende von kostenlosen Kursen.

Es gibt auch andere solide Sprachen wie C++, C# und Java, die Sie für KI verwenden können. Sie sind zwar im Allgemeinen leistungsfähiger als Python, aber auch komplexer. Außerdem besteht bei der Erstellung von Modellen oft wenig Bedarf, vollwertige Anwendungen zu erstellen. Und schließlich gibt es Python-Bibliotheken, die für Hochgeschwindigkeits-KI-Maschinen – mit GPUs – entwickelt wurden, wie CUDA Python.

KI-Frameworks

Es gibt eine Vielzahl von KI-Frameworks, die End-to-End-Systeme für die Erstellung von Modellen, das Training und den Einsatz dieser Modelle bereitstellen. Das bei weitem beliebteste ist TensorFlow, das von Google unterstützt wird. Das Unternehmen begann mit der Entwicklung dieses Frameworks im Jahr 2011 durch seine Abteilung Google Brain. Ziel war es, einen Weg zu finden, neuronale Netzwerke schneller zu erstellen, um die Technologie in viele Google-Anwendungen einzubetten.

2015 beschloss Google, TensorFlow als Open Source zu veröffentlichen, vor allem weil das Unternehmen den Fortschritt der KI beschleunigen wollte. Und zweifellos ist genau das geschehen. Durch die Open-Source-Veröffentlichung von TensorFlow machte Google seine Technologie zu einem Industriestandard für die Entwicklung. Die Software wurde über 41 Mio. Mal heruntergeladen, und es gibt mehr als 1800 Mitwirkende. Tatsächlich läuft

TensorFlow Lite (das für eingebettete Systeme gedacht ist) auf mehr als 2 Mrd. mobilen Geräten.[12]

Die Allgegenwärtigkeit der Plattform hat zu einem großen Ökosystem geführt. Das bedeutet, dass es viele Add-ons wie TensorFlow Federated (für dezentralisierte Daten), TensorFlow Privacy, TensorFlow Probability, TensorFlow Agents (für verstärkendes Lernen) und Mesh TensorFlow (für massive Datensätze) gibt.

Um TensorFlow zu verwenden, haben Sie die Möglichkeit, Ihre Modelle in einer Vielzahl von Sprachen zu erstellen, wie z. B. Swift, JavaScript und R. Die gebräuchlichste Sprache ist jedoch Python.

Was die Grundstruktur betrifft, so nimmt TensorFlow Eingabedaten als mehrdimensionales Array auf, das auch als Tensor bezeichnet wird. Es gibt einen Fluss, der durch ein Diagramm dargestellt wird, während die Daten durch das System laufen.

Wenn Sie Befehle in TensorFlow eingeben, werden sie mit einem hoch entwickelten C++-Kernel verarbeitet. Dies ermöglicht eine viel höhere Leistung, was wesentlich sein kann, da einige Modelle massiv sein können.

TensorFlow kann für so ziemlich alles verwendet werden, wenn es um KI geht. Hier sind einige der Modelle, die es angetrieben hat:

- Forschende des NERSC (National Energy Research Scientific Computing Center) am Lawrence Berkeley National Laboratory haben ein Deep-Learning-System zur besseren Vorhersage extremer Wetterlagen entwickelt. Es war das erste Modell dieser Art, das die Expo-Rechenschwelle (1 Mrd. Mrd. Berechnungen) durchbrach. Dafür wurden die Forschenden mit dem Gordon-Bell-Preis ausgezeichnet.[13]

- Airbnb nutzte TensorFlow, um ein Modell zu erstellen, das Millionen von Angebotsfotos kategorisierte, was das Gästeerlebnis verbesserte und zu höheren Umsätzen führte.[14]

- Google hat TensorFlow verwendet, um die Daten des Kepler-Weltraumteleskops der NASA zu analysieren. Das Ergebnis? Durch das Training eines neuronalen

---

[12] https://medium.com/tensorflow/recap-of-the-2019-tensorflow-dev-summit-1b5ede42da8d.
[13] www.youtube.com/watch?v=p45kQklIsd4&feature=youtu.be.
[14] www.youtube.com/watch?v=tPb2u9kwh2w&feature=youtu.be.

Netzwerks entdeckte das Modell zwei Exoplaneten. Google stellte den Code auch der Öffentlichkeit zur Verfügung.[15]

Google hat an TensorFlow 2.0 gearbeitet, und ein Hauptaugenmerk liegt darauf, den API-Prozess zu vereinfachen. Es gibt auch etwas, das Datasets genannt wird und dabei hilft, die Vorbereitung von Daten für KI-Modelle zu rationalisieren.

Welche anderen KI-Frameworks gibt es noch? Schauen wir uns das mal an:

- *PyTorch*: Facebook ist der Entwickler dieser Plattform, die im Jahr 2016 veröffentlicht wurde. Wie bei TensorFlow ist die Hauptsprache zur Programmierung des Systems Python. PyTorch befindet sich zwar noch in der Anfangsphase, wird aber in Bezug auf die Nutzung bereits als Zweiter nach TensorFlow angesehen. Was ist also anders an dieser Plattform? PyTorch hat eine intuitivere Schnittstelle. Die Plattform ermöglicht auch die dynamische Berechnung von Graphen. Das bedeutet, dass Sie Ihre Modelle während der Laufzeit leicht ändern können, was zu einer schnelleren Entwicklung beiträgt. PyTorch ermöglicht auch den Einsatz verschiedener Arten von Backend-CPUs und GPUs.

- *Keras*: Auch wenn TensorFlow und PyTorch für KI-Erfahrene gedacht sind, ist Keras für Menschen ohne Vorkenntnisse geeignet. Mit einer kleinen Menge an Code – in Python – können Sie neuronale Netze erstellen. In der Dokumentation heißt es dazu: „Keras ist eine API, die für Menschen und nicht für Maschinen entwickelt wurde. Sie stellt die Benutzendenerfahrung in den Vordergrund. Keras folgt den besten Praktiken zur Verringerung der kognitiven Belastung: Es bietet konsistente und einfache APIs, es minimiert die Anzahl der Benutzendenaktionen, die für gängige Anwendungsfälle erforderlich sind, und es bietet klares und umsetzbares Feedback bei Nutzungsfehlern."[16] Es gibt eine „Getting Started"-Anleitung, die nur 30 Sekunden dauert! Die Einfachheit bedeutet jedoch nicht, dass die Software nicht leistungsstark ist. Tatsache ist, dass man mit Keras

---

[15] https://ai.googleblog.com/2018/03/open-sourcing-hunt-for-exoplanets.html.
[16] https://keras.io/.

anspruchsvolle Modelle erstellen kann. Zum Beispiel hat TensorFlow Keras in seine eigene Plattform integriert. Selbst für KI-Profis kann das System sehr nützlich sein, um erste Experimente mit Modellen durchzuführen.

Bei der KI-Entwicklung gibt es ein weiteres gängiges Tool: Jupyter Notebook. Dabei handelt es sich nicht um eine Plattform oder ein Entwicklungstool. Stattdessen ist Jupyter Notebook eine Webanwendung, mit der Sie ganz einfach in Python und R programmieren können, um Visualisierungen zu erstellen und KI-Systeme zu importieren. Außerdem können Sie Ihre Arbeit ganz einfach mit anderen Personen teilen, ähnlich wie bei GitHub.

In den letzten Jahren ist auch eine neue Kategorie von KI-Tools entstanden, die als automatisiertes maschinelles Lernen oder AutoML bezeichnet wird. Diese Systeme helfen bei Prozessen wie Datenvorbereitung und Merkmalsauswahl. In den meisten Fällen besteht das Ziel darin, denjenigen Unternehmen zu helfen, die nicht über erfahrene Fachkräfte aus der Datenwissenschaft und KI-Entwicklung verfügen. Hier geht es um den schnell wachsenden Trend des „Citizen Data Scientist", also einer Person, die keinen ausgeprägten technischen Hintergrund hat und dennoch nützliche Modelle erstellen kann.

Zu den Akteuren im AutoML-Bereich gehören H2O.ai, DataRobot und SaaS. Die Systeme sind intuitiv und erleichtern die Entwicklung von Modellen durch Drag-and-Drop. Es dürfte nicht überraschen, dass große Technologieunternehmen wie Facebook und Google AutoML-Systeme für ihre eigenen Teams entwickelt haben. Im Falle von Facebook ist es Asimo, das dabei hilft, das Training und Testen von 300.000 Modellen pro Monat zu verwalten.[17]

Ein Beispiel für die Anwendung von AutoML ist Lenovo Brasilien. Das Unternehmen hatte Schwierigkeiten, Modelle für maschinelles Lernen zu erstellen, die bei der Vorhersage und Verwaltung der Lieferkette helfen sollten. Es hatte zwei Mitarbeitende, die jede Woche 1500 Zeilen R-Code programmierten – aber das war nicht genug. Tatsache ist, dass es nicht kosteneffizient wäre, weitere Fachleute der Datenwissenschaft einzustellen.

Daher implementierte das Unternehmen DataRobot. Durch die Automatisierung verschiedener Prozesse war Lenovo Brasilien in der Lage, Modelle mit mehr Variablen zu erstellen, was zu besseren Ergebnissen führte. Innerhalb weniger Monate stieg die Zahl der Nutzenden von DataRobot von zwei auf zehn.

Tab. 8-1 zeigt einige weitere Ergebnisse.[18]

---

[17] www.aimlmarketplace.com/technology/machine-learning/the-rise-of-automated-machine-learning.
[18] https://3gp10c1vpy442j63me73gy3s-wpengine.netdna-ssl.com/wp-content/uploads/2018/08/Lenovo-Case-Study.pdf.

Tab. 8-1. Die Ergebnisse der Implementierung eines AutoML-Systems

Aufgaben	Vorher	Nachher
Erstellung von Modellen	4 Wochen	3 Tage
Produktionsmodelle	2 Tage	5 Minuten
Genauigkeit der Vorhersagen	<80 %	87,5 %

Ziemlich gut, oder? Auf jeden Fall. Aber es gibt immer noch Vorbehalte. Bei Lenovo Brasilien konnte das Unternehmen auf erfahrene Fachleute der Datenwissenschaft zurückgreifen, die sich mit den Feinheiten der Modellerstellung auskannten.

Wenn Sie jedoch ein AutoML-Tool ohne ein solches Fachwissen verwenden, können Sie leicht in ernsthafte Schwierigkeiten geraten. Die Wahrscheinlichkeit ist groß, dass Sie Modelle erstellen, die auf fehlerhaften Annahmen oder Daten beruhen. Wenn überhaupt, könnten sich die Ergebnisse als weitaus schlechter erweisen, als wenn Sie keine KI verwenden! Aus diesem Grund verlangt DataRobot von neuen Kundinnen und Kunden, dass sie im ersten Jahr engagierte Außendienstmitarbeitende und Fachleute der Datenwissenschaft mit dem Unternehmen zusammenarbeiten lassen.[19]

Inzwischen gibt es auch Low-Code-Plattformen, die sich als nützlich erwiesen haben, um die Entwicklung von KI-Projekten zu beschleunigen. Einer der Marktführenden in diesem Bereich ist Appian, das die kühne Garantie „Von der Idee zur App in acht Wochen" bietet.

Mit dieser Plattform können Sie problemlos eine saubere Datenstruktur einrichten. Es gibt sogar Systeme, die den Prozess unterstützen, z. B. Warnmeldungen bei Problemen. Zweifellos bietet dies eine solide Grundlage für den Aufbau eines Modells. Aber Low-Code hilft auch in anderer Hinsicht. Sie können zum Beispiel verschiedene KI-Plattformen testen – zum Beispiel von Google, Amazon oder Microsoft – um herauszufinden, welche von ihnen besser funktioniert. Dann können Sie die App mit einer modernen Oberfläche erstellen und sie im Web oder für mobile Apps einsetzen.

Um ein Gefühl für die Leistungsfähigkeit von Low-Code zu bekommen, schauen Sie sich an, was KPMG mit dieser Technologie erreicht hat. Das Unternehmen war in der Lage, seiner Kundschaft bei der Abkehr von der Verwendung des LIBOR für Kredite zu helfen. Zunächst nutzte KPMG seine eigene KI-Plattform namens Ignite, um die unstrukturierten Daten zu erfassen und die Verträge mithilfe von maschinellem Lernen und Natural Language Processing zu bereinigen. Als Nächstes setzte das Unternehmen Appian ein, um die gemeinsame Nutzung von Dokumenten, anpassbare Geschäftsregeln und Echtzeitberichte zu unterstützen.

---

[19] www.wsj.com/articles/yes-you-too-can-be-an-ai-expert-11554168513.

Ein solcher Prozess kann – wenn er manuell durchgeführt wird – leicht Tausende von Stunden in Anspruch nehmen, wobei die Fehlerquote bei 10 bis 15 % liegt. Bei der Verwendung von Ignite/Appian lag die Genauigkeit jedoch bei über 96 %. Oh, und die Zeit für die Verarbeitung der Dokumente betrug nur wenige Sekunden.

Einsatz und Überwachung des KI-Systems

Selbst wenn Sie ein funktionierendes KI-Modell entwickelt haben, bleibt noch mehr zu tun. Sie müssen Wege finden, um es einzusetzen und zu überwachen.

Dies erfordert ein Änderungsmanagement, das immer komplex und schwierig ist. KI unterscheidet sich von einer typischen IT-Implementierung, da sie Vorhersagen und Erkenntnisse für die Entscheidungsfindung nutzt. Das bedeutet, dass die Menschen neu überdenken müssen, wie sie mit der Technologie umgehen.

Bedenken Sie auch, dass es sich bei den Endnutzenden höchstwahrscheinlich um nicht technische Personen handelt, seien es Arbeitnehmende oder Verbrauchende. Aus diesem Grund muss viel daran gearbeitet werden, das KI-Modell so einfach wie möglich zu gestalten. Wenn Sie beispielsweise ein System für das Online-Marketing entwickelt haben, möchten Sie vielleicht die Optionen für Benutzende einschränken – zum Beispiel auf 4 oder 5 Optionen.

Warum? Wenn es zu viele sind, können die Benutzenden frustriert sein und nicht wissen, wo sie anfangen sollen. Dies ist Teil des sogenannten „Paralyse durch Analyse"-Problems. Wenn dies geschieht, wird das KI-Modell unweigerlich nur in geringem Maße angenommen, was den Fortschritt stark behindert.

Eine weitere gute Strategie ist die Verwendung von interaktiven Visualisierungen. Sie können leicht erkennen, wie sich die Trends ändern, wenn Sie einige Variablen anpassen. Sie können auch einen bestimmten Teil des Diagramms anklicken, um weitere Details zu erfahren.

Es ist auch wichtig, eine Dokumentation zu erstellen. Dabei sollte es sich aber nicht nur um schriftliches Material handeln. Ein effektiver Ansatz ist zum Beispiel die Entwicklung von Video-Tutorials. Eine solche Maßnahme trägt wesentlich zur Akzeptanz bei.

Es hat sich bewährt, die anfängliche Einführung zu begrenzen. Vielleicht könnte dies für eine kleine Gruppe von Nutzenden der Beta-Version und einen kleinen Teil des Kundenstamms erfolgen. Es sollte auch darauf hingewiesen werden, dass sich das KI-Modell noch in der Anfangsphase befindet und Fehler aufweisen kann.

In dieser Phase geht es also darum, zu lernen. Was funktioniert? Was sollte entfernt werden? Wo können Dinge verbessert werden?

Dies ist definitiv ein iterativer Prozess, der nicht überstürzt werden darf.

Sobald das KI-Modell für den vollständigen Einsatz bereit ist, sollte es genügend Unterstützung geben und jemand sollte die Leitung des Projekts übernehmen. Außerdem muss das Team für seinen Erfolg anerkannt werden. Hoffentlich kommt das Lob von den höchsten Ebenen des Unternehmens, was zu immer mehr Innovationen führen wird.

Es gibt eine Reihe von automatisierten Plattformen, die bei der Rationalisierung des Arbeitsablaufs helfen, z. B. Alteryx. Die Vision des Unternehmens ist es, Datenwissenschaft und -analyse zu demokratisieren, unabhängig davon, ob jemand einen technischen Hintergrund hat oder nicht. Das Alteryx-System deckt die wichtigsten Bereiche des Prozesses ab: Datenermittlung, Daten-aufbereitung, Analyse und Einsatz. Und all dies geschieht mit codefreien Drag-and-Drop-Tools. Darüber hinaus sind viele in der Zielgruppe des Unternehmens keine Technologieunternehmen wie Hyatt, Unilever und Kroger.

Auch hier gilt: KI-Entwicklung ist eine Reise – und Ihre Strategie wird sich unweigerlich ändern. Das ist unvermeidlich. Laut Kurt Muehmel, dem VP of Sales Engineering bei Dataiku:[20]

> „Was Unternehmen manchmal nicht erkennen, ist, dass der Weg zur KI eine langfristige Entwicklung nicht nur der Technologie, sondern auch der Art und Weise, wie das Unternehmen zusammenarbeitet, ist. Daher sollte eine der wichtigsten Komponenten einer KI-Strategie neben der Ausbildung auch ein umfassendes Änderungsmanagement sein. Es ist wichtig, sowohl kurz- als auch langfristige Roadmaps zu erstellen, die zeigen, was zunächst mit prädiktiver Analytik, dann vielleicht mit maschinellem Lernen und schließlich – als längerfristiges Ziel – mit KI erreicht werden soll, und wie sich die einzelnen Roadmaps auf die verschiedenen Bereiche des Unternehmens sowie auf die Menschen auswirken, die Teil dieser Geschäftsbereiche und ihrer täglichen Arbeit sind.“

Schlussfolgerung

Wie in diesem Kapitel gezeigt wurde, ist es bei der Implementierung von KI wichtig, zwei Wege einzuschlagen. Der erste besteht darin, die Systeme von Drittanbietenden, die diese Technologie nutzen, maximal zu nutzen. Aber auch die Datenqualität sollte im Mittelpunkt stehen. Ist dies nicht der Fall, werden die Ergebnisse wahrscheinlich nicht den Erwartungen entsprechen.

---

[20] Dies stammt aus einem Interview des Autors mit Kurt Muehmel, dem VP Sales Engineering von Dataiku, im April 2019.

Der zweite Weg ist die Durchführung eines KI-Projekts, das auf den eigenen Daten des Unternehmens basiert. Um erfolgreich zu sein, braucht es ein starkes Team, das über eine Mischung aus technischem, geschäftlichem und fachlichem Know-how verfügt. Wahrscheinlich wird auch eine gewisse KI-Schulung erforderlich sein. Dies gilt selbst für diejenigen, die einen Hintergrund in Datenwissenschaft und Technik haben.

Von hier aus sollten die einzelnen Schritte des Projekts nicht überstürzt werden: Bewertung der IT-Umgebung, Festlegung eines klaren Geschäftsziels, Bereinigung der Daten, Auswahl der richtigen Tools und Plattformen, Erstellung des KI-Modells und Einsatz des Systems. Bei ersten Projekten wird es unweigerlich Herausforderungen geben, daher ist es wichtig, flexibel zu sein. Aber die Mühe sollte sich lohnen.

Wichtigste Erkenntnisse

- Selbst die besten Unternehmen haben Schwierigkeiten mit der Implementierung von KI. Aus diesem Grund sind große Sorgfalt, Gewissenhaftigkeit und Planung erforderlich. Es ist auch wichtig zu erkennen, dass Misserfolge an der Tagesordnung sind.

- Es gibt im Wesentlichen zwei Möglichkeiten, KI in einem Unternehmen einzusetzen: über eine Softwareanwendung eines Anbietenden oder ein unternehmensinternes Modell. Letzteres ist viel schwieriger und erfordert ein großes Engagement des Unternehmens.

- Bei der Verwendung von KI-Anwendungen von der Stange gibt es noch viel zu tun. Wenn zum Beispiel die Mitarbeitenden die Daten nicht korrekt eingeben, werden die Ergebnisse wahrscheinlich falsch sein.

- Die Ausbildung ist bei einer KI-Implementierung entscheidend, selbst für erfahrene Ingenieursfachleute. Es gibt ausgezeichnete Online-Schulungsressourcen, die dabei helfen.

- Achten Sie auf die Risiken von KI-Implementierungen, z. B. Verzerrungen, Sicherheit und Datenschutz.

- Zu den wichtigsten Bestandteilen des KI-Implementierungsprozesses gehören: Identifizierung eines zu lösenden Problems, Zusammenstellung eines starken Teams, Auswahl der richtigen Tools und Plattformen, Erstellung des KI-Modells sowie Einsatz und Überwachung des KI-Modells.

- Bei der Entwicklung eines Modells sollten Sie darauf achten, wie sich die Technologie zu den Menschen verhält. Tatsache ist, dass Menschen bei bestimmten Aufgaben viel besser sein können.

- Es ist nicht einfach, ein Team zu bilden, also überstürzen Sie den Prozess nicht. Sie sollten eine Leitung haben, der über gutes geschäftliches oder operatives Wissen verfügt und eine Mischung aus technischen Fähigkeiten mitbringt.

- Es ist gut, mit den verschiedenen KI-Tools zu experimentieren. Bevor Sie das tun, sollten Sie jedoch eine IT-Bewertung durchführen.

- Einige der beliebtesten KI-Tools sind TensorFlow, PyTorch, Python, Keras und das Jupyter Notebook.

- Automatisiertes maschinelles Lernen oder AutoML-Tools helfen bei Prozessen wie Datenvorbereitung und Merkmalsauswahl für KI-Modelle. Der Schwerpunkt liegt auf denjenigen, die über keine technischen Kenntnisse verfügen.

- Bei der Einführung des KI-Modells geht es nicht nur um die Skalierung. Es ist auch wichtig, dass das System einfach zu bedienen ist, damit es von vielen angenommen wird.

Die Zukunft der KI

Das Für und Wider

Auf der Konferenz Web Summit Ende 2017 äußerte sich der legendäre Physiker Stephen Hawking über die Zukunft der KI. Einerseits war er hoffnungsvoll, dass die Technologie die menschliche Intelligenz übertreffen könnte. Dies würde wahrscheinlich bedeuten, dass viele schreckliche Krankheiten geheilt werden können und dass es vielleicht Wege geben wird, Umweltprobleme, einschließlich des Klimawandels, in den Griff zu bekommen.

Aber es gab auch eine Schattenseite. Hawking sprach davon, dass die Technologie das Potenzial hat, das „schlimmste Ereignis in der Geschichte unserer Zivilisation" zu werden.[1] Zu den Problemen gehören unter anderem Massenarbeitslosigkeit und sogar Killerroboter. Deshalb plädierte er für Möglichkeiten zur Kontrolle der KI.

---

[1] www.cnbc.com/2017/11/06/stephen-hawking-ai-could-be-worst-event-in-civilization.html.

© Der/die Autor(en), exklusiv lizenziert an APress Media, LLC, ein Teil von Springer Nature 2022
T. Taulli, *Grundlagen der Künstlichen Intelligenz*,
https://doi.org/10.1007/978-3-662-66283-0_9

Hawkings Überlegungen sind sicherlich keine Randerscheinung. Auch prominente Technologieunternehmer wie Elon Musk und Bill Gates haben sich sehr besorgt über KI geäußert.

Dennoch gibt es viele, die ausgesprochen optimistisch, wenn nicht gar überschwänglich sind. Masayoshi Son, der CEO von SoftBank und Manager des 100 Mrd. US$ schweren Vision Venture Fund, ist einer von ihnen. In einem Interview mit CNBC verkündete er, dass wir in 30 Jahren fliegende Autos haben werden, dass die Menschen viel länger leben werden und dass wir viele Krankheiten geheilt haben werden.[2] Er wies auch darauf hin, dass der Schwerpunkt seines Fonds auf der KI liegt.

Also gut, wer hat Recht? Wird die Zukunft dystopisch oder utopisch sein? Oder wird sie irgendwo in der Mitte liegen? Nun, die Vorhersage neuer Technologien ist außerordentlich schwierig, fast unmöglich. Hier sind einige Beispiele für Prognosen, die weit daneben lagen:

- Thomas Edison erklärte, dass der Wechselstrom (AC) scheitern würde.[3]

- In seinem Buch *The Road Ahead* (Ende 1995 veröffentlicht) erwähnt Bill Gates das Internet nicht.

- Im Jahr 2007 sagte Jim Balsillie, der Co-CEO von Research in Motion (dem Hersteller des BlackBerry-Geräts), dass das iPhone nur wenig Anklang finden würde.[4]

- In dem kultigen Science-Fiction-Film *Blade Runner*, der 1982 veröffentlicht wurde und im Jahr 2019 spielt, gab es viele Vorhersagen, die falsch waren, wie Telefonzellen mit Videotelefonen und Androiden (oder „Replikanten"), die von Menschen kaum zu unterscheiden waren.

Trotz alledem ist eines sicher: In den kommenden Jahren werden wir viele Innovationen und Veränderungen durch KI erleben. Dies scheint unvermeidlich, zumal weiterhin enorme Summen in die Branche investiert werden.

Werfen wir also einen Blick auf einige der Bereiche, die wahrscheinlich einen großen Einfluss auf die Gesellschaft haben werden.

---

[2] www.cnbc.com/2019/03/08/softbank-ceo-ai-will-completely-change-the-way-humans-live-within-30-years.html.

[3] www.msn.com/en-us/news/technology/the-best-and-worst-technology-predictions-of-all-time/ss-BBIMwm3#image=5.

[4] www.recode.net/2017/1/9/14215942/iphone-steve-jobs-apple-ballmer-nokia-anniversary.

Autonome Autos

Wenn es um KI geht, ist einer der weitreichendsten Bereiche das autonome Auto. Interessanterweise ist diese Kategorie nicht wirklich neu. Ja, sie ist schon seit vielen Jahrzehnten ein Markenzeichen vieler Science-Fiction-Geschichten! Aber seit einiger Zeit gibt es auch viele reale Beispiele für Innovationen, wie die folgenden:

- *Stanford Cart*: Seine Entwicklung begann in den frühen 1960er-Jahren, und das ursprüngliche Ziel war die Entwicklung eines ferngesteuerten Fahrzeugs für Mondmissionen. Aber die Forschenden änderten schließlich ihren Schwerpunkt und entwickelten ein einfaches autonomes Fahrzeug, das Kameras und KI für die Navigation nutzte. Obwohl es für die damalige Zeit eine herausragende Leistung war, war es nicht praktikabel, da es mehr als 10 Minuten brauchte, um jede Bewegung zu planen!

- *Ernst Dickmanns*: Der brillante deutsche Luft- und Raumfahrtingenieur wandte sich Mitte der 1980er-Jahre der Idee zu, einen Mercedes-Transporter in ein autonomes Fahrzeug zu verwandeln. Er verkabelte Kameras, Sensoren und Computer miteinander. Auch bei der Verwendung von Software war er kreativ, indem er beispielsweise die Grafikverarbeitung nur auf wichtige visuelle Details beschränkte, um Strom zu sparen. Auf diese Weise gelang es ihm, ein System zu entwickeln, das die Lenkung, das Gaspedal und die Bremsen eines Autos steuerte. Er testete den Mercedes 1994 auf einer Pariser Autobahn – und er schaffte über 600 Meilen mit einer Geschwindigkeit von bis zu 81 mph.[5] Die Forschungsgelder wurden jedoch zurückgezogen, weil nicht klar war, ob eine zeitnahe Vermarktung möglich war. Es half auch nicht, dass für die KI ein weiterer KI-Winter begann.

Aber der Wendepunkt für autonome Autos kam 2004. Der Hauptauslöser war der Irakkrieg, der von den amerikanischen Soldaten einen schrecklichen Tribut forderte. Die DARPA war der Überzeugung, dass autonome Fahrzeuge eine Lösung sein könnten.

Aber die Agentur stand vor vielen schwierigen Herausforderungen. Deshalb rief sie 2004 einen Wettbewerb mit dem Namen DARPA Grand Challenge ins Leben, der mit einem Hauptpreis von 1 Mio. US$ dotiert war, um weitere

---

[5] www.politico.eu/article/delf-driving-car-born-1986-ernst-dickmanns-mercedes/.

Innovationen zu fördern. Während der Veranstaltung gab es ein Rennen über 150 Meilen in der Mojave-Wüste, das leider nicht ermutigend war, da die Autos miserabel abschnitten. Keines von ihnen beendete das Rennen!

Aber das spornte nur zu noch mehr Innovation an. Im nächsten Jahr erreichten fünf Autos das Ziel. Im Jahr 2007 waren die Autos dann so weit fortgeschritten, dass sie in der Lage waren, Wendemanöver durchzuführen und sich einzufädeln.

Durch diesen Prozess konnte die DARPA die Entwicklung der Schlüsselkomponenten für autonome Fahrzeuge ermöglichen:

- *Sensoren:* Dazu gehören Radar- und Ultraschallsysteme, die Fahrzeuge und andere Hindernisse, wie z. B. Bordsteine, erkennen können.

- *Videokameras:* Diese können Straßenschilder, Ampeln und zu Fuß gehende Menschen erkennen.

- *Lidar (Light Detection and Ranging):* Dieses Gerät, das sich in der Regel an der Spitze eines autonomen Fahrzeugs befindet, schießt Laserstrahlen, um die Umgebung zu vermessen. Die Daten werden dann in bestehende Karten integriert.

- *Computer:* Dieser hilft bei der Steuerung des Fahrzeugs, einschließlich Lenkung, Beschleunigung und Bremsen. Das System nutzt KI, um zu lernen, verfügt aber auch über eingebaute Regeln für die Umfahrung von Objekten, das Einhalten von Gesetzen und so weiter.

Wenn es um autonome Autos geht, gibt es viel Verwirrung darüber, was „autonom" wirklich bedeutet. Ist das der Fall, wenn ein Auto völlig allein fährt – oder muss ein Mensch mitfahren?

Um die Feinheiten zu verstehen, gibt es fünf Stufen der Autonomie:

- *Stufe 0:* Hier steuert ein Mensch alle Systeme.

- *Stufe 1:* In dieser Stufe steuern Computer begrenzte Funktionen wie Tempomat oder Bremsen – aber immer nur eine.

- *Stufe 2:* Dieser Fahrzeugtyp kann zwei Funktionen automatisieren.

- *Stufe 3:* Hier automatisiert ein Auto alle Sicherheitsfunktionen. Aber die Fahrenden können eingreifen, wenn etwas schiefgeht.

- *Stufe 4:* Das Auto kann im Allgemeinen selbst fahren. Aber es gibt Fälle, in denen ein Mensch beteiligt sein muss.

- *Stufe 5*: Dies ist der Heilige Gral, bei dem das Auto völlig autonom ist.

Die Autoindustrie ist einer der größten Märkte, und die KI wird wahrscheinlich tiefgreifende Veränderungen auslösen. Bedenken Sie, dass der Transport die zweithöchste Haushaltsausgabe ist, nach dem Wohnen, und doppelt so hoch ist wie die Ausgaben für die Gesundheitsfürsorge. Und noch etwas ist zu bedenken: Das typische Auto wird nur etwa 5 % der Zeit genutzt, da es normalerweise irgendwo geparkt ist.[6]

Angesichts des enormen Verbesserungspotenzials sollte es nicht überraschen, dass in die autonome Autoindustrie massiv investiert wurde. Dabei ging es nicht nur um Risikokapitalgebende die in eine Vielzahl von Start-ups investierten, sondern auch um Innovationen von traditionellen Automobilherstellern wie Ford, GM und BMW.

Wann könnte sich diese Branche dann durchsetzen? Die Schätzungen gehen weit auseinander. Laut einer Studie von Allied Market Research wird der Markt bis 2026 voraussichtlich 556,67 Mrd. US$ erreichen, was einer durchschnittlichen jährlichen Wachstumsrate von 39,47 % entspräche.[7]

Aber es gibt noch viel zu tun. „Selbst im besten Fall sind wir noch Jahre von einem Auto entfernt, das kein Lenkrad braucht", sagt Scott Painter, CEO und Gründer von Fair. „Autos müssen immer noch versichert, repariert und gewartet werden, selbst wenn man in einem Delorean aus der Zukunft zurückkäme und die Anleitung mitbrächte, wie man diese Autos völlig autonom macht. Wir produzieren 100 Mio. Autos pro Jahr, davon 16 Mio. in den USA. Und wenn man wollte, dass das gesamte Angebot mit diesen Funktionen der künstlichen Intelligenz ausgestattet ist, würde es immer noch 20 Jahre dauern, bis wir mehr Autos mit den verschiedenen Stufen der künstlichen Intelligenz auf der Straße haben als die Anzahl der Autos ohne diese Technologien."[8]

Aber es gibt noch viele andere Faktoren, die zu berücksichtigen sind. Schließlich ist das Autofahren komplex, vor allem in Städten und Vorstädten. Was ist, wenn ein Verkehrsschild geändert oder gar manipuliert wird? Was ist, wenn ein autonomes Auto vor der Entscheidung steht, in ein entgegenkommendes Auto zu krachen oder auf einen Bordstein zu stürzen, auf dem sich vielleicht zu Fuß gehende Menschen befinden? All dies ist äußerst schwierig.

Auch scheinbar einfache Aufgaben können schwer zu bewältigen sein. John Krafcik, der CEO von Googles Waymo, weist darauf hin, dass Parkplätze ein

---

[6] www.sec.gov/Archives/edgar/data/1759509/000119312519077391/d633517ds1a.htm.
[7] www.alliedmarketresearch.com/autonomous-vehicle-market.
[8] Aus einem Interview des Autors mit Scott Painter, dem CEO und Gründer von Fair, im Mai 2019.

Paradebeispiel sind.[9] Sie erfordern das Auffinden freier Plätze, das Ausweichen vor anderen Autos und Menschen zu Fuß (die unberechenbar sein können) und das Einfahren in die Lücke.

Doch die Technologie ist nur eine der Herausforderungen bei autonomen Fahrzeugen. Hier sind noch einige andere Herausforderungen zu berücksichtigen:

- *Infrastruktur*: Unsere Städte und Gemeinden sind für herkömmliche Autos gebaut. Aber wenn autonome Fahrzeuge hinzukommen, wird es wahrscheinlich viele logistische Probleme geben. Wie kann ein Auto die Aktionen fahrzeugführender Menschen vorhersehen? Möglicherweise müssen entlang der Straßen Sensoren installiert werden. Eine andere Möglichkeit wäre, separate Straßen für autonome Fahrzeuge einzurichten. Die Regierungen müssen wahrscheinlich auch die Fahr- schulausbildung ändern und Handlungsempfehlungen für den Umgang mit autonomen Fahrzeugen auf der Straße geben.

- *Regulierung*: Dieser Aspekt ist schwierig einzuschätzen. In den meisten Fällen könnte dies das größte Hindernis sein, da die Regierungen dazu neigen, langsam zu arbeiten und sich gegen Veränderungen zu wehren. Die Vereinigten Staaten sind auch ein Land, in dem oft Rechtsklagen angestrengt werden – ein weiterer Faktor, der die Entwicklung bremsen könnte.

- *Akzeptanz*: Autonome Fahrzeuge werden wahrscheinlich nicht billig sein, da Systeme wie Lidar kostspielig sind. Dies wird sicherlich ein begrenzender Faktor sein. Gleichzeitig gibt es aber auch Anzeichen für Skepsis in der Öffentlichkeit. Laut einer Umfrage der AAA, der American Automobile Association, gaben etwa 71 % der Befragten an, dass sie Angst vor der Fahrt in einem autonomen Fahrzeug haben.[10]

In Anbetracht all dessen werden autonome Fahrzeuge in der Anfangsphase wahrscheinlich nur in kontrollierten Situationen zum Einsatz kommen, z. B. im Lkw-Verkehr, im Bergbau oder als Shuttles. Ein Beispiel dafür ist das Unternehmen Suncor Energy, das autonome Lkw für Aushubarbeiten an verschiedenen Standorten in Kanada einsetzt.

---

[9] www.businessinsider.com/waymo-ceo-john-krafcik-explains-big-challenge-for-self-driving-cars-2019-4.

[10] https://newsroom.aaa.com/2019/03/americans-fear-self-driving-cars-survey/.

Mitfahrzentralen wie Uber und Lyft könnten ein weiterer Ansatzpunkt sein. Diese Dienste sind gut strukturiert und für die Öffentlichkeit verständlich.

Denken Sie daran, dass Waymo einen selbstfahrenden Taxidienst in Phoenix getestet hat (ähnlich wie ein Ride-Sharing-System wie Uber, aber die Autos haben autonome Systeme). In einem Blogbeitrag des Unternehmens wird dies folgendermaßen erklärt:

> „Zunächst werden wir den Fahrenden Zugang zu unserer App geben. Mit ihr können sie unsere selbstfahrenden Fahrzeuge 24 Stunden am Tag, 7 Tage die Woche anrufen. Sie können in mehreren Städten im Großraum Phoenix fahren, darunter Chandler, Tempe, Mesa und Gilbert. Egal, ob es sich um einen unterhaltsamen Abend handelt oder einfach nur um eine Pause vom Autofahren, unsere Fahrenden erhalten jedes Mal die gleichen sauberen Fahrzeuge und unseren Waymo-Fahrer mit über 10 Mio. Meilen Erfahrung auf öffentlichen Straßen. Die Fahrenden sehen den geschätzten Preis, bevor sie die Fahrt annehmen, basierend auf Faktoren wie Zeit und Entfernung zu ihrem Ziel."[11]

Waymo hat festgestellt, dass der Schlüssel in der Aufklärung liegt, da die Fahrenden viele Fragen haben. Deshalb hat das Unternehmen ein Chat-System in die App eingebaut, über das man Support-Mitarbeitende kontaktieren kann. Das Armaturenbrett des Fahrzeugs hat auch einen Bildschirm, der Details über die Fahrt liefert.

In dem Blogbeitrag heißt es: „Das Feedback der Fahrenden wird weiterhin bei jedem Schritt wichtig sein."[12]

USA gegen China

Der rasante Aufstieg Chinas ist erstaunlich. In wenigen Jahren könnte die Wirtschaft größer sein als die der Vereinigten Staaten, und ein wichtiger Teil des Wachstums wird die KI sein. Die chinesische Regierung hat sich das ehrgeizige Ziel gesetzt, bis 2030 150 Mrd. US$ in diese Technologie zu investieren.[13] In der Zwischenzeit werden Unternehmen wie Baidu, Alibaba und Tencent weiterhin große Investitionen tätigen.

Auch wenn China oft als nicht so kreativ und innovativ wie das Silicon Valley angesehen wird – und oft als „Nachahmer" bezeichnet wird –, könnte sich diese Wahrnehmung als Mythos erweisen. Eine Studie des Allen Institute for Artificial Intelligence zeigt, dass China die Vereinigten Staaten bei den am

---

[11] https://medium.com/waymo/riding-with-waymo-one-today-9ac8164c5c0e.
[12] Ebd.
[13] www.diamandis.com/blog/rise-of-ai-in-china.

häufigsten zitierten technischen Abhandlungen über KI voraussichtlich überholen wird.[14]

Das Land hat noch einige andere Vorteile, auf die der KI-Experte und Risikokapitalgeber Kai-Fu Lee in seinem provokanten Buch *AI Superpowers: China, Silicon Valley, and the New World Order* hingewiesen hat:[15]

- *Enthusiasmus*: In den 1950er-Jahren weckte der Start des russischen Sputniks das Interesse der Menschen in den Vereinigten Staaten, Ingenieursfachleute für das Raumfahrtprogramm zu werden. Etwas Ähnliches ist auch in China geschehen. Als der beste Go-Spieler des Landes, Ke Jie, gegen das KI-System AlphaGo verlor, war dies ein Weckruf. Das Ergebnis ist, dass dies viele junge Menschen dazu inspiriert hat, eine Karriere in der KI zu verfolgen.

- *Daten*: Mit einer Bevölkerung von über 1,3 Mrd. Menschen ist China reich an Daten (es gibt mehr als 700 Mio. Internetnutzende). Aber die autoritäre Regierung des Landes ist auch kritisch zu betrachten, da der Datenschutz nicht als besonders wichtig angesehen wird, was bedeutet, dass es bei der Entwicklung von KI-Modellen viel mehr Spielraum gibt. In einer in *Nature Medicine* veröffentlichten Arbeit hatten die chinesischen Forschenden beispielsweise Zugang zu den Daten von 600.000 Patientinnen und Patienten, um eine Gesundheitsstudie durchzuführen.[16] Die Studie befindet sich zwar noch in einem frühen Stadium, aber sie zeigte, dass ein KI-Modell in der Lage war, Kinderkrankheiten wie Grippe und Meningitis effektiv zu diagnostizieren.

- *Infrastruktur*: Im Rahmen der Investitionspläne der chinesischen Regierung wurde ein Schwerpunkt auf die Schaffung von Städten der nächsten Generation gelegt, die autonome Autos und andere KI-Systeme ermöglichen. Auch der Ausbau von 5G-Netzen wurde aggressiv vorangetrieben.

Was die Vereinigten Staaten betrifft, so hat sich die Regierung in Bezug auf KI viel zurückhaltender gezeigt. Präsident Trump hat eine Durchführungsverordnung – die sogenannte „American AI Initiative" – unterzeichnet, um die

---

[14] www.theverge.com/2019/3/14/18265230/china-is-about-to-overtake-america-in-ai-research.
[15] New York: Houghton Mifflin Harcourt, 2018.
[16] www.nature.com/articles/s41591-018-0335-9.

Entwicklung der Technologie zu fördern, aber die Bedingungen sind vage und es ist bei weitem nicht klar, wie viel Geld dafür bereitgestellt werden wird.

Technologische Arbeitslosigkeit

Das Konzept der technologischen Arbeitslosigkeit, das durch den berühmten Wirtschaftswissenschaftler John Maynard Keynes während der Großen Depression bekannt wurde, erklärt, wie Innovationen zu langfristigen Arbeitsplatzverlusten führen können. Beweise dafür sind jedoch schwer zu finden. Ungeachtet der Tatsache, dass die Automatisierung Industriezweige wie das verarbeitende Gewerbe stark beeinträchtigt hat, kommt es häufig zu einer Umstellung der Arbeitskräfte, da sich die Menschen anpassen.

Aber könnte die KI-Revolution anders verlaufen? Das könnte sehr gut sein. So befürchtet der kalifornische Gouverneur Gavin Newsom, dass sein Bundesstaat in Bereichen wie dem Lkw-Verkehr und der Lagerhaltung eine massive Arbeitslosigkeit erleben könnte – und das schon bald.[17]

Hier ein weiteres Beispiel: Harvest CROO Robotics hat einen Roboter namens Harv gebaut, der Erdbeeren und andere Pflanzen pflücken kann, ohne Druckstellen zu verursachen. Zugegeben, er befindet sich noch in der Versuchsphase, aber das System wird schnell besser. Man geht davon aus, dass ein Roboter die Arbeit von 30 Menschen erledigen wird.[18] Und natürlich müssen keine Löhne gezahlt werden, und es besteht auch kein arbeitsrechtliches Haftungsrisiko.

Aber KI könnte mehr bedeuten als nur die Ersetzung von gering qualifizierten Arbeitsplätzen. Es gibt bereits Anzeichen dafür, dass die Technologie einen großen Einfluss auf Angestelltenberufe haben könnte. Seien wir ehrlich, es gibt noch mehr Anreize, diese Jobs zu automatisieren, weil sie eine höhere Vergütung bringen.

Ein Bereich, in dem Arbeitsplätze wegen KI verloren gehen könnten, ist der des Rechts, da eine Reihe von Start-ups wie Lawgood, NexLP und RAVN ACE auf den Markt drängen. Die Lösungen konzentrieren sich auf die Automatisierung von Bereichen wie Rechtsrecherche und Vertragsprüfung.[19] Auch wenn die Systeme bei weitem nicht perfekt sind, können sie sicherlich viel mehr Volumen verarbeiten als Menschen – und sie können auch intelligenter werden, wenn sie mehr und mehr eingesetzt werden.

---

[17] www.mercurynews.com/2019/03/18/were-not-prepared-for-the-promise-of-artificial-intelligence-experts-warn/.
[18] www.washingtonpost.com/news/national/wp/2019/02/17/feature/inside-the-race-to-replace-farmworkers-with-robots/.
[19] www.cnbc.com/2017/02/17/lawyers-could-be-replaced-by-artificial-intelligence.html.

Sicherlich ist der Arbeitsmarkt insgesamt dynamisch, und es werden neue Berufe entstehen. Wahrscheinlich wird es auch KI-Innovationen geben, die den Arbeitnehmenden die Arbeit erleichtern. Das Software-Start-up Measure Square beispielsweise konnte mithilfe ausgeklügelter Algorithmen papierbasierte Grundrisse in digitale, interaktive Grundrisse umwandeln. Dadurch ist es einfacher geworden, Projekte zu beginnen und rechtzeitig abzuschließen.

Angesichts der potenziell umformenden Auswirkungen der KI scheint es jedoch vernünftig anzunehmen, dass es zu negativen Auswirkungen auf ein breites Spektrum von Branchen kommen wird. Ein Vorgeschmack darauf ist vielleicht das, was in den 1960er- bis 1990er-Jahren mit dem Verlust von Arbeitsplätzen in der verarbeitenden Industrie geschah. Nach Angaben des Pew Research Center gab es in den letzten 40 Jahren praktisch keinen Reallohnzuwachs.[20] In diesem Zeitraum hat sich in den Vereinigten Staaten auch die Vermögensungleichheit verstärkt. Der Wirtschaftswissenschaftler Gabriel Zucman aus Berkeley schätzt, dass 0,1 % der Bevölkerung fast 20 % des Reichtums kontrollieren.[21]

Dennoch gibt es Maßnahmen, die ergriffen werden können. Zunächst einmal können die Regierungen dafür sorgen, dass Bildung und Übergangshilfen angeboten werden. Angesichts der Geschwindigkeit des Wandels in der heutigen Welt werden die meisten Menschen ihre Kenntnisse ständig auffrischen müssen. Ginni Rometty, CEO von IBM, hat festgestellt, dass KI in den nächsten 5–10 Jahren alle Arbeitsplätze verändern wird. Übrigens hat ihr Unternehmen die Zahl der Mitarbeitenden in der Personalabteilung aufgrund der Automatisierung um 30 % reduziert.[22]

Dann gibt es einige Befürwortende eines Grundeinkommens, das jedem ein Mindestmaß an Vergütung zukommen lässt. Dies würde sicherlich die Ungleichheit etwas verringern, hat aber auch Nachteile. Die Menschen sind sicherlich stolz auf und zufrieden mit ihrem Beruf. In welcher Verfassung wäre also ein Mensch, wenn er oder sie keine Arbeit findet? Das könnte tiefgreifende Auswirkungen haben.

Schließlich ist sogar von einer Art KI-Steuer die Rede. Diese würde im Wesentlichen die großen Gewinne der Unternehmen, die von der Technologie profitieren, wieder einkassieren. Angesichts ihrer Macht dürfte es allerdings schwierig sein, diese Art von Gesetzgebung durchzusetzen.

---

[20] www.pewresearch.org/fact-tank/2018/08/07/for-most-us-workers-real-wages-have-barely-budged-for-decades/.
[21] http://fortune.com/2019/02/08/growing-wealth-inequality-us-study/.
[22] www.cnbc.com/2019/04/03/ibm-ai-can-predict-with-95-percent-accuracy-which-employees-will-quit.html.

Die Nutzung der KI als Waffe

Das Air Force Research Lab arbeitet an Prototypen für ein Gerät namens Skyborg. Es ist direkt aus *Star Wars* entsprungen. Stellen Sie sich Skyborg als R2-D2 vor, der als KI-Flügelmann für einen Kampfjet dient und dabei hilft, Ziele und Bedrohungen zu identifizieren.[23] Der KI-Roboter könnte auch die Kontrolle übernehmen, wenn der Pilot oder die Pilotin außer Gefecht gesetzt oder abgelenkt ist. Die Luftwaffe erwägt sogar, die Technologie für den Betrieb von Drohnen zu nutzen.

Cool, oder? Sicherlich. Aber es gibt ein großes Problem: Könnte der Einsatz von KI dazu führen, dass der Mensch bei Entscheidungen über Leben und Tod auf dem Schlachtfeld nicht mehr mitreden kann? Könnte dies letztlich zu mehr Blutvergießen führen? Vielleicht treffen die Maschinen falsche Entscheidungen und verursachen noch mehr Probleme?

Viele KI-Forschende und -Unternehmen sind besorgt. Zu diesem Zweck haben mehr als 2400 eine Erklärung unterzeichnet, die ein Verbot der sogenannten Roboterkiller fordert.[24]

Selbst die Vereinten Nationen erwägen eine Art Verbot. Doch die Vereinigten Staaten sowie Australien, Israel, das Vereinigte Königreich und Russland haben sich diesem Schritt widersetzt.[25] Infolgedessen könnte sich ein wahres KI-Wettrüsten abzeichnen.

Einem Artikel der RAND Corporation zufolge besteht sogar die Möglichkeit, dass die Technologie zu einem Atomkrieg führen könnte, etwa im Jahr 2040. Wie das? Die Verfassenden stellen fest, dass die KI es leichter machen könnte, U-Boote und mobile Raketensysteme ins Visier zu nehmen. In dem Bericht heißt es:

> „Nationen könnten versucht sein, Erstschlagskapazitäten zu erwerben, um ein Druckmittel gegenüber ihren Rivalen zu haben, selbst wenn sie nicht die Absicht haben, einen Angriff durchzuführen, so die Forschenden. Dies untergräbt die strategische Stabilität, denn selbst wenn der Staat, der diese Fähigkeiten besitzt, nicht die Absicht hat, sie einzusetzen, kann sich die Gegenseite dessen nicht sicher sein."[26]

Kurzfristig wird die KI jedoch wahrscheinlich die größten Auswirkungen auf die Informationskriegsführung haben, die immer noch sehr zerstörerisch sein kann. Einen ersten Eindruck davon bekamen wir, als sich die russische

---

[23] www.popularmechanics.com/military/aviation/a26871027/air-force-ai-fighter-plane-skyborg/.

[24] www.theguardian.com/science/2018/jul/18/thousands-of-scientists-pledge-not-to-help-build-killer-ai-robots.

[25] www.theguardian.com/science/2019/mar/29/uk-us-russia-opposing-killer-robot-ban-un-ai.

[26] www.rand.org/news/press/2018/04/24.html.

Regierung in die Präsidentschaftswahlen 2016 einmischte. Der Ansatz war relativ untechnisch, da sie Troll-Armeen in den sozialen Medien zur Verbreitung von Fake News einsetzte – aber die Folgen waren erheblich.

Aber da KI immer leistungsfähiger und erschwinglicher wird, wird sie diese Art von Kampagnen wahrscheinlich noch verstärken. Deepfake-Systeme können zum Beispiel leicht lebensechte Fotos und Videos von Menschen erstellen, die zur schnellen Verbreitung von Botschaften genutzt werden könnten.

Entdeckung von Medikamenten

Die Fortschritte bei der Entdeckung von Arzneimitteln sind geradezu ein Wunder, denn wir haben jetzt Heilmittel für so hartnäckige Krankheiten wie Hepatitis C und machen weitere Fortschritte bei einer Vielzahl von Krebsarten. Aber natürlich gibt es noch viel zu tun. Tatsache ist, dass die Arzneimittelherstellenden immer größere Schwierigkeiten haben, neue Therapien zu entwickeln. Hier nur ein Beispiel: Im März 2019 gab Biogen bekannt, dass eines seiner Alzheimer-Medikamente, das sich in Phase-III-Studien befand, keine aussagekräftigen Ergebnisse lieferte. Auf diese Nachricht hin stürzten die Aktien des Unternehmens um 29 % ab und vernichteten 18 Mrd. US$ an Marktwert.[27]

Bedenken Sie, dass die herkömmliche Arzneimittelentwicklung oft mit viel Lernen durch Versuch und Irrtum verbunden ist, was sehr zeitaufwendig sein kann. Gibt es dann vielleicht einen besseren Weg?

Forschende wenden sich zunehmend an KI, um Hilfe zu erhalten. Wir sehen eine Reihe von Start-ups aus dem Boden schießen, die sich auf diese Möglichkeit konzentrieren.

Eines davon ist Insitro. Das Unternehmen, das 2019 an den Start ging, hatte wenig Mühe, in seiner Serie-A-Phase 100 Mio. US$ aufzubringen. Zu den Investierenden gehörten Alexandria Venture Investments, Bezos Expeditions (die Investmentfirma von Jeff Bezos von Amazon.com), Mubadala Investment Company, Two Sigma Ventures und Verily.

Obwohl das Team mit etwa 30 Mitarbeitenden relativ klein ist, sind sie alle brillante Forschende aus Bereichen wie Datenwissenschaft, Deep Learning, Softwaretechnik, Biotechnik und Chemie. Die Geschäftsführerin und Gründerin Daphne Koller verfügt über die seltene Mischung aus Erfahrung in fortgeschrittener Informatik und Gesundheitswissenschaften, da sie das Gesundheitsgeschäft von Google, Calico, geleitet hat.

---

[27] www.wsj.com/articles/biogen-shares-drop-28-after-ending-alzheimers-phase-3-trials-11553170765.

Als Beweis für die Leistungsfähigkeit von Insitro hat das Unternehmen bereits eine Partnerschaft mit dem großen Arzneimittelhersteller Gilead geschlossen. Dabei geht es um mögliche Zahlungen von über 1 Mrd. US$ für die Erforschung der nichtalkoholischen Steatohepatitis (NASH), einer schweren Lebererkrankung.[28] Entscheidend ist, dass Gilead in der Lage war, eine große Menge an Daten zu sammeln, mit denen die Modelle trainiert werden können. Dies geschieht mit Zellen außerhalb des menschlichen Körpers, d. h. mit einem In-vitro-System. Gilead hat einen gewissen Druck, nach alternativen Ansätzen zu suchen, da eine seiner NASH-Behandlungen, Selonsertib, in den klinischen Studien gescheitert ist (die Behandlung war für diejenigen, deren Krankheit bereits in den späteren Stadien ist).

Das Versprechen der KI besteht darin, dass sie die Entdeckung von Medikamenten beschleunigen wird, da Deep Learning in der Lage sein sollte, komplexe Muster zu erkennen. Die Technologie könnte sich aber auch als hilfreich bei der Entwicklung personalisierter Behandlungen erweisen, die beispielsweise auf die genetische Veranlagung einer Person abgestimmt sind, was für die Heilung bestimmter Krankheiten entscheidend sein dürfte.

Unabhängig davon ist es wahrscheinlich am besten, die Erwartungen zu dämpfen. Es werden große Hürden zu überwinden sein, denn die Gesundheitsbranche wird sich verändern müssen, weil es eine verstärkte Ausbildung für KI geben wird. Dies wird Zeit brauchen, und es wird wahrscheinlich Widerstand geben.

Außerdem ist Deep Learning im Allgemeinen eine „Black Box", wenn es darum geht zu verstehen, wie die Algorithmen wirklich funktionieren. Dies könnte sich bei der Zulassung neuer Medikamente als schwierig erweisen, da sich die FDA auf kausale Zusammenhänge konzentriert.

Schließlich ist der menschliche Körper hoch entwickelt, und wir lernen immer noch, wie er funktioniert. Und wie wir bei Innovationen wie der Entschlüsselung des menschlichen Genoms gesehen haben, dauert es in der Regel sehr lange, bis wir neue Ansätze verstehen.

Ein Beispiel für die Komplexität ist die Situation von IBMs Watson. Obwohl das Unternehmen über einige der talentiertesten KI-Forschenden verfügt und Milliarden in die Technologie investiert hat, kündigte es kürzlich an, dass es Watson nicht mehr für die Arzneimittelforschung verkaufen wird.[29]

---

[28] www.fiercebiotech.com/biotech/stealthy-insitro-opens-up-starting-gilead-deal-worth-up-to-1-05b.
[29] https://khn.org/morning-breakout/ups-and-downs-of-artificial-intelligence-ibm-stops-sales-development-of-watson-for-drug-discovery-hospitals-learn-from-ehrs/.

Regierung

Ein Artikel von Bloomberg.com im April 2019 sorgte für großes Aufsehen. Er gab einen Blick hinter die Kulissen, wie Amazon.com sein Alexa-Lautsprecher-KI-System verwaltet.[30] Zwar basiert ein Großteil davon auf Algorithmen, aber es gibt auch Tausende von Menschen, die Sprachclips analysieren, um die Ergebnisse zu verbessern. Oft liegt der Schwerpunkt auf dem Umgang mit den Nuancen von Slang und regionalen Dialekten, was für Deep-Learning-Algorithmen schwierig war.

Aber natürlich fragen sich die Menschen: Hört mein intelligenter Lautsprecher mich wirklich ab? Sind meine Unterhaltungen privat?

Amazon.com hat schnell darauf hingewiesen, dass es strenge Regeln und Vorschriften hat. Aber selbst das löste noch mehr Besorgnis aus! Dem Bloomberg.com-Beitrag zufolge hörten die KI-Prüfenden manchmal Clips, die potenziell kriminelle Handlungen, wie z. B. sexuelle Übergriffe, beinhalteten. Aber Amazon hat offenbar die Politik, sich nicht einzumischen.

Mit der zunehmenden Verbreitung von KI wird es mehr solcher Geschichten geben, und in den meisten Fällen wird es keine eindeutigen Antworten geben. Einige Menschen werden sich vielleicht letztendlich gegen den Kauf von KI-Produkten entscheiden. Doch das wird wahrscheinlich nur eine kleine Gruppe sein. Hey, trotz der unzähligen Datenschutzprobleme bei Facebook ist das Nutzungswachstum nicht zurückgegangen.

Wahrscheinlicher ist, dass die Regierungen anfangen werden, sich mit KI-Fragen zu befassen. Eine Gruppe von Kongressabgeordneten hat einen Gesetzentwurf mit der Bezeichnung „Algorithmic Accountability Act" (Gesetz über die Rechenschaftspflicht von Algorithmen) eingebracht, mit dem Unternehmen verpflichtet werden sollen, ihre KI-Systeme zu überprüfen (für größere Unternehmen mit einem Umsatz von über 50 Mio. US$ und mehr als 1 Mio. Nutzenden).[31] Das Gesetz würde, wenn es in Kraft tritt, von der Federal Trade Commission durchgesetzt werden.

Es gibt auch Gesetzesinitiativen von Staaten und Städten. New York City hat 2019 ein eigenes Gesetz verabschiedet, das mehr Transparenz bei KI vorschreibt.[32] Auch im Bundesstaat Washington, in Illinois und Massachusetts gibt es Bemühungen.

---

[30] www.bloomberg.com/news/articles/2019-04-10/is-anyone-listening-to-you-on-alexa-a-global-team-reviews-audio.
[31] www.theverge.com/2019/4/10/18304960/congress-algorithmic-accountability-act-wyden-clarke-booker-bill-introduced-house-senate.
[32] www.wsj.com/articles/our-software-is-biased-like-we-are-can-new-laws-change-that-11553313609?mod=hp_lead_pos8.

Angesichts all dieser Aktivitäten ergreifen einige Unternehmen die Initiative, indem sie z. B. ihre eigenen Ethikräte einrichten. Schauen Sie sich nur Microsoft an. Der Ethikausschuss des Unternehmens, genannt Aether (AI and Ethics in Engineering and Research), beschloss, die Verwendung seines Gesichtserkennungssystems bei Verkehrskontrollen in Kalifornien nicht zuzulassen.[33]

In der Zwischenzeit kann es auch zu KI-Aktivismus kommen, bei dem sich Menschen organisieren, um gegen die Verwendung bestimmter Anwendungen zu protestieren. Auch hier ist Amazon.com mit seiner Software Rekognition, die den Strafverfolgungsbehörden bei der Identifizierung von Verdächtigen durch Gesichtserkennung hilft, zur Zielscheibe geworden. Die ACLU hat Bedenken hinsichtlich der Genauigkeit des Systems geäußert, insbesondere in Bezug auf Frauen und Minderheiten. In einem ihrer Experimente stellte sie fest, dass Rekognition 28 Mitglieder des Kongresses als vorbestraft identifizierte![34] Amazon.com hat diese Behauptungen bestritten.

Rekognition ist nur eine von verschiedenen KI-Anwendungen in der Strafverfolgung, die zu Kontroversen führen. Das vielleicht bemerkenswerteste Beispiel ist COMPAS (Correctional Offender Management Profiling for Alternative Sanctions), das mithilfe von Analysen die Wahrscheinlichkeit beurteilt, dass eine Person ein Verbrechen begehen könnte. Das System wird häufig bei der Strafzumessung eingesetzt. Aber die große Frage ist: Könnte dies gegen das in der Verfassung verankerte Recht einer Person auf ein ordnungsgemäßes Verfahren verstoßen, da die reale Gefahr besteht, dass die KI falsch oder diskriminierend auswertet? Im Moment gibt es nur wenige gute Antworten. Aber angesichts der Bedeutung, die KI-Algorithmen in unserem Rechtssystem spielen werden, scheint man davon ausgehen zu können, dass der Oberste Gerichtshof neue Gesetze erlassen wird.

Künstliche Allgemeine Intelligenz (Artificial General Intelligence, AGI)

In Kap. 1 haben wir den Unterschied zwischen starker und schwacher KI kennengelernt. Und zum größten Teil befinden wir uns in der Phase der schwachen KI, in der die Technologie für eng definierte Kategorien eingesetzt wird.

Bei der starken KI geht es um das Nonplusultra: die Fähigkeit einer Maschine, es mit einem Menschen aufzunehmen. Dies wird auch als künstliche allgemeine Intelligenz (Artificial General Intelligence, AGI) bezeichnet. Diese zu erreichen,

---

[33] www.geekwire.com/2019/policing-ai-task-industry-government-customers/
[34] www.businessinsider.com/ai-experts-call-on-amazon-not-to-sell-rekognition-software-to-police-2019-4.

wird wahrscheinlich noch viele Jahre dauern, vielleicht werden wir es erst im nächsten Jahrhundert oder nie erleben.

Aber natürlich gibt es einige brillante Forschende, die glauben, dass die AGI bald kommen wird. Einer von ihnen ist Ray Kurzweil, Erfinder, Futurist, Bestsellerautor und Leiter der Entwicklungsabteilung bei Google. Im Bereich der KI hat er der Branche seinen Stempel aufgedrückt, zum Beispiel mit Innovationen in Bereichen wie Text-to-Speech-Systemen.

Kurzweil glaubt, dass AGI im Jahr 2019 Realität sein wird – d. h. der Turing-Test wird geknackt – und 2045 wird es dann die Singularität geben. Dann werden wir eine Welt mit hybriden Menschen haben: halb Mensch, halb Maschine.

Irgendwie verrückt? Vielleicht ja. Aber Kurzweil hat viele prominente Gleichgesinnte.

Auf dem Weg zu AGI ist jedoch noch viel zu tun. Selbst mit den großen Fortschritten beim Deep Learning sind im Allgemeinen immer noch große Datenmengen und erhebliche Rechenleistung erforderlich.

AGI wird stattdessen neue Ansätze benötigen, wie die Fähigkeit, unüberwachtes Lernen zu nutzen. Auch das Transfer Learning wird wahrscheinlich entscheidend sein. Wie wir bereits in diesem Buch beschrieben haben, konnte die KI beispielsweise übermenschliche Fähigkeiten bei Spielen wie Go entwickeln. Transfer Learning würde jedoch bedeuten, dass dieses System in der Lage wäre, sich dieses Wissen voll zunutze zu machen, um andere Spiele zu spielen oder andere Bereiche zu erlernen.

Darüber hinaus müssen AGI über die Fähigkeit zu gesundem Menschenverstand, Abstraktion und Neugier verfügen und kausale Zusammenhänge und nicht nur Korrelationen erkennen können. Solche Fähigkeiten haben sich bei Computern als äußerst schwierig erwiesen. Wenn überhaupt, dann müssen Durchbrüche in der Hardware- und Chiptechnologie erzielt werden. Dies ist die Meinung von Yann LeCun, einem der weltweit führenden KI-Forschenden und Chefwissenschaftler für künstliche Intelligenz bei Facebook.[35] Er ist auch der Meinung, dass bei Batterien und anderen Energiequellen noch viel mehr Fortschritte gemacht werden müssen.

Ein weiterer wichtiger Punkt: mehr Vielfalt im Bereich der KI. Einem Bericht des AI Now Institute zufolge sind etwa 80 % der KI-Professorenschaft Männer, und bei den KI-Forschenden von Facebook und Google liegt der Frauenanteil bei 15 % bzw. 10 %.[36]

---

[35] http://fortune.com/2019/02/18/facebook-yann-lecun-lawnmo-wers-deep-learning/.
[36] www.theverge.com/2019/4/16/18410501/artificial-intelligence-ai-diver-sity-report-facial-recognition.

Diese Einseitigkeit bedeutet, dass die Forschung anfälliger für Verzerrungen sein könnte. Außerdem geht der Gewinn durch erweiterte Ansichten und Einsichten verloren.

Soziales Wohl

Die Unternehmensberatungsfirma McKinsey & Co. hat eine umfangreiche Studie mit dem Titel „Applying Artificial Intelligence for Social Good" verfasst.[37] Darin wird aufgezeigt, wie KI zur Bewältigung von Problemen wie Armut, Naturkatastrophen und Verbesserung der Bildung eingesetzt wird. Die Studie enthält rund 160 Anwendungsfälle. Hier ist ein Blick auf einige davon:

- Die Analyse von Social-Media-Plattformen kann helfen, den Ausbruch einer Krankheit nachzuverfolgen.

- Eine gemeinnützige Organisation namens Rainforest Connection verwendet TensorFlow zur Erstellung von KI-Modellen auf der Grundlage von Audiodaten, um illegale Abholzung aufzuspüren.

- Forschende haben ein neuronales Netzwerk entwickelt, das mit Videos von Wildernden in Afrika trainiert wird. Damit fliegt eine Drohne über Gebiete, um Wildernde aufzuspüren, z. B. mithilfe von Wärmebildern im Infrarotbereich.

- Mithilfe von KI werden die Daten von 55.893 Grundstücken in der Stadt Flint analysiert, um Hinweise auf Bleivergiftungen zu finden. Das System stützt sich in erster Linie auf ein Bayes-Modell, das differenziertere Vorhersagen zum Giftgehalt ermöglicht. Das bedeutet, dass die Mitarbeitenden des Gesundheitswesens schneller handeln können, wenn es in der Stadt Probleme gibt, was möglicherweise Leben rettet.

Schlussfolgerung

Ich denke, dieses Thema ist ein guter Punkt, um dieses Buch zu beenden. Ungeachtet des Schadenspotenzials und der nachteiligen Folgen hat die KI wirklich das Potenzial, die Welt zu verändern. Und die gute Nachricht ist, dass es viele Menschen gibt, die sich darauf konzentrieren, dies Wirklichkeit

---

[37] www.mckinsey.com/featured-insights/artificial-intelligence/applying-artificial-intelligence-for-social-good.

werden zu lassen. Es geht nicht darum, riesige Summen zu verdienen oder berühmt zu werden. Das Ziel ist es, die Welt zu verändern.

Wichtigste Erkenntnisse

- Autonome Autos sind alles andere als neu. Aber der Wendepunkt für die Entwicklung dieser Technologie kam 2004 mit einem von der DARPA geförderten Wettbewerb.

- Zu den wichtigsten Komponenten eines autonomen Autos gehören Videokameras, Lidar (Laser, die bei der Erfassung der Umgebung helfen) und Sensoren (z. B. zur Erkennung anderer Fahrzeuge und Hindernisse, wie Bordsteine).

- Bei der Definition des Begriffs „Autonomie" gibt es fünf Stufen. Die fünfte Stufe ist, wenn das Fahrzeug völlig autonom ist.

- Einige der Herausforderungen für autonome Autos sind die Infrastruktur (die bestehenden Autobahnen sind nicht ideal), die Regulierung, die Kosten und die Akzeptanz der Verbrauchenden.

- Die Vereinigten Staaten gelten als weltweit führend im Bereich der KI. Doch das könnte sich bald ändern. China investiert massiv in KI und verfügt über große Vorteile wie enorme Datenmengen und eine große Zahl qualifizierter Ingenieursfachleute.

- Eine der Befürchtungen in Bezug auf die KI ist, dass sie zu Massenarbeitslosigkeit führen wird, sei es bei Arbeitenden oder höheren Angestellten. Es stimmt, dass die Technologie bereits Auswirkungen auf Branchen wie das verarbeitende Gewerbe hatte, aber die Märkte haben sich als anpassungsfähig erwiesen. Aber wenn die KI einen Wandel bewirkt, könnte sie zu einem erheblichen Bruch führen. Aus diesem Grund wird es wahrscheinlich einen Bedarf an Schulungen und Umschulungen für neue Berufe geben.

- Drohnen haben einen großen Einfluss auf die Kriegsführung gehabt. Aber mit KI wird es möglich, diese Technologie die Entscheidungen auf dem Schlachtfeld treffen zu lassen. Nun gibt es viele Menschen, die darin ein großes Problem sehen. Die Vereinigten Staaten, Russland und andere

Länder scheinen sich jedoch auf die Entwicklung autonomer Waffen zu konzentrieren.

- Aber wenn es um die Kriegsführung geht – zumindest in naher Zukunft – könnte die KI eine unmittelbarere Wirkung auf die Verbreitung von Falschinformationen haben. Das haben wir bei der Einmischung Russlands in die Präsidentschaftswahlen 2016 gesehen.

- Es wird erwartet, dass die KI bei der Entdeckung von Medikamenten eine große Hilfe sein wird. Große Pharmakonzerne wie Gilead erforschen diese Technologie bereits. KI kann nicht nur riesige Datenmengen verarbeiten, sondern auch Muster erkennen, die für den Menschen möglicherweise nicht erkennbar sind.

- Mit der zunehmenden Verbreitung von KI wächst die Sorge um den Datenschutz und die Transparenz. Aus diesem Grund gibt es im Kongress, aber auch in Städten und Bundesstaaten, Bestrebungen, Vorschriften zu erlassen. Es ist nicht klar, was passieren wird, aber es scheint wahrscheinlich, dass wir mehr Einschränkungen sehen werden. In der Zwischenzeit versuchen einige Unternehmen, proaktiv zu handeln, indem sie z. B. Ethik-ausschüsse einrichten.

- Künstliche allgemeine Intelligenz oder AGI bedeutet, dass ein System über menschliche Intelligenz verfügt. Davon sind wir aber wahrscheinlich noch weit entfernt. Der Grund dafür ist, dass es neue Innovationen in der KI geben muss, z. B. beim unüberwachten Lernen und bei der Entwicklung neuer Hardware.

KI-Ressourcen

Publikationen und Blogs, die über KI berichten

- aitrends.com:www.aitrends.com/
- Berkeley Artificial Intelligence Research (BAIR):https://bair.berkeley.edu/blog/
- KDnuggets:www.kdnuggets.com/news/index.html
- Machine Learning Mastery:https://machinelearning-mastery.com/blog/
- MIT Technology Review:www.technologyreview.com/
- ScienceDaily-AI Abschnitt:www.sciencedaily.com/news/computers_math/artificial_intelligence/

Blogs von Unternehmen zu KI

- Baidu: http://research.baidu.com/
- DeepMind: https://deepmind.com/blog/
- Facebook: https://research.fb.com/blog/
- Google: https://ai.googleblog.com/
- Microsoft www.microsoft.com/en-us/research/

© Der/die Herausgeber bzw. der/die Autor(en), exklusiv lizenziert an
APress Media, LLC, ein Teil von Springer Nature 2022
T. Taulli, *Grundlagen der Künstlichen Intelligenz*,
https://doi.org/10.1007/978-3-662-66283-0

- NVIDIA: https://blogs.nvidia.com/blog/category/deep-learning/
- OpenAI: https://openai.com/blog/

Twitter-Feeds von Top-KI-Forschenden

- Fei-Fei Li: https://twitter.com/drfeifei
- Ian Goodfellow: https://twitter.com/goodfellow_ian
- Demis Hassabis: https://twitter.com/demishassabis
- Yann Lecun: https://twitter.com/ylecun?
- Andrew Ng: https://twitter.com/AndrewYNg

Open-Source-KI-Tools und -Plattformen

- Jupyter Notebook: https://jupyter.org/
- Keras: https://keras.io/
- Sprache Python: www.python.org/
- PyTorch: https://pytorch.org/
- TensorFlow: www.tensorflow.org/

Online-Kurse

- Coursera: www.coursera.org/
- Udacity: www.udacity.com/
- Udemy: www.udemy.com/

Glossar

Aktivierungsfunktion:	Wird in Deep-Learning-Modellen verwendet, um nicht lineare Beziehungen zu berechnen.
Aktuatoren:	Elektro-mechanische Geräte wie Motoren. Sie helfen bei der Bewegung eines Roboters.
AI:	Siehe Künstliche Intelligenz.
Automatisiertes maschinelles Lernen (AutoML):	Ein digitales Tool oder eine Plattform, die es Personen ohne Vorkenntnisse ermöglicht, ihre eigenen KI-Modelle zu erstellen.
Automatisierungsmüdigkeit:	Mit RPA wird es im Allgemeinen weniger Verbesserungen geben, je mehr Aufgaben automatisiert werden.
Backpropagation:	Ein wichtiger Durchbruch beim Deep Learning. Backpropagation ermöglicht eine effizientere Zuweisung von Gewichtungen in Modellen.
Bayes-Theorem:	Ein statistisches Maß, das beim maschinellen Lernen verwendet wird und zu einer genaueren Darstellung der Wahrscheinlichkeiten beiträgt.

© Der/die Herausgeber bzw. der/die Autor(en), exklusiv lizenziert an
APress Media, LLC, ein Teil von Springer Nature 2022
T. Taulli, *Grundlagen der Künstlichen Intelligenz*,
https://doi.org/10.1007/978-3-662-66283-0

Big Data:	Eine Technologiekategorie, bei der riesige Datenmengen verarbeitet werden. Big Data wird oft mit den drei „Vs" beschrieben, also Volume, Variety und Velocity.
Binning:	Die Daten werden in Gruppen eingeteilt.
Chatbot:	Ein KI-System, das mit Menschen kommuniziert.
Clustering:	Eine Form des unüberwachten Lernens, bei der nicht beschriftete Daten verwendet werden und Algorithmen ähnliche Elemente in Gruppen einteilen.
Cobot:	Ein Roboter, der mit Menschen zusammenarbeitet.
Cognitive Robotic Process Automation (CRPA):	Ein RPA-System, das KI-Technologien einsetzt.
Convolutional Neural Network (CNN):	Ein Deep-Learning-Modell, das verschiedene Varianten – oder Faltungen – der Datenanalyse durchläuft. CNN werden häufig für komplexe Anwendungen wie Gesichtserkennung verwendet.
Data Lake:	Ermöglicht die Speicherung und Verarbeitung großer Mengen an strukturierten und unstrukturierten Daten. Oft müssen die Daten kaum oder gar nicht neu formatiert werden.
Datentyp:	Die Art der Information, die eine Variable darstellt, wie z. B. eine boolesche Zahl, eine Ganzzahl, eine Zeichenkette oder eine Gleitkommazahl.
Deepfake:	Die Verwendung von Deep-Learning-Modellen zur Erstellung von Bildern oder Videos, die irreführend oder schädlich sind.
Deep Learning:	Eine Art von KI, die neuronale Netze verwendet, die die Prozesse des Gehirns nachahmen. Ein Großteil der Innovationen auf diesem Gebiet in den letzten 10 Jahren ist auf die Deep-Learning-Forschung zurückzuführen.
Drei Gesetze der Robotik:	Diese Gesetze, die auf den Science-Fiction-Schriften von Isaac Asimov basieren, bilden den grundlegenden Rahmen für die Interaktion von Robotern mit der Gesellschaft.

Eigenschaft:	Dies ist eine Spalte mit Daten.
Ensemble-Modellierung:	Dabei wird mehr als ein Modell zur Erstellung von Vorhersagen verwendet.
Entscheidungsbaum:	Ein Algorithmus für maschinelles Lernen, der einen Workflow von Entscheidungspfaden darstellt.
Erkennung von Eigennamen:	Im NLP-Prozess geht es darum, Wörter zu identifizieren, die Orte, Personen und Organisationen repräsentieren.
Erklärbarkeit:	Der Prozess des Verstehens der zugrunde liegenden Ursachen eines Deep-Learning-Modells.
Ethikrat:	Ein Ausschuss, der die Fragen von KI-Projekten bewertet.
ETL (Extraktion, Transformation und Laden):	Eine Form der Datenintegration, die normalerweise in einem Data Warehouse verwendet wird.
Expertensystem:	Eine frühe Form der KI-Anwendung, die in den 1980er-Jahren aufkam. Sie nutzte ausgeklügelte logische Systeme, um bestimmte Bereiche wie Medizin, Finanzen und Produktion zu verstehen.
Falsch Positiv:	Wenn eine Modellvorhersage anzeigt, dass das Ergebnis wahr ist, obwohl es das nicht ist.
Generative Adversarial Network (GAN):	Entwickelt vom KI-Forscher Ian Goodfellow, ist dies ein Deep-Learning-Modell der nächsten Generation, das dabei hilft, neue Ausgaben wie Audio, Text oder Video zu erstellen.
GPUs (Graphics Processing Units):	Chips, die ursprünglich für Hochgeschwindigkeits-Videospiele verwendet wurden, weil sie große Datenmengen schnell verarbeiten können. Aber GPUs haben sich auch bei der Handhabung von KI-Anwendungen bewährt.
Großhirnrinde:	Der Teil des menschlichen Gehirns, der die meisten Ähnlichkeiten mit der KI aufweist. Er hilft beim Denken und anderen kognitiven Aktivitäten.

Hadoop:	Ermöglicht die Verwaltung von Big Data, z. B. durch die Erstellung anspruchsvoller Data Warehouses.
Hidden Markov Model (HMM):	Ein Algorithmus, der zur Entschlüsselung gesprochener Wörter verwendet wird.
Hyperparameter:	Merkmale in einem Modell, die nicht direkt aus dem Trainingsprozess gelernt werden können.
Instanz:	Dies ist eine Reihe von Daten.
Jupyter Notebook:	Eine webbasierte Anwendung, mit der Sie ganz einfach in Python und R programmieren können, um Visualisierungen zu erstellen und KI-Systeme zu importieren.
k-Means-Clustering:	Ein Algorithmus, der für die Gruppierung ähnlicher, nicht beschrifteter Daten geeignet ist.
k-Nearest Neighbor (k-NN):	Ein Algorithmus für maschinelles Lernen, der Daten auf der Grundlage von Ähnlichkeiten klassifiziert.
Kategoriale Daten:	Daten, die keine numerische, sondern eine inhaltliche Bedeutung haben, z. B. zur Beschreibung von Rasse oder Geschlecht.
Künstliche Intelligenz:	Computer sind in der Lage, aus Erfahrungen zu lernen, was häufig die Verarbeitung von Daten mithilfe ausgefeilter Algorithmen beinhaltet. Künstliche Intelligenz ist eine weit gefasste Kategorie, die Untergruppen wie maschinelles Lernen, Deep Learning und Natural Language Processing (NLP) umfasst.
KI-Winter:	Eine längere Zeitspanne, z. B. in den 1970er- und 1980er-Jahren, in der die KI-Industrie stark unter Druck geriet, z. B. durch Kürzungen der Mittel.
Künstliches neuronales Netz (ANN):	Die grundlegendste Struktur für ein Deep-Learning-Modell. Das ANN umfasst mehrere verborgene Schichten, die Daten mithilfe ausgefeilter Algorithmen verarbeiten.

Lemmatisierung:	Ein Prozess im NLP, bei dem Affixe oder Präfixe entfernt werden, um sich auf die Suche nach ähnlichen Wortstämmen zu konzentrieren.
Lidar (Light Detection and Ranging):	Ein Gerät, das in der Regel an der Oberseite eines autonomen Fahrzeugs angebracht ist und Laserstrahlen aussendet, um die Umgebung zu messen.
Lineare Regression:	Zeigt die Beziehung zwischen bestimmten Variablen, was bei Vorhersagen für maschinelle Lernsysteme hilfreich sein kann.
Maschinelles Lernen:	Ein Computer kann durch die Verarbeitung von Daten lernen und sich verbessern, ohne dass er explizit programmiert werden muss. Maschinelles Lernen ist ein Teilbereich der KI.
Merkmalsextraktion:	Beschreibt den Prozess der Auswahl der Variablen für ein KI-Modell.
Merkmalstechnik:	Siehe Merkmalsextraktion.
Metadaten:	Dabei handelt es sich um Daten über Daten, also um Beschreibungen. Eine Musikdatei kann zum Beispiel Metadaten wie Größe, Länge, Datum des Uploads, Kommentare, Genre, Künstler usw. enthalten.
Naiver Bayes-Klassifikator:	Eine Methode des maschinellen Lernens, die das Bayes-Theorem zur Erstellung von Vorhersagen verwendet, wobei die Variablen unabhängig voneinander sind.
Natural Language Processing (NLP):	Die Verarbeitung natürlicher Sprache ist ein Teilbereich der KI, der sich damit beschäftigt, wie Computer Sprache verstehen und verarbeiten.
Neuronales Netz:	Ein hoch entwickeltes KI-Modell, das das Gehirn nachahmt. Ein neuronales Netz besteht aus verschiedenen Schichten, die versuchen, einzigartige Muster zu finden, die mehrere Analyseschichten umfassen.

Normalverteilung:	Eine Darstellung von Daten, die wie eine Glocke aussieht, wobei der Mittelpunkt der Mittelwert ist.
NoSQL-System:	Eine Datenbank der nächsten Generation. Die Informationen basieren auf einem Dokumentenmodell, um mehr Flexibilität bei der Analyse sowie der Handhabung von strukturierten und unstrukturierten Daten zu ermöglichen.
Ordinale Daten:	Eine Mischung aus numerischen und kategorialen Daten, wie z. B. eine Amazon.com-Bewertung für ein Produkt.
Part-of-Speech-Tagging (POS):	Im NLP-Prozess bedeutet dies, dass man den Text durchgeht und jedes Wort seiner richtigen grammatikalischen Form zuordnet, z. B. Substantive, Verben, Adverbien usw.
Pearson-Korrelation:	Zeigt die Stärke einer Korrelation an – von I bis -I. Je näher der Wert bei I liegt, desto genauer ist die Korrelation.
Phoneme:	Die grundlegendsten Lauteinheiten in einer Sprache.
Prädiktive Analytik:	Die Verwendung von Daten zur Erstellung von Prognosen.
Python:	Eine Computersprache, die sich zum Standard bei der Entwicklung von KI-Modellen entwickelt hat.
PyTorch:	Eine von Facebook entwickelte Plattform, die die Erstellung von anspruchsvollen KI-Modellen ermöglicht.
R-Quadrat:	Bietet eine Möglichkeit, die Genauigkeit einer Regression zu beurteilen. Ein R-Quadrat reicht von 0 bis I. Je näher ein Modell an I liegt, desto höher ist die Genauigkeit.
Rekurrentes Neuronales Netz (RNN):	Ein Deep-Learning-Modell, das vorherige Eingaben über die Zeit hinweg verarbeitet. Ein gängiger Anwendungsfall ist die Eingabe von Zeichen in einer Messaging-App, da die KI das nächste Wort vorhersagen wird.

Relationale Datenbank:	Eine Datenbank, deren Wurzeln bis in die 1970er-Jahre zurückreichen, die Beziehungen zwischen Datentabellen herstellt und über eine Skriptsprache, genannt SQL, verfügt.
Richtig positiv:	Wenn ein Modell eine korrekte Vorhersage trifft.
Roboter-Betriebssystem (ROS):	Ein Open-Source-Middleware-System, das wichtige Teile eines Roboters verwaltet.
Robotic Desktop Automation (RDA):	Das RPA-System arbeitet mit Mitarbeitenden zusammen, um Aufträge oder Aufgaben zu erledigen.
Robotic Process Automation (RPA):	Eine Softwarekategorie, die Routine- und alltägliche Aufgaben innerhalb eines Unternehmens automatisiert. Sie ist oft ein erster Weg zur Implementierung von KI.
Schwache KI:	Hier wird KI für einen bestimmten Anwendungsfall eingesetzt, wie z. B. bei Siri von Apple.
Sensor:	Der typische Sensor ist eine Kamera oder ein Lidar, das einen Laserscanner zur Erstellung von 3-D-Bildern verwendet.
Sigmoid:	Eine übliche Aktivierungsfunktion für ein Deep-Learning-Modell. Sie hat einen Wert, der von 0 bis 1 reicht. Je näher er an 1 liegt, desto höher ist die Genauigkeit.
Standardabweichung:	Misst den durchschnittlichen Abstand vom Mittelwert, der einen Eindruck von der Variation der Daten vermittelt.
Starke KI:	Hierbei handelt es sich um echte KI, bei der eine Maschine in der Lage ist, menschenähnliche Fähigkeiten wie z. B. ergebnisoffene Diskussionen zu führen.
Stemming:	Beschreibt den Prozess der Reduzierung eines Wortes auf seinen Stamm (oder Lemma), z. B. durch Entfernen von Affixen und Suffixen.
Stimmungsanalyse:	Hier werden die Daten der sozialen Medien ausgewertet und die Trends ermittelt.

Strukturierte Daten:	Daten, die in der Regel in einer relationalen Datenbank oder Tabellenkalkulation gespeichert werden, da die Informationen in einer vorformatierten Struktur vorliegen (z. B. Sozialversicherungsnummern, Adressen und Verkaufsstelleninformationen).
TensorFlow:	Eine Open-Source-Plattform, die von Google unterstützt wird und die Erstellung anspruchsvoller KI-Modelle ermöglicht.
Testdaten:	Daten, mit denen die Genauigkeit eines Modells bewertet wird.
Themenmodellierung:	Im NLP-Prozess geht es um die Suche nach versteckten Mustern und Clustern im Text.
Tokenisierung:	Im NLP-Prozess, bei dem Text geparst und in verschiedene Teile segmentiert wird.
Trainingsdaten:	Daten, die zur Erstellung eines KI-Algorithmus verwendet werden.
Turing-Test:	Dieser Test wurde von Alan Turing entwickelt und dient dazu, festzustellen, ob ein System echte KI erreicht hat. Bei dem Test stellt eine Person Fragen an zwei Teilnehmende – einen Menschen und einen Computer. Wenn nicht klar ist, wer der Mensch ist, dann ist der Turing-Test bestanden.
Überanpassung:	Wenn ein Modell nicht genau ist, weil die Daten nicht das widerspiegeln, was getestet wird, oder weil der Schwerpunkt auf den falschen Merkmalen liegt.
Überwachtes Lernen:	Ein KI-Modell, das markierte Daten verwendet. Dies ist der am häufigsten verwendete Ansatz.
Unbeaufsichtigte Robotic Process Automation (RPA):	Das RPA-System ist völlig autonom, da der Bot im Hintergrund läuft.
Unstrukturierte Daten:	Daten, die keine vordefinierte Formatierung aufweisen, wie z. B. Bilder, Videos und Audiodateien.

Unüberwachtes Lernen:	Es handelt sich um ein KI-Modell, das unbeschriftete Daten verwendet. In der Regel bedeutet dies, dass Deep-Learning-Systeme erforderlich sind, um Muster zu erkennen.
Problem des verschwindenden Gradienten:	Erklärt, wie die Genauigkeit abnimmt, wenn ein Deep-Learning-Modell größer wird.
Verstärkendes Lernen:	Ein Ansatz zur Erstellung eines KI-Modells, bei dem das System für richtige Vorhersagen belohnt und für falsche bestraft wird.
Versteckte Schichten:	Die verschiedenen Analyseebenen in einem Deep-Learning-Modell.
Virtueller Assistent:	Ein KI-Gerät, das einem Menschen bei seinen täglichen Aktivitäten hilft.

Printed in the United States
by Baker & Taylor Publisher Services